计算机辅助设计 SOLIDWORKS
（慕课版）

主　编　邓小雷
副主编　王建臣　冯凯萍　林　欢

ZHEJIANG UNIVERSITY PRESS
浙江大学出版社

图书在版编目(CIP)数据

计算机辅助设计 SOLIDWORKS：慕课版/ 邓小雷
主编.—杭州：浙江大学出版社，2018.9（2024.7 重印）
ISBN 978-7-308-18497-7

Ⅰ.①计… Ⅱ.①邓… Ⅲ.①计算机辅助设计—高等
职业教育—教材 Ⅳ.①TP391.72

中国版本图书馆 CIP 数据核字(2018)第 178406 号

内容简介

本教材主要介绍计算机辅助设计的内涵、发展历程、发展趋势与热点、系统组成、三维 CAD 技术的应用；还介绍常用计算机辅助设计软件——SOLIDWORKS 2016 的常用功能及其具体使用方法。本教材以网络为依托，采用"纸质文本＋数字化资源"的呈现方式，即将核心资源在纸质教材中呈现，拓展资源放到协作课程网站，通过二维码扫描实现平面教材与网络资源的链接，或登录课程网站即可尽览课程资源，实现教学课堂与课程网站的对接，让学生在广阔的网络空间以丰富多彩的方式学习设计。

本教材可作为大专院校学生计算机辅助设计类课程的教学课本，也可作为广大工程技术人员的自学用书和参考书。

计算机辅助设计 SOLIDWORKS(慕课版)

邓小雷　主编

责任编辑　吴昌雷

责任校对　刘　郡

封面设计　北京春天

出版发行　浙江大学出版社
　　　　　（杭州市天目山路 148 号　邮政编码 310007）
　　　　　（网址：http://www.zjupress.com）

排　　版　杭州林智广告有限公司

印　　刷　浙江新华数码印务有限公司

开　　本　787mm×1092mm　1/16

印　　张　25.25

字　　数　614 千

版 印 次　2018 年 9 月第 1 版　2024 年 7 月第 3 次印刷

书　　号　ISBN 978-7-308-18497-7

定　　价　55.00 元

浙江大学出版社市场运营中心联系方式：(0571) 88925591；http://zjdxcbs.tmall.com

前　言

计算机辅助设计是工程技术人员以计算机为辅助工具来完成产品设计过程中的设计建立、修改、分析或优化等各项工作的技术,目前已经广泛应用于各行各业,成为提高设计效率、缩短新产品开发周期的强有力工具。

在目前市场上所见到的计算机辅助设计软件中,SOLIDWORKS 是设计过程比较简便的软件之一。SOLIDWORKS 软件是世界上第一个基于 Windows 开发的三维 CAD 系统,功能非常强大,它提供了直观的集成三维设计环境,涵盖产品开发的所有方面,它能让使用者以熟悉的操作方式进行高效的产品设计,避免了设计人员需要花大量时间学习软件和操作系统的局面,从而最大限度提高了工程设计人员的设计和工程生产效率。全球有超过 200 万名产品设计师在使用 SOLIDWORKS 2016 来完成产品设计,从最酷的小工具到有助于未来发展的创新,无所不包。

为了让读者能够快速且牢固地掌握计算机辅助设计技术的一些基本知识和 SOLIDWORKS 2016,本教材以主编所主持的浙江省高等教育课堂改革项目——"三维实体建模与设计"课程翻转课堂教学模式改革(KG2015383)建设——为依托而编写。据调查,目前市面上罕有专门针对慕课(MOOC)、翻转课堂教学模式的"计算机辅助设计"互联网教材。本慕课版教材,属浙江省普通高校"十三五"新形态教材(浙高教学会〔2017〕13 号),以网络为依托,采用"纸质文本＋数字化资源"的呈现方式,即将核心资源在纸质教材中呈现,拓展资源放到课程网站,通过二维码扫描实现平面教材与网络资源的链接,或登录课程网站即可尽览课程资源,实现教学课堂与课程网站的对接,让学生在广阔的网络空间以丰富多彩的方式学习设计。本教材对应的课程目前已经在超星泛雅平台上提供了网络课程(http://mooc1.chaoxing.com/course/82498756.html),主要包括微视频、课件、源文件、自主学习任务单等资源,这些材料可以直接作为新教材建设的数字化资源。

本教材编写组教师长期在高校讲授计算机辅助设计类课程,并从事有关 CAD 产品设计与开发工作。教学素材积累丰富,教材教学体系完整,拥有同步讲解教学视频、大量的习题和自测题、课程源文件、扩展案例等资源,还拥有可随书附赠的 PPT 课件,以及近年来课题组教师指导学生在国家级、省级大学生学科竞赛上的获奖作品。相信本教材能够给读者带来很多益处。本教材既可作为大专院校学生计算机辅助设计类课程的教学课本,亦可作为已经从事计算机辅助设计和准备从事计算机辅助设计的工程技术人员自学所用。

此外,本教材编写组将进一步借助与融合超星泛雅平台和浙江大学出版社的"立方书"两大平台的特点与优势,通过线上与线下融合、教材与课堂融合、平台与业态融合,实现一本教材带走一个课堂，教材即课堂，即教学服务，即教学环境。所以，本教材结合泛雅平台和"立方书"两大平台将具有以下 6 个特点：

（1）实现课程的线上和线下结合。以传统教材为载体，配备海量的线上学习资源。资源类型丰富多样，包括视频、音频、动画等，并将试题、课件和知识重点等通过网络平台有机结合，资源内容可以涵盖一切数字对象。

（2）移动互联。实现"教师与教师、教师与学生"的互联；实现"线下资源与线上资源"的互联；实现"课堂教学与课后教学"的互联。

（3）用户创造价值。教师可以随时更新和添加线上资源，讨论、评测、学习分析，保持与最近的专业动态和软件更迭同步。

（4）自主选择学习模块。课程教学资源分设基础建模设计模块、高级建模设计模块、综合建模设计模块，可供不同层次学生选择学习，有效激发学生学习主动性。同时，学生可以自行控制学习进度。

（5）集成立方书平台和超星泛雅平台优势。打通两大平台，并发挥两大平台的优势，有效地支持教师开设微课堂、"翻转课堂"教学模式改革与研究。依靠"立方书"平台，可以让学生随时随地享受"移动"学习的过程，重复整合碎片时间，提高学习效率。

（6）学生成功案例分享。教材编写组教师除了有多年的教学经验之外，还有着非常丰富的指导学生开展设计与学科竞赛的经验。先后指导学生参加了挑战杯、机械设计竞赛、全国三维数字化设计竞赛、全国应用型综合人才技能大赛、全国大学生先进成图技术与产品信息建模创新大赛等各类比赛，获得包括全国一等奖在内的荣誉 70 多项。部分学生的优秀作品资源可附送给读者学习，有需要的可联系本书编辑，邮箱：changlei_wu@zju.edu.cn。

本教材由邓小雷任主编，王建臣、林欢、冯凯萍、杨小军参与编写。邓小雷负责编写了第一章、第二章、第三章、第六章和第九章，王建臣负责编写了第四章和第十章，林欢负责编写了第七章、第十一章和第十二章，冯凯萍负责编写了第五章和第八章，杨小军参与了第六章和第七章的编写工作。刘香、梁倩倩、刘晓源、李瑞琦、张江林、周新鹏、盛泽枫、周宜博、宗晓辉、杨坤协助了文字、图片和视频处理工作。

在本教材的撰写过程中，衢州学院和浙江大学出版社提供了大力支持和帮助，在此表示感谢！

由于编者水平有限，成书时间仓促，难免有疏漏之处，恳请广大读者批评指正。

编者邮箱为：dxl5168@163.com。

编　者

目　录

第 1 章

计算机辅助设计概论

计算机辅助设计（Computer Aided Design,CAD），是指工程技术人员以计算机为辅助工具来完成产品设计过程中的设计建立、修改、分析或优化等各项工作的技术。该技术支持设计过程的各个阶段，即方案设计、总体设计和详细设计，其主要功能是减轻设计人员的制图、绘图及改图等繁重劳动，协助编写各种材料或零件明细表、工艺流程及施工文件等。计算机辅助设计技术是 20 世纪最杰出的工程成就之一。

1.1 计算机辅助设计的内涵

随着计算机技术的快速发展及其在产品设计和工程分析领域中的应用，使得传统的设计手段和加工方法发生了彻底的改变。如今，CAD 技术已经成为设计领域中不可缺少的技术手段，它能够提高产品设计水平，缩短开发周期，提高产品的加工质量，同时也是企业提高创新能力、产品开发能力和增强企业竞争力的一项关键技术。CAD 技术以数字化、信息化制造技术为基础，它的发展和应用对制造业产生了巨大的影响和推动作用。经过几十年的发展和应用，CAD 现已经形成规模庞大的产业，而且为制造业带来巨大的社会效益和经济效益。

CAD 以计算机、外围设备及其系统软件为基础，包括概念设计、方案设计、结构设计、优化设计、有限元分析、动态分析、仿真模拟以及产品数据管理等内容。它已广泛应用于机械、电子、建筑、航空、航天、汽车、化工、冶金、环境工程等领域。随着 Internet/Intranet 和并行、高性能计算机及事务处理的普及，异地、协同、虚拟设计及实时仿真也得到了广泛应用。

与传统的机械设计相比，CAD 技术可以提高产品设计质量，缩短新产品开发周期，降低生产损耗，减轻劳动强度，实现脑力劳动的自动化。总之，计算机辅助设计技术以其强大的功能，将工程设计工作提高到一个新的水平，它的应用是工程设计史上一个新的突破。与常规设计相比，计算机辅助设计具有明显的优越性，主要体现在以下几个方面：

（1）提高设计效率、缩短设计周期。利用 CAD 技术，能明显地减少设计计算、图纸制作和资料检索时间，从而可减小设计人员的工作量和劳动强度，降低设计成本，从而能提高设计效率、缩短设计周期、加速产品的更新换代、增强产品的市场竞争力。如图 1-1 所示为通过 CAD 技术建立的锥齿轮二级减速器装配体模型。

图 1-1　锥齿轮二级减速器装配体模型

(2) 提高设计质量。利用计算机提供的标准数据库、图形库和应用软件提供的优化技术有限元分析和设计计算功能,可以减少人为的设计误差,达到最佳设计效果。同时,由于设计人员摆脱了繁重、简单、重复的劳动,从而能集中精力发挥创造性思维,设计出高质量的产品。

(3) 便于产品标准化、系列化、通用化。利用 CAD 技术的参数化设计功能,可以方便实现产品的系列设计。利用存储于计算机中的标准设计信息,能够实现设计过程中的资源共享。设计人员可以利用 CAD 系统建立标准图及标准设计库,也可以修改原有产品设计中的参数得到新的设计结果。由于可以充分利用以前的设计结果,CAD 系统在标准化、系列化、通用化方面有突出的优势。

(4) 在设计阶段可预估产品的特性。利用 CAD 技术中的运动分析、有限元分析、动态仿真等技术,可以在设计阶段预估产品的特性。因此,可及早发现设计缺陷,从而能够提高设计质量、提高产品的可靠性、缩短新产品的试制周期。

(5) 易于实现网络化设计。随着网络技术的迅速发展,基于网络的 CAD 系统也越来越多,利用这样的系统,工程人员可以实现不同部门、不同地点之间的设计信息交流,提高设计工作的效率与灵活性,实现设计资源的跨平台共享。

(6) 为实现计算机辅助制造(Computer Aided Manufacturing,CAM)提供了基础。采用 CAD 技术生成的零件模型可以直接由计算机的 CAM 软件转化为加工、管理信息,并传送给数控机床和生产组织者,实现产品设计与制造一体化。

(7) 使产品快速进入市场。产品设计完成以后,即可根据设计文件及有关数据,利用仿真技术和多媒体技术生成数字样机,通过网络等各种媒体进行产品宣传,提前进行市场拓展。

可以看出,采用 CAD 技术可以提高设计质量、缩短设计周期、降低设计成本、加快产品的更新换代速度,使企业可以保持良好的市场竞争能力。

1.2　计算机辅助设计的发展历程

CAD 在早期是英文 Computer Aided Drafting(计算机辅助制图)或 Computer Aided Drawing(计算机辅助绘图)的缩写,随着计算机软、硬件技术的发展,人们逐步认识到单纯使用计算机绘图还不能称之为计算机辅助设计。真正的设计是整个产品的设计,它包括产品的构思、功能设计、结构分析、加工制造等,而二维工程图设计只是产品设计中的一小部分。于是 CAD 所表达的意思也由 Computer Aided Drafting(Drawing)改为 Computer Aided Design,CAD 也不再仅仅是辅助绘图,而是整个产品的辅助设计。

CAD 技术的发展和形成至今已有 60 多年的历史,自 20 世纪 50 年代交互式图形处理技术的出现,CAD 技术经历了由单纯的二、三维绘图到覆盖几何造型、工程分析、模拟仿真、设计文档生成等大量产品设计活动的发展过程。目前,CAD 技术正经历着由传统 CAD 技术到现代 CAD 技术的转变。了解 CAD 技术发展历程和趋势将有助于我们今后有效地应用和发展这项技术。在 CAD 技术的发展历程中主要经历了以下四次革命。

1. 第一次 CAD 技术革命——贵族化的曲面造型系统

20 世纪 60 年代出现的三维 CAD 系统只是极为简单的线框式系统,如图 1-2 所示。这种初期的线框造型系统只能表达基本的几何信息,不能有效表达几何数据间的拓扑关系。由于缺乏形体的信息,CAM 及 CAE(Computer Aided Engineering,计算机辅助工程)均无法实现。

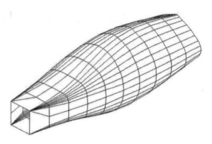

图 1-2　线框式曲面造型

进入 20 世纪 70 年代,计算机辅助设计的理论研究、有限元方法及程序设计方法的蓬勃发展,给计算机辅助设计的软件发展提供了理论基础。随着超大规模集成电路和光栅图形显示器的出现,计算机成本大幅度下降,图形设备迅速向质优价廉的方向发展。这些新技术给计算机辅助设计带来了巨大的动力。此间是飞机和汽车工业的蓬勃发展时期,飞机及汽车制造中遇到了大量的自由曲面问题。法国人提出了贝赛尔算法,使得人们在用计算机处理曲线及曲面问题时变得可以操作,同时也使得法国的达索飞机制造公司的开发者们能在二维绘图系统 CADAM 的基础上,开发出以表面模型为特点的自由曲面建模方法,推出了三维曲面造型系统 CATIA。它的出现,标志着计算机辅助设计技术从单纯模仿工程图纸的三视图模式中解放出来,首次实现以计算机完整描述产品零件的主要信息,同时也使得 CAM 技术的开发有了现实的基础。曲面造型系统 CATIA 为人类带来了第一次 CAD 技术革命。

2. 第二次 CAD 技术革命——生不逢时的实体造型技术

20 世纪 80 年代初,CAD 系统价格依然令一般企业望而却步,这使得 CAD 技术无法拥有更广阔的市场。为使自己的产品更具特色,在有限的市场中获得更大的市场份额,以 CV、SDRC、UG 为代表的系统开始朝各自的发展方向前进。20 世纪 70 年代末到 80 年代初,由于计算机技术的大跨步前进,CAE、CAM 技术也开始有了很大发展,SDRC 在当时星球大战计划的背景下,由美国宇航局支持及合作,开发出了许多专用分析模块,用以降低巨大的太空实验费用,同时在 CAD 技术方面也进行了许多开拓;UG 则着重在曲面技术的基础上发展 CAM 技术,用以满足麦道飞机零部件的加工需求;CV 则将主要精力放在 CAD 市场份额的争夺上。

有了表面模型,CAM 的问题可以基本解决。但由于表面模型技术只能表达形体的表面信息,难以准确表达零件的其他特性,如质量、重心、惯性矩等,对 CAE 十分不利,其最大的问题在于分析的前处理特别困难。基于对于 CAD/CAE 二体化技术发展的探索,SDRC 公司于 1979 年发布了世界上第一个完全基于实体造型技术的大型 CAD/CAE 软件:I-DEAS,如图 1-3 所示。由于实体造型技术能够精确表达零件的全部属性,在理论上有助于统一 CAD、CAE、CAM 的模型表达,给设计带来了惊人的方便性。它代表着未来 CAD 技术的发展方向,可以说,实体造型技术的普及应用标志着 CAD 发展史上的第二次技术革命。

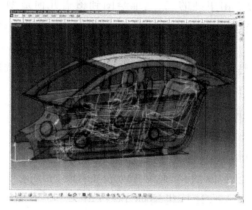

图 1-3　CAD/CAE 软件:I-DEAS 界面

3. 第三次 CAD 技术革命——一鸣惊人的参数化技术

进入 20 世纪 80 年代中期,美国参数技术公司(Parametric Technology Corporation,PTC)提出了一种比无约束自由造型更新颖、更好的算法——参数化实体造型方法,研制命名为 Pro/E 的参数化软件。它主要的特点是基于特征、全尺寸约束、全数据相关、尺寸驱动设计修改,如图 1-4 所示。目前,PTC 公司在 CAD 市场份额排名上已名列前茅。可以认为,参数化技术的应用主导了 CAD 发展史上的第三次技术革命。

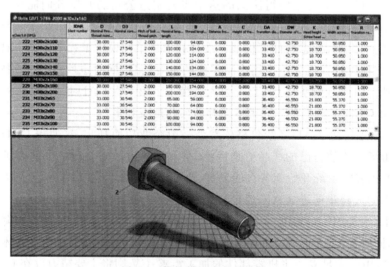

图 1-4　螺栓模型参数化建模

4. 第四次 CAD 技术革命——更上一层楼的变量化技术

参数化技术的成功应用,使得它在 1990 年前后几乎成为 CAD 业界的标准,但是,参数化技术尚有许多不足之处,"全尺寸约束"这一硬性规定就干扰和制约着设计者创造力及想象力的发挥。

全尺寸约束,即设计者在设计初期及全过程中,必须将形状和尺寸联合起来考虑,并且通过尺寸约束来控制形状,通过尺寸的改变来控制形状的改变,一切以尺寸(即所谓的"参数")为出发点。一旦所设计的零件形状过于复杂,面对满屏的尺寸,如何改变这些尺寸以达到所需要的形状就很不直观;再者,如在设计中关键形体的拓扑关系发生改变,失去了某些约束的几何特征也会造成系统数据混乱。

SDRC 的开发人员以参数化技术为蓝本,提出了一种比参数化技术更为先进的实体造型技术——变量化技术,于 1993 年推出全新体系结构的 I-DEAS Master Series 软件。

变量化技术既保持了参数化技术原有的优点,同时又克服了它的许多不足之处。它的成功应用,为 CAD 技术的发展提供了更大的空间和机遇,也推动了 CAD 发展的第四次技术革命。由此可见,CAD 技术基础的每次重大进展,无一不带动了 CAD/CAM/CAE 整体技术的提高以及制造手段的更新。

进入 21 世纪后 CAD 技术迎来了高速发展的时期。CAD 技术和系统都具有良好的开放性。集成化、智能化、参数化、标准化是 CAD 技术发展的主要方向。以信息为中心的新工业正在兴起,主要是以电子计算机的应用为现代社会发展的标志。在 CAD 系统中,综合应用图形、图像、语音等多媒体技术,以及人工智能、专家系统等技术大大提高了自动化设计的程度,智能 CAD 把工程数据库及其管理系统、知识库及其专家系统、拟人化用户接口管理系统集于一体。

1.3　计算机辅助设计的发展趋势与热点

1.3.1　CAD 技术的发展趋势

CAD 技术作为成熟的普及技术已在企业中广泛应用,并已成为企业的现实生产力。围绕企业创新设计能力的提高和网络计算环境的普及,CAD 技术的发展趋势主要围绕在标准化、开放化、集成化、智能化四方面。

1. 标准化

随着 CAD 技术的发展,工业标准化问题日益显示出它的重要性。目前国际 CAD 行业已制定了一系列相关标准:①面向图形设备的标准计算机图形接口(CGI);②计算机图形元文件(CGM);③面向图形应用软件的图形核心系统(GKS)和程序员层次交互式图形系统(PHIGS);④面向图形应用系统中工程和产品数据模型及其文件格式的标准初始化图形交换规范(IGES)和产品模型数据交换规范(STEP)等。这些标准规范了 CAD 技术的应用和发展。随着技术的进步,还会陆续推出相关的标准。

2. 开放化

CAD 系统目前广泛建立在开放式操作系统平台上,在 iOS 系统平台上也有 CAD 产品。此外,CAD 系统都为最终用户提供二次开发环境,甚至这类环境可开发其内核源码,使用户可定制自己的 CAD 系统。

3．集成化

CAD 技术的集成化体现在三个层次上：其一是广义 CAD 功能，CAD/CAE/CAPP/CAM/CAQ/PDM/ERP 经过多种集成形式成为企业一体化解决方案，推动企业信息化进程。目前创新设计能力(CAD)与现代企业管理能力(ERP、PDM)的集成，已成为企业信息化的重点。其二，是将 CAD 技术能采用的算法，甚至功能模块或系统，做成专用芯片，以提高 CAD 系统的效率。其三是 CAD 基于网络计算环境实现异地、异构系统在企业间的集成。应运而生的虚拟设计、虚拟制造、虚拟企业就是该集成层次上的应用。

国际 CAD 商品系统开发的另一个趋势是在全球范围内优选最成功的功能构件，进行集成。至今最成熟的几何造型平台有两家，即 Parasolid 和 ACIS；几何约束求解构件平台有一家，它的主要产品是 2D 和 3D DCM。我国开发的机械 CAD 应用系统已经部分采用 ACIS 和 Parasolid 平台，这是合理的。但是国际上近来又有一种思潮，要求软件开发自由化，以免受制于一两家公司垄断性产品的束缚，即选用 Linux 操作系统以及在它基础上开发各种共享软件，开放源程序。我国也在酝酿自主开发因特网、操作系统以及各种办公的国产化系统。这时，自主研制几何造型通用平台和各种功能构件也将被提上议事日程，我们要及早做好准备。

4．智能化

设计是一个含有高度智能的人类创造性活动领域，智能 CAD 是 CAD 发展的必然方向。从人类认识和思维的模型来看，现有的人工智能技术对模拟人类的思维活动(包括形象思维、抽象思维和创造性思维等多种形式)往往是束手无策的。因此，智能 CAD 不仅仅是简单地将现有的智能技术与 CAD 技术相结合，更要深入研究人类设计的思维模型，并用信息技术来表达和模拟它。这样不仅会产生高效的 CAD 系统，而且必将为人工智能领域提供新的理论和方法。CAD 的这个发展趋势，将对信息科学的发展产生深刻的影响。

1.3.2 CAD 技术研究开发热点

1．计算机辅助概念设计

一方面，根据有关的统计资料表明，产品工本费的 70% 是在产品设计阶段决定的。同时，一旦概念设计被确定下来，产品设计的 60%～70% 也就被确定下来了。尤其需要提及的是，即使详细设计再好，也难以弥补概念设计阶段所出现的缺陷。还有产品的创新及其所具有的竞争能力基本上也是在概念设计阶段就被确定好的。故概念设计是设计过程中一个非常重要的阶段，它已成为企业竞争的一个制高点。因此，计算机辅助概念设计愈来愈受到重视。但另一方面，在概念设计期间，所涉及的设计需求和约束的种种知识，往往是不精确的、近似的或未知的，也就是说复杂性很高，这给 CAD 技术带来很大的难度。

概念设计的过程主要是评价和决策的过程，它涉及产品功能、动作和结构等因素，它对产品的价格性能、可靠性、安全性等起决定性的影响作用。正因为应考虑的因素和目标是多方面的，所以评价和决策过程是一个很复杂的、难度很大的过程。目前计算机辅助概念设计的方法可分为两大类，即自动生成方案和交互生成方案，当然，应用时这两种方法可以混合使用。

(1) 自动生成方案。目前主要采用人工智能技术。为了使计算机有效地支持概念设计活动,需要解决两大难题,即建模问题和推理问题。①建模问题是对产品的功能、动作和结构诸因素之间相互影响的复杂关系进行建模或表达。例如汽锅的蒸汽阀门,其功能是防止汽锅爆炸,它的动作是当检测到一定的压力差时,它会自动打开,而其结构是所用的实际构件的布局及其连接关系,建模的结果提供推理用。②推理问题实际上就是生成和选择合适的方案。

建模问题主要是建模的表示法,目前已提出各种各样的表示法,如语言、几何模型、图形、对象、知识模型和图像等表示法。语言表示法属于一种形式描述方法,它能保证计算机有效地进行推理,称为面向机器的表示法。而图像表示法是一种高可视化的表示法(即可视化思维模型),它侧重于提供一种有助于辅助设计人员创新工作的建模环境,称为面向人的表示法,而上述其他表示法依次界于这两者之间。

尽管已有很多不同的建模表示法,但它们往往只支持描述概念设计的某一方面,缺少一种能描述概念设计各种因素的统一表示法,这正是CAD技术研究开发者们下一步的目标。

推理问题的重点是在转换过程,即把用户需求映射到实现所给需求集合的一些实际的结构上;其难点在于产生和选择合适的映射方法。

同样也有很多推理方法支持概念设计活动,如神经网络、基于实例的推理法、基于知识的推理技术、优化、价值工程和定性推理等。但目前也只能设计一些特定领域的例子,离全面应用还有差距。但从长远来看,这方面的许多工作还应继续进行。例如知识获取是人工智能领域中一个大难题,为了解决这一问题,可以采用数据挖掘技术从已有的设计库中自动获取感兴趣的领域知识。

(2)交互生成方案。由于概念设计的复杂性,自动地生成合适的方案是很困难的。在自动生成和选比方案尚未成熟之前,交互技术是重要手段。在概念设计阶段可充分利用多媒体技术,如包括有效的信息搜索技术,以便在网上可查到大量对概念设计有用的设计例子。又如研究协同概念设计技术,使群体成员易于参与概念设计,并做出积极的贡献。

2. 计算机支持的协同设计

设计工作是一个典型的群体工作。群体成员既有分工,又有合作。因此群体的工作由两个部分组成:一是个体工作,即群体成员应完成的各自分工的任务;另一是协同工作,因为群体工作不可能分解为互相独立的个体工作。群体成员之间存在相互关联的问题,一般称为接口问题,接口难免会出现矛盾和冲突,如不及时发现和协调解决,就会造成返工和损失。传统的CAD系统只支持分工后各自应完成的具体任务,至于成员间接口问题,计算机不能支持,主要靠面谈或某种通信工具进行讨论并加以解决。但这些方式很难做到及时并充分地协商和讨论。因而一项大的设计任务接口问题难免要出差错,这正是为什么设计工作会出现不断反复、不断修改这一过程的主要原因。

计算机支持的协同设计是计算机支持的协同工作(Computer Supported Cooperative Work,CSCW)技术在设计领域的一种应用,用于支持设计群体成员交流设计思想、讨论设计结果、发现成员间接口的矛盾和冲突,及时地加以协调和解决,减少以至避免设计的反复,从而进一步提高设计工作的效率和质量。

协同设计倍受人们的关注,已有不少原型系统,也有一些产品已在市场上出售。已有工作中,有些属于基础性工作,如建模、系统结构、适用于 CSCW 的支撑环境等。但从建立实用协同设计系统的角度来说,主要面临如下三大问题:

(1) 群体成员间多媒体信息传输。目前在局域网上通信方法已较成熟,但在远程网上,交换数据时实行异步传输,现有网络平台问题不大,但实时交换数据问题较多,首要的问题是传输媒体的选择问题,即基于公用网(如 WWW)还是基于专用网(如语音传输可借用电话专线,又如租用 ISDN 总线)。目前多数研究集中在公用网 Internet 和 Intranet 上,但商品开发上更多考虑专用线。从实用效果来说,公用网效果较差,而专用线虽然效果好些,但价格太高。

(2) 异构平台。参与协同设计的成员是分散在各地,且设备条件多种多样。因此,实用的协同设计系统必须能在异构环境中运行,包括数据传输、工具集成,还有跨平台的交互界面,这主要依靠标准化工作来解决异构环境问题,目前普通采用的是 CORBA(Common Object Request Broker Architecture,公共对象请求代理体系结构)、JAVA 技术和通信领域的标准等。不过,这类技术目前对 CSCW 的支持还有不足之处,有待增强功能。至于跨平台的交互界面的研制,虽有不少进展,但是至今尚未见到支持它的工业标准。

(3) 人-人交互。应该说支持设计群体人员间的人-人交互是协同设计的核心问题之一,特别是目前自动发现矛盾和冲突,并进行自动协同和解决的技术还不成熟,因此人-人交互的手段尤其重要。当前,最为普遍的是利用电子会议(包括白板、语音、视频等工具)支持成员间进行讨论,它比较适用于交流设计思想,不过用它来讨论设计结果就很费劲,共同修改设计结果就更不可能了。目前讨论设计结果主要是依靠应用共享这一工具,这一工具能够达到一人对一个 CAD 工具进行操作,其他成员均能在各自的终端上看到操作过程和结果。这个工具也可以和电子会议系统集成,用语音等工具进行讨论。但应用共享最大的问题在于对于没有源程序的 CAD 工具,一个时刻只允许一个人操作,其他人希望操作必须事先申请,获准并在当前操作者退出后方可操作,故很不方便,成员间不能直接互操作,这是需要进一步解决的问题。

总而言之,协同设计系统的现状是局域网已达到实用阶段,在异步工作方式下,远程协同设计问题也较小,但在远程实时工作方式下,特别是基于公用网,尚处试验阶段。当然整个协同设计系统离成熟阶段尚有一定距离,很多问题有待解决。

3. 海量信息存储、管理和快速检索

CAD 系统处理的信息愈来愈多,而且是多媒体信息。尽管磁盘容量增长速度很快,但仍远不能满足信息量快速增长的需求。海量信息的存储、管理和快速检索已成为世人瞩目的问题。这除了依靠硬件来解决问题外,数据库管理系统(Database Management System, DBMS)是一重要技术,实践证明,传统的关系数据库管理系统(Relation Database Management System, RDBMS)已难以适应要求,而采用面向对象和关系相结合的模型可能是个过渡的解决方案。

4. 设计法研究及其相关问题

设计工作是项复杂的且知识密集的群体活动,为了提高效率必须遵循某种正确的设计方法。虽然设计方法学的研究已持续半个多世纪了,但针对 CAD 的设计法却是最近才有的,称为正规设计流程法,它不仅让我们知道设计是一种流程,还为开发 CAD 工具提供了依据,因此了解和识别设计过程的不同方面(即不同的设计活动),是开发新一代CAD系统的关键。

现在已出现许多设计流程法。过去常用的是自顶向下、自底向上的自然可行方法,但这种方法只适用于详细设计阶段。现在为了支持整个设计工作,设计法的研究重点应在支持概念设计方法和协同设计方法之上。例如,新的CAD系统可消除许多由于距离和时间所造成的对工作方法和组织的限制,协同设计面临的不但有人-机交互,还有人-人交互,因而CAD的过程更复杂了。尽管人们都在期望提供一种灵活的、可移动的、安全可靠的远程协同设计环境,但如果没有正确的方法来指导,将很难达到预期的效果。

目前企业的组织基本上是一种很严谨的层次结构组织,在这种组织内民主有限,虽然它可防止出现人多嘴杂和无休止争论的现象,但它又束缚着人们聪明才智的充分发挥。按目前情况,采用这种组织结构是必要的。但随着工作方法和方式的改变,组织结构也可改成动态组成,只要群体成员间能相互了解,易于合作,也许这种非严谨的组织结构是可行的,可更好地发挥每个人的才干。

应该说到目前为止,设计工作还是由设计人员主宰一切,但事实上设计所牵涉的面很广,包括市场的需求,生产是否可行,价格能否接受等问题,因此在协同设计时,设计群体应包括各类人员,除有关设计人员外,还应有顾客、社会和人文科学人员、工艺人员、生产人员、管理人员等。

5. 支持设计创新

创新是产品设计的灵魂,如何利用计算机来支持创新,这是个新的课题。目前计算机只能提供一些启迪方法:如存入大量多媒体设计数据,并通过网络方便地供设计人员查询,从而可能引导出意想不到的富有创新的设计;又如利用CSCW工具,通过直接讨论方式来相互启发,产生新的设计思想,促进创新设计。可以预见CAD技术将有新的飞跃,同时还会引起一场设计变革。

6. 新技术在CAD中的应用

如上所述,CAD是吸收新技术最快的领域之一。下面仅以例子加以说明:

(1) 虚拟现实与CAD集成。虚拟现实技术(VR)用于CAD,使CAD技术主要在两个方面得到提高:一是令设计群体更逼真地看到正在设计的产品及其开发过程;另一方面是提高交互能力,使设计群体可以直接和所设计产品交互操作。VR技术在CAD中的应用面也很广,首先可以进行各类具有沉浸感的可视化模拟,用以验证设计的正确性和可行性。譬如说可以用这种模拟技术进行设计分析,可以清楚地看到物体的变形过程和应力分布情况,效果比实物试验还要好。其次它还可以在设计阶段模拟零部件的装配过程,检查所用零部件是否合适和正确。作为副产品,它可生成加工详细时间表、装配材料详细清单等,并直接存入数据库。在概念设计阶段,它可用于方案选比。特别是利用VR的交互能力,支持概念设计中的人机工程学,检验操作时是否舒适、方便,这对摩托车、汽车、飞机等的设计特别有用;在协同设计中,利用VR技术,设计群体可直接对所设计的产品进行交互,应包括共享设计数据、讨论和互操作等。另外VR技术还可用于开发人-人交互界面,更加逼真地感知到正在和自己交互的群体成员的存在和相互间的活动。

尽管VR技术在CAD中的应用前景很大,它的发展也很快,不过目前仍处试验阶段,离广泛推广应用还有一定距离。究其原因,首先是这类设备价格昂贵,其次是其性能也有待进一步提高。目前 VR 技术中的头盔和数据手套使用起来很不方便，而且使用时间长了，会使用户感觉到难受。另外，VR 技术应用于 CAD 本身也有很多工作要做，包括 VR 数据的进一步处理，以便更好地把 CAD 技术与 VR 技术集成起来。

（2）计算机安全。现在社会的工作、学习和生活已都离不开计算机，某一行业的计算机系统遭破坏，就有可能使这个行业乃至整个社会受影响，甚至于瘫痪。工程或产品设计一样也离不开计算机，而且由于异地设计愈来愈多，对计算机的依赖性也愈来愈大。同时，它所处理的设计数据不但数量大，而且往往有一定保密性，这是市场激烈竞争所致。因此如果解决不了计算机安全问题，就难以进一步推广应用新的 CAD 系统。

1.4　计算机辅助设计系统的组成

CAD 系统主要由硬件系统、软件系统两大部分组成。硬件系统包括计算机及外围设备；软件系统则包括各类不同作用、功能的软件。不同的 CAD 系统可以根据系统的应用范围和所需的软件规模，进行硬件和软件的不同配置，以满足系统的基本功能和运行要求。根据计算机系统规模的大小，可以将计算机辅助设计系统分为单机系统、局域网络系统和万维网络系统。CAD 系统软件和硬件的组成如图 1-5 所示。

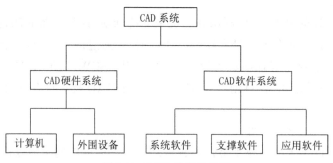

图 1-5　CAD 系统的组成

1.4.1　CAD 系统的硬件

CAD 系统的硬件主要包括中央处理器、存储器、输入设备、输出设备、网络通信设备。

1. 中央处理器

中央处理器（Central Processing Unit，CPU）是微型计算机的核心部件，由控制器和运算器组成，如图 1-6 所示。中央处理器的主要功能就是按照指令控制计算机的工作，对数据进行算术运算和逻辑运算。主机的类型及性能对 CAD/CAM 系统的使用功能起到了决定性作用。通过 CPU 可以获取主存储器内的指令，分析指令的操作类型，实现计算机各种动作，控制数据在各部分之间的传送，输出计算的结果及逻辑操作的结果。

图 1-6　中央处理器

2. 存储器

内存储器也称为内存,又可以分为随机存储器和只读存储器(图 1-7),两者共同构成主存储器。随机存取存储器(Random Access Memory,RAM)用于存放当前参与运行的程序和数据。只读存储器(Read-Only Memory,ROM)用于存放各种固定的程序和数据,由生产厂家将开机检测、系统初始化、引导程序、监控程序等固化在其中。主存储器基本功能就是用来存放指令、数据及运算结果。外存储器,包括软盘和硬盘。外存储器是保存计算机处理过程中产生的大量数据、信息的重要外部设备。外存储器还可以起到扩大存储系统容量的作用。

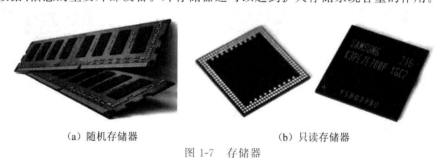

（a）随机存储器　　　　　　　　　　　（b）只读存储器

图 1-7　存储器

3. 输入/输出设备

输入设备主要包括键盘、鼠标、触摸屏、图形扫描仪等。操作者通过输入设备将数据、字符、图形图像等信息转换成计算机能识别的电子脉冲信号,再传递给计算机,计算机按照接收的指令实现要求的动作和运算。实现上述功能的装置称为输入设备。

输出设备是将 CAD/CAM 系统的分析计算后的结果在要求的设备上输出、显示,可以采用文字、数据、图表、二维工程图或者三维模型等方式表示。常用的输出设备包括图形显示器、打印机、绘图仪、立体显示器等。

部分输入/输出设备如图 1-8 所示。

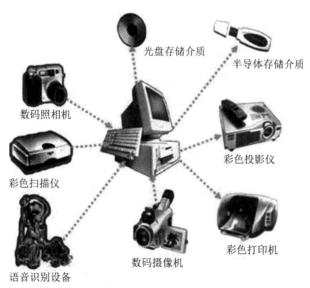

图 1-8　输入/输出设备

4.网络通信设备

网络通信设备是利用网络系统硬件设备将各单台计算机相互连接起来,构成局域网或者万维网,使计算机相互之间共享数据或传送信息。网络通信设备包括网卡、集线器、路由器、交换机、中继器、网桥等,如图1-9所示。

(a)网卡   (b)交换机   (c)集线器

图1-9 部分网络通信设备

1.4.2 CAD 系统的软件

CAD 系统不仅需要有计算机硬件设备,还需要配备各种相关功能的软件。软件的作用就是通过管理和使用硬件实现所要求的功能。软件系统的不同配置会直接影响到 CAD 系统的功能、效率及使用的方便程度,所以软件部分在 CAD 中占据着越来越重要的地位。通常,CAD 系统软件分为三个层次:系统软件、支撑软件、应用软件。

1.系统软件

系统软件是指计算机操作系统软件,如 Windows 软件。

2.支撑软件

支撑软件是支持辅助用户完成 CAD 作业时所使用的具有通用功能的软件。支撑软件是在系统软件基础上研制的,为 CAD 的二次开发提供了开发环境。用户可以在此开发环境下进行移植或自行开发所需的应用软件系统,以完成特定的设计任务。CAD 系统所需的支撑软件从功能上可以划分为高级程序设计软件、图形软件、数据库管理软件、分析计算软件等。

(1)高级程序设计软件。高级程序设计语言是开发计算机程序的基本工具,利用高级程序设计软件可以进行 CAD 系统的开发。高级程序设计语言具有规定的符号、代码及语法语义,根据开发程序的要求进行代码的编写,再由计算机编译系统将程序代码翻译为计算机能够执行的机器指令。可视化高级程序设计语言包括 Visual Basic 和 Visual C++系列等。

(2)图形软件。图形软件主要包括绘图软件和三维构型软件。图形软件具有基本图形元素绘制、图形变换、图形编辑、存储、显示等功能,也支持不同专业的应用图形软件的开发。绘图软件是 CAD 系统中最基本的图形软件,应用于绘制零部件产品中符合工程要求的零件图和装配图,图形的生产可以通过人机交互的方式完成,也可以利用三维模型的投影变换完成。现有微机上广泛应用的是 Autodesk 公司的 AutoCAD 系统支撑软件,国内也开发了图形支撑软件,如开目、中望、CAXA 等。三维构型软件则侧重于为用户提供一个完整、准确地描述和显示三维几何形状的方法和工具,其基本功能包括几何构型、曲面造型以及真实处理、实体参数计算质量特性计算等功能。常用的三维构型软件有 CATIA、SOLIDWORKS、Pro/Engineer、UG 等。

（3）数据库管理软件。数据库按照一定的组织方式存储相关的数据，并且方便用户查找、调用、保存、修改数据，而数据库系统则由数据库和数据库管理系统组成。数据库在 CAD 系统中具有重要地位，它能有效地存储、管理、使用 CAD 所拥有的大量数据。CAD 系统由于自身的一些特点需要相应的工程数据库的支持，但目前常常是借用商用数据库。现在常用的数据库系统，如 DBAS、FoxBASE、FoxPro、Oracle、Sybase、SQL Server、Informix、DB2 等。

（4）分析计算软件。计算机辅助设计中需要对机构进行大量数值计算、分析、结构参数的优化，以及运动学、动力学仿真等处理，相关的软件有 SAP、ASKA、ANSYS、ADINA、NASTRAN 等。

3. 应用软件

应用软件是在系统软件、支撑软件的基础上，按照用户的要求针对特定的领域和特定的要求解决实际问题而自行开发或委托开发的程序系统，又称为"二次开发"，如专用模具设计软件、机械零件设计软件、数控机床控制系统等。应用软件具有很强的针对性和专用性。应用软件系统包括常规设计计算方法、可靠性设计软件、优化设计方法、动态仿真软件，以及各种专业程序中常用的机械零件设计计算方法软件、产品设计软件等。

1.5　三维 CAD 技术的应用

CAD 技术作为当代杰出的工程技术成就，已经从根本上改变了过去手工绘图，通过图纸组织整个生产过程的技术管理模式，成为企业提高产品质量，加速产品更新换代，增强竞争力的必备措施。目前 CAD 技术已从二维向三维过渡与转变，因此三维 CAD 技术已成为机械专业学生必须掌握的基本技术之一。与二维设计相比，三维 CAD 设计是在装配设计的大环境下建立的，它可以用统一的、无须人为更改的数据，直接进行必要的结构强度等应力/应变分析，以保证新设计符合实际工程需要，而这也正是 CAD 技术的关键所在。

1.5.1　三维 CAD 设计的意义与作用

三维 CAD 系统中，用参数化约束设计零部件的尺寸关系，使得所设计的产品修改更容易，管理更方便。在装配设计中除了定义零部件之间的关系时需要采用参数化、变量化设计以外，为了更好地表述设计者的构思，也需要用参数化和变量化技术来建立装配体中各个零部件之间的特征形状和尺寸之间的关系，使得当其中某个零部件的形状和尺寸发生变化时，其他相关零部件的结构与尺寸也随之改变。三维 CAD 系统支持在装配环境下设计新零件，可以用已有零件的形状作为参考，建立新零件与已有零件之间的形状关联。当参考零件的形状和尺寸发生变化时，新零件的结构与尺寸也随之变动。它还可以利用参数化建立装配体中不同零部件之间的尺寸关联，定义驱动尺寸和参考尺寸。

三维 CAD 系统中，由于使用了统一的数据库，可借助于完整的三维实体模型、齐全的尺寸和几何约束、充分的参数驱动数据，来完成设计的修改和调整、零部件的装配、力学分析、运动仿真、数控加工等 CAD 设计过程。通过必要的模拟仿真，可以直接应用和指导生产。

　　三维 CAD 系统中，工程图可以直接由三维模型投影而成，从而保证各个视图的正确性，在系统中可以根据三维模型的尺寸，自动生成二维尺寸，只需要对视图中个别线条进行调整，并标注工程符号，即可满足工程图的要求。由于三维 CAD 系统中三维/二维的全相关性，在不同的设计环境中的模型都是相互关联的，可以在三维/二维或其他设计环境中直接修改模型的结构和尺寸，其他设计环境中的模型可以自动更新，从而可以使得设计的修改在三维与二维模型中保持一致。

　　在三维 CAD 系统中，可以调节渲染所设计产品的一些基本属性，如光源、模型属性(颜色等)，还可以设置模型的纹理、反射、景深、阴影等效果，从而达到渲染产品外观的目的。

　　只有在三维 CAD 设计中，才可能建立进行有限元分析的原始基本数据，进而实现产品的优化设计。用三维模型在装配状态下进行零件设计，可避免实际的干涉现象，达到事半功倍的效果。凡此种种，二维的绘图设计只能在局部勉强达到，因此，采用三维设计是设计理念的一种变革，是 CAD 应用的真正开始。

1.5.2　三维 CAD 的设计过程

　　如图 1-10 所示，采用三维 CAD 技术的产品开发大体上可以分为三个阶段：

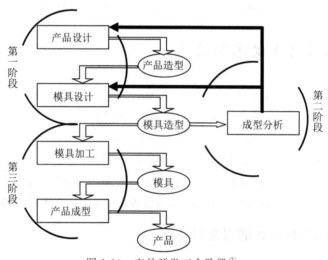

图 1-10　产品开发三个阶段①

　　第一阶段是设计阶段，又分产品设计和模具设计两部分，设计结果均以三维造型(模具设计有时以二维图)给出。计算机辅助技术在这一阶段的应用就称为 CAD，而三维造型则是其中的核心部分。

　　第二阶段是分析阶段，即利用产品和模具的三维造型数据进行成型分析，其分析结果用于检验、指导和修正设计阶段的工作。例如对于塑料制品，其注射成型分析可预测产品成型的各种缺陷(如熔接痕、缩痕、变形等)，从而优化产品设计和模具设计，避免因设计问题造成的模具返修，甚至报废。计算机辅助技术在这一阶段的应用称为 CAE。

───────────────

　　①　黑色箭头表示不同阶段间的交互，白色箭头表示设计流程。

第三阶段是制造阶段,包括模具加工和产品成型。计算机辅助技术在这一阶段的应用称为 CAM;其中的主要内容是利用模具三维造型数据进行的数控编程与数控加工。

1.5.3 三维造型技术的类型

三维造型指在计算机上对一个三维物体进行完整几何描述,三维造型是实现计算机辅助设计的基本手段,是实现工程分析、运动模拟及自动绘图的基础。计算机三维造型有以下几种类型:

1. 线框造型

线框造型是 CAD/CAM 技术发展过程中最早应用的三维模型,用空间的线条构成物体的立体框架,它可以直观地表达整个物体的基本轮廓。这种模型表示的是物体的棱边,由物体上的点、直线和曲线组成。线框造型可用于进行基本的形体操作,如绘图、平移、旋转等。

2. 曲面造型

曲面造型又叫表面造型,是在线框模型的基础上添加了面的信息。其描述具有一定光滑程度的曲面外形,由若干块曲面片拼接构成描述产品形状的曲面形状,能较精确地定义产品的三维几何形状。利用表面模型,就可以对物体进行剖面、消隐并获得数控加工所需要的表面信息等。曲面造型在工业造型设计中得到了广泛的应用。

3. 实体造型

实体造型是以立方体、圆柱体、球体、锥体、环状体等多种基本体素为单位元素,通过集合运算(拼合或布尔运算),生成所需要的几何形体。实体造型严格定义一个几何物体形状,它与线框模型和曲面模型不同,实体造型可以精确地预测出任意复杂零件的体积、重量、惯性矩等物理性能参数。由实体造型生成的形体具有完整的几何信息,是真实而唯一的三维物体。

三维模型建立方法按照物体生成的方法不同可分为:体素法和扫描法。

(1)体素法。实体模型的构造常常采用在计算机内存储一些基本体素(如长方体、圆柱体、球体、锥体、圆环体以及扫描体等),通过集合运算(布尔运算)生成复杂形体。实体建模主要包括两部分,即体素的定义及描述和体素的运算(并、交、差)。

体素是现实生活中真实的三维实体。根据体素的定义方式,可分为两大类体素:一类是基本体素,如长方体、球、圆柱、圆锥、圆环、锥台等,如图 1-11 所示。另一类是扫描体素,又可分为平面轮廓扫描体素和三维实体扫描体素。

(2)扫描法。利用基体的变形操作实现表面形状较为复杂的物体的建模方法称为扫描法,扫描法又分为平面轮廓扫描和整体扫描两种方法。

基本原理:用曲线、曲面或形体沿某一路径运动后生成 2D 或 3D 的物体。扫描变换需要两个分量:一是给出一个运动形体,称为基体;另一个是指定形体运动的路径。

①平面轮廓扫描法。这种方法的基本设想是由任一平面轮廓在空间平移一个距离或绕一固定的轴旋转就会扫描出一个实体,如图 1-12 所示。

②整体扫描法。三维实体扫描法就是首先定义一个三维实体作为扫描基体,让此基体在空间运动,运动可以是沿某一方向移动,也可以是绕某一轴线转动,或绕某一点摆动,如图 1-13 所示。

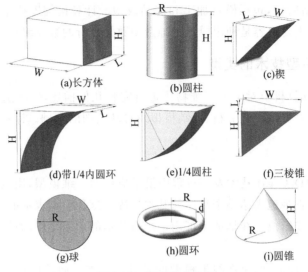

图 1-11　常用基本体素

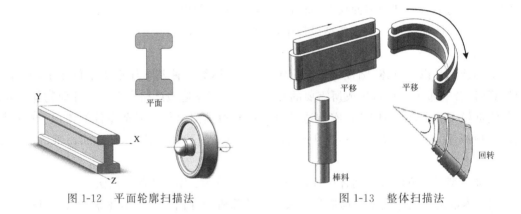

图 1-12　平面轮廓扫描法　　　　　　　图 1-13　整体扫描法

4. 参数化造型

参数化造型也称之为特征造型,是面向 CAD/CAM 集成的,向生产过程提供全面完整的产品信息的造型方法,如图 1-14 所示。它不仅包含产品的几何信息,更包含了产品的特征信息。

参数化造型主要技术特点如下:

基于特征:将某些具有代表性的几何形状定义为特征,并将其所有尺寸存为可调参数,进而形成实体,以此为基础来进行更为复杂的几何形体的构造。

全约束:将形状和尺寸联合起来考虑,通过尺寸约束来实现对几何形状的控制。

尺寸驱动:通过编辑尺寸数值来驱动几何形状的改变;尺寸标注就不再是"注释",而是驱动用的"参数"了。

全相关:尺寸参数的修改导致其他相关模块中的相关尺寸得以全盘更新。

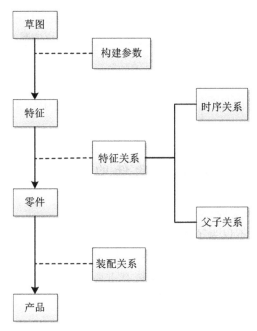

图 1-14　基于特征的产品造型①

1.6　常用软件

第一类为整体技术实力强大、功能完善的 CAD/CAM/CAE 一体化软件。

CATIA：最初由法国达索飞机公司开发，具有强大的实体及曲面造型功能，整体实力在各种 CAD/CAM 软件中名列前茅，是业界公认的顶级 CAD/CAM/CAE 一体化系统。在工业界尤其是汽车及飞机制造业有广泛应用。

UG：最初由美国麦道飞机公司开发，具有良好的实体及曲面造型功能，还具有较强的数控编程功能，广泛应用于汽车、飞机、模具制造和其他机械类行业企业。

Pro/E：由 PTC 公司开发，为实体及曲面造型软件，以全参数化造型为特色，在中小企业有广泛应用，适合于通用化、系列化和标准化的产品设计。

IDEAS：由 SDRC 公司开发，为实体及曲面造型软件，主要特点是工程分析能力强，目前已与 UG 同属 EDS 公司，并有与 UG 融合的趋势。

第二类是面向制造的软件系统。该类系统以曲面造型为主，主要突出 NC 编程的特色。

GRADE：由日立造船株式会社开发，具有较强的曲面造型能力及 NC 编程能力，专用于模制产品设计与模具加工。

CIMATRON：由以色列 CIMATRON 公司开发，以曲面造型为主，简单易学，尤其 NC 加工编程十分方便，主要应用于中小模具制造企业。

MASTERCAM：由美国 CNC software 公司开发，采用曲面造型，具有优良的 NC 编程能力，是应用极广泛的 NC 编程软件之一。

---

①　图注：箭头表示流程，虚线表示其中关键内容，实线表示其中的组成部分。

第三类是面向中小企业开发的小型 CAD 系统。该类系统以实体造型为主,辅之以基本的曲面造型功能,具有价格便宜、学习方便、操作效率较高的特点。其中较有代表性的有 SOLIDWORKS 和 SolidEdge。

与其他三维 CAD 软件相比,SOLIDWORKS 提供了最优秀的中文支持,而且钣金设计和工程图方面使用非常方便,因此,SOLIDWORKS 几乎是中国工程师步入三维 CAD 阶段的首选。

1.7 学习计算机辅助设计软件的方法

第一,要有明确的设计思路。

要明白产品造型设计不仅为了直观,更重要的是为了贯彻设计思想,减少错误,提高设计效率。将计算机辅助设计软件尤其是三维设计运用到产品 CAD 的过程中,非常重要的就是要有设计思路。这是很难传授的,但也是极其重要的。没有设计思路,就等于没有了设计灵魂,只是单一的"搭积木"方式,往往会事倍功半。

第二,要理论联系实际。

计算机辅助软件的实践性很强,如果只学而不用,就永远也学不好。要学会在用中学习,这样才能提高兴趣,达到好的学习效果。同时,要有扎实的理论基础。一般来说,机械设计人员一定要掌握的课程包括几何学、机械制图、材料学、公差与配合、机构学等,了解工艺过程。其中,三维设计通常就是零件加工过程的计算机仿真。

第三,培养对美学的认识。

现代的工业设计很大程度上依赖美学和工程学的结合。随着社会的发展和进步,人们对产品的美观程度有了相当程度的要求,要搞好设计必须从美学和工程学两个方面入手。工程学方面在学校里学得很多,实践中也会积累一些,而美学则相对较难。

1.8 思考与练习

(1)计算机辅助设计技术的主要内涵是什么?

(2)计算机辅助设计技术的发展方向有哪些?

(3)简述三维设计的意义与作用。

(4)简述三维设计软件的基本功能与步骤。

(5)怎样成为合格的机械三维设计人员?

第 2 章

SOLIDWORKS 2016 概述

2.1 SOLIDWORKS 简介

SOLIDWORKS 是由达索系统推出的一款专业工具，主要适用于各类机械设计领域中。SOLIDWORKS 软件功能强大，组件繁多。SOLIDWORKS 有功能强大、易学易用和技术创新三大特点，这使得 SOLIDWORKS 成为领先的、主流的三维 CAD 解决方案。SOLIDWORKS 能够提供不同的设计方案，减少设计过程中的错误以及提高产品质量。SOLIDWORKS 不仅提供如此强大的功能，而且对每个工程师和设计者来说，操作简单方便、易学易用。

SOLIDWORKS 是一个在 Windows 系统环境下进行机械设计的软件，是一个以设计功能为主的 CAD/CAE/CAM 软件，其界面操作完全使用 Windows 风格（图 2-1），具有人性化的操作界面，从而具备使用简单、操作方便的特点。

SOLIDWORKS 是一个基于特征、参数化的实体造型系统，具有强大的实体建模功能；同时也提供了二次开发的环境和开放的数据结构。SOLIDWORKS 独有的拖拽功能，使用

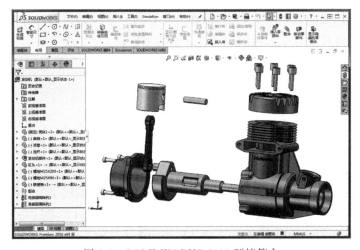

图 2-1 SOLIDWORKS 2016 环境简介

户在比较短的时间内完成大型装配设计。在强大的设计功能和易学易用的操作(包括Windows 风格的拖/放、点/击、剪切/粘贴)协同下,使用 SOLIDWORKS,整个产品设计是百分之百可编辑的,零件设计、装配设计和工程图之间是全相关的。SOLIDWORKS 资源管理器是同 Windows 资源管理器一样的 CAD 文件管理器,用它可以方便地管理 CAD 文件。使用 SOLIDWORKS,用户能在比较短的时间内完成更多的工作,能够更快地将高质量的产品投放市场。

在目前市场上所见到的三维 CAD 解决方案中,SOLIDWORKS 是设计过程比较简便的软件之一,正如美国著名咨询公司 Daratech 所评论:"在基于 Windows 平台的三维 CAD 软件中,SOLIDWORKS 是最著名的品牌,是市场快速增长的领导者。"

2.2 SOLIDWORKS 建模技术

2.2.1 建模技术概述

SOLIDWORKS 软件有零件、装配体、工程图三个主要模块,和其他三维 CAD 一样,都是利用三维的设计方法建立三维模型。新产品在研制开发的过程中,需要经历三个阶段,即方案设计阶段、详细设计阶段、工程设计阶段。

根据产品研制开发的三个阶段,SOLIDWORKS 软件提供了两种建模技术:一种是基于设计过程的建模技术,就是自上而下建模;另一种是根据实际应用情况,一般三维 CAD 开始于详细设计阶段的,其建模技术就是自下而上建模。

2.2.2 自下而上建模

自下而上建模方法是一种归纳设计方法。方案设计阶段主要是由工程技术人员根据经验来进行设计的,目前的三维 CAD 软件一般都是在详细设计阶段介入的,SOLIDWORKS 常用于以零件为基础进行建模,这就是自下而上建模技术,即建立零件再装配。SOLIDWORKS 的参数化功能,可以根据情况随时改变零件的尺寸。SOLIDWORKS 的零件、装配体和工程图之间是相互关联的,即在其中任何一个模块进行尺寸的修改,所有的模块的尺寸都改变,这样可以大大地减少设计人员的工作量。

自下而上建模技术的过程如下:

零件草图→零件→装配体。

2.2.3 自上而下建模

自上而下建模是符合一般设计思路的建模技术,在网络技术日益发展的今天,使用这种方式建模逐渐趋于成熟。该方法从装配体中开始设计工作,先对产品进行整体描述,然后分解成各个零部件,再按顺序将部件分解成更小的零部件,直到分解成最底层的零件。自上而下的设计次序一般是先布局草图,然后定义零部件位置、基准面等,最后参考这些定义来设计零件。与自下而上设计法不同之处是,自上而下设计法用一个零件的几何体来帮助定义另一个零件,即生成组装零件后才添加加工特征。自上而下设计法让设计者专注于机器所完成的功能。

自上而下的建模技术主要有两种。

1. 基于设计过程的建模技术

这是一个比较彻底的自上而下的建模方法。首先在装配环境下绘制一个描述各个零件轮廓和位置关系的装配草图，然后在这个装配环境下进入零件编辑状态，绘制草图轮廓，草图轮廓要同装配草图尺寸一致，这样零件草图同装配草图形成父子关系，改变装配草图，就会改变零件的尺寸。在装配环境下，其过程如下：

装配草图→零件草图→零件→装配体。

2. 实用的自上而下的建模技术

在实际应用中也比较多，首先选择一些在装配体中关联关系少的零件，建立零件草图，生成零件模型，然后在装配环境下，插入这些零件，并设置它们之间的装配关系，参照这些已有的零件尺寸，生成新的零件模型，完成装配体。这样也可以避免零件间的冲突。在装配环境下，其过程如下：

零件草图→零件(部分)→装配(部分)→生成新零件草图→生成新零件→装配(完整)。

总的来说，自上而下建模虽然符合一般设计思路，但是在目前环境下，实现这种建模方式还不很理想；自下而上建模法与自上而下建模法相比，它的相互关系及装配行为更为简单，使用该设计法能让设计者专注于单个零件的设计。

2.3　SOLIDWORKS 2016 安装过程

以 64 位 Windows 7 的个人电脑为例，SOLIDWORKS 2016 安装步骤主要如下：

①安装前需准备一个虚拟光驱程序(如 DAEMON Tools Lite)，用以打开 Solidworks 2016 的 ISO 格式安装包，如图 2-2 所示。

②右击"Solidworks 2016SP00FullDVD1"将其载入虚拟光驱中，如图 2-3 所示出现 BD-ROM 安装驱动器 G 盘。打开 G 盘，双击运行"setup.exe"开始安装，如图 2-4 所示。

③选择"修改单机安装(此计算机上)"，单击"下一步"，如图 2-5 所示。

④在相应的文本框中输入各个模块的序列号信息，如图 2-6 所示。

图 2-2　加载虚拟光驱安装文件

图 2-3　BD-ROM 安装驱动器 G 盘

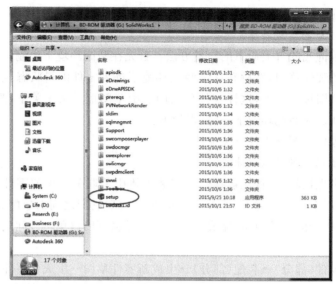

图 2-4　选择 G 盘中 setup

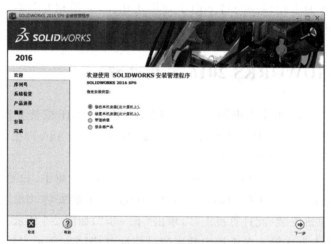

图 2-5　单机安装软件

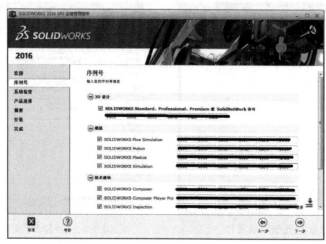

图 2-6　输入序列号

⑤根据使用者的需要选择 SOLIDWORKS Premium 安装的各个模块,并在相应的模块前方框中打钩,如图 2-7 所示。

图 2-7　选择 SOLIDWORKS Premium 模块

⑥这一步,可以选择软件的安装目录等等,使用者可以自行选择(若要修改安装目录,那就只改盘符,别改目录),然后勾选接受协议后,单击"现在安装",如图 2-8 所示。

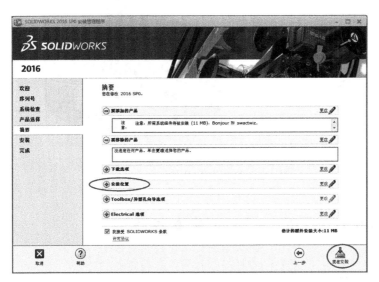

图 2-8　安装摘要界面

⑦软件自动安装必备项目,中途弹出需要加载"Solidworks 2016SP00FullDVD2",当载入"Solidworks 2016SP00FullDVD2"后单击继续,如图 2-9 所示。

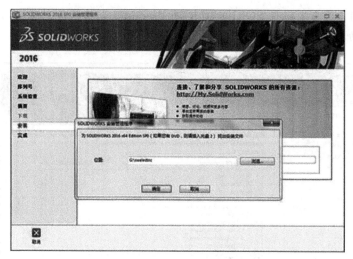

图 2-9 "Solidworks 2016SP00FullDVD2"加载界面

⑧安装结束后，就可启动 SOLIDWORKS 2016，如图 2-10 所示。

图 2-10 SOLIDWORKS 2016 启动界面

2.4 SOLIDWORKS 2016 基本操作

2.4.1 工作环境介绍

1. 启动 SOLIDWORKS 和界面简介

安装 SOLIDWORKS 后，在 Windows 操作环境下，选择"开始"→所有"程序"→"SOLIDWORKS 2016"→"SOLIDWORKS 2016"命令，或者在桌面双击 SOLIDWORKS 2016 的快捷方式图标，就可以启动 SOLIDWORKS 2016，也可以直接双击打开已经保存的 SOLIDWORKS 文件来启动 SOLIDWORKS 2016。图 2-11 是 SOLIDWORKS 2016 启动后的初始界面。

图 2-11　SOLIDWORKS 2016 界面

这个界面只显示几个下拉菜单和标准工具栏,选择下拉菜单"文件"→"新建"命令,或单击标准工具栏中 ▯（新建）按钮,出现"新建 SOLIDWORKS 文件"对话框,如图 2-12 所示。

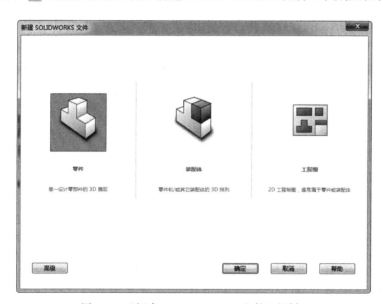

图 2-12　"新建 SOLIDWORKS 文件"对话框

● 🔲 零件建模模块: 双击该按钮,可以生成单一的三维零部件的文件。

● 🔲 装配体建模模块: 双击该按钮,可以生成零件或其他装配体的排列文件。

● 🔲 工程图模块: 双击该按钮,可以生成属于零件或装配体的二维工程图文件。

在 SOLIDWORKS 2016 中,"新建 SOLIDWORKS 文件"对话框有两个版本可供选择,一个是新手版本,另一个是高级版本。

单击图 2-12 左下角的"高级"按钮就会进入高级版本显示模式,如图 2-13 所示。高级版本在各个标签上显示模板按钮的对话框,当选择某一文件类型时,模板预览出现在预览框中。在该版本中,用户可以保存模板添加自己的标签,也可以选择"Tutorial"标签来访问指导教程模板。

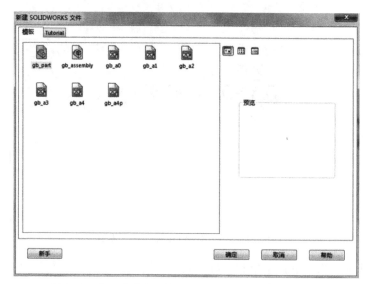

图 2-13　高级版本"新建 SOLIDWORKS 文件"对话框

在 SOLIDWORKS 软件里有零件、装配体建模、工程图等基本模块,因为 SOLIDWORKS 软件是一套基于特征的、参数化的三维设计软件,符合工程设计思维,并可以与 CAMWorks 及 DesignWork 等模块构成一套设计与制造结合的 CAD/CAM/CAE 系统,使用它可以提高设计精度和设计效率;还可以用插件的形式加进其他专业模块(如工业设计、模具设计、管路设计等)。这里介绍一下零件建模、装配体建模、工程图等基本模块的特点。

(1)零件建模模块:SOLIDWORKS 提供了基于特征的、参数化的实体建模功能,可以通过特征工具进行拉伸、旋转、抽壳、阵列、拉伸切除、扫描、扫描切除、放样等操作,完成零件的建模。建模后的零件,可以生成零件的工程图,还可以插入装配体中形成装配关系,并且生成数控代码,直接进行零件加工。

(2)装配体建模模块:在 SOLIDWORKS 中自上而下生成新零件时,要参考其他零件并保持这种参数关系,在装配环境里,可以方便地设计和修改零部件。在自下而上的设计中,可利用已有的三维零件模型,将两个或者多个零件按照一定的约束关系进行组装,形成产品的虚拟装配,还可以进行运动分析、干涉检查等,因此可以形成产品的真实效果图。

(3)工程图模块:利用零件及其装配实体模型,可以自动生成零件及装配的工程图,只要指定模型的投影方向或者剖切位置等,就可以得到需要的图形,且工程图是全相关的,当修改图纸的尺寸时,零件模型、各个视图、装配体都自动更新。

图 2-14 显示了 SOLIDWORKS 用户界面,未打开文件时,界面右侧为"SOLIDWORKS 资源"弹出面板,包括"开始"面板、"社区"面板、"在线资源"面板、"机械设计"面板、"模具"面板、"消费产品设计"面板以及"日积月累"提示框。通过单击 ▶▶ 按钮可使其显示或隐藏。用户界面上主要包括工具栏、主菜单、标题栏、配置管理器等内容。

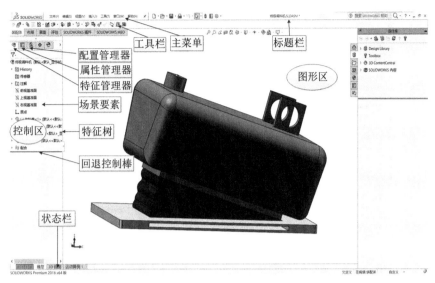

图 2-14　SOLIDWORKS 2016 界面

2. 菜单栏

SOLIDWORKS 界面中的菜单栏显示在标题栏中,如图 2-15 所示,其中最关键的功能集中在"插入"与"工具"菜单中。通过菜单可以找到建模的所有命令,默认菜单处于隐藏状态,将指针悬停在屏幕左上角的 SOLIDWORKS 徽标上可以显示菜单。单击 ＋ (图钉)按钮可以固定菜单,菜单栏一直固定在窗口顶端,按钮变为 ✖ ;若单击菜单右侧按钮 ✖ ,则菜单又处于隐藏状态。

图 2-15　菜单栏

SOLIDWORKS 的菜单项与工作环境有关,工作环境不同,相应的菜单以及其中的选项会有所不同。用户在应用中会发现,当进行一定的任务操作时,不起作用的菜单命令会临时变灰,此时将无法应用该菜单命令。

3. 工具栏

(1) 工具栏设置。SOLIDWORKS 有很多可以按需要显示或隐藏的内置工具栏。例如选择菜单栏中的"视图"→"工具栏"命令,或者在工具栏中右击,在弹出的如图 2-16(a)所示的快捷菜单中单击"视图",便会出现浮动的"视图"工具栏,并可以自由拖动将其放置在需要的位置上。

在如图 2-16(a)所示的快捷菜单中单击"自定义"命令,弹出如图 2-16(b)所示的"自定义"对话框。在其中可以设定哪些工具栏在没有文件打开时可显示,或者根据文件类型(零件、装配体或工程图)来放置工具栏并设定其显示状态(自定义、显示或隐藏)。另外,在 SOLIDWORKS 窗口中,可对工具按钮做如下操作。

①将其从工具栏上的一个位置拖动到另一个位置。

②将其从一个工具栏拖动到另一个工具栏。

(a) 快捷菜单

(b) "自定义"对话框

图 2-16　快捷菜单项及"自定义"对话框

③将其从工具栏拖动到图形区域即可将之从工具栏上移除。

有关工具栏命令的各种功能和具体操作方法将在后面的章节中具体介绍。

在使用工具时,将鼠标指针移动到工具图标附近,便会弹出一个窗口显示该工具的名称及相应的功能,如图 2-17 所示。显示一段时间后,该内容提示会自动消失。

图 2-17　内容提示

在"按钮"选项中,单击选择要增加的命令按钮,然后按住鼠标左键拖动该按钮到要放置的工具栏上,然后松开鼠标左键。

确认添加的命令按钮。单击对话框中的"确定"按钮,则工具栏上会显示添加的命令按钮。如果要删除无用的命令按钮,只要选择"自定义"对话框的"命令"选项,然后在要删除的按钮上按住鼠标左键将其拖动到绘图区,就可以删除该工具栏中的命令按钮。

例如,在"草图"工具栏中添加"椭圆"命令按钮。首先选择菜单栏中的"工具"→"自定义"命令,进入"自定义"对话框,然后选择"命令"标签,在左侧"类别"选项一栏选择"草图"工具栏。在"按钮"一栏中用鼠标左键选择"中心点圆弧槽口"命令按钮,按住鼠标左键将其拖到"草图"工具栏中合适的位置,然后松开鼠标左键,该命令按钮就被添加到工具栏中,如图 2-18 所示为添加前后"草图"工具栏的变化情况。

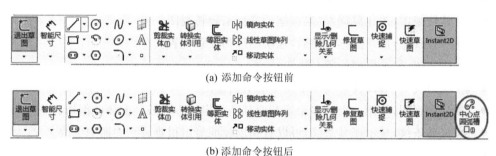

(a) 添加命令按钮前

(b) 添加命令按钮后

图 2-18　添加命令按钮图示

> **注意**
>
> 对工具栏执行添加或者删除命令按钮操作时,对工具栏的设置会应用到当前激活的 SOLIDWORKS 文件类型中。

(2)"标准"工具栏简介。"标准"工具栏如图 2-19 所示,这是一个简化后的工具栏,这里只有默认的几个按钮,主要的几个按钮及其作用如下所示。当把鼠标放在工具按钮上面,就出现了说明,其他和 Windows 的使用方法是一样的。这里就不再说明,读者可以在操作的过程中熟悉。

图 2-19　"标准"工具栏

- 从零件/装配体制作工程图,生成当前零件或装配体的新工程图。
- 从零件/装配体制作装配体,生成当前零件或装配体的新装配体。
- 重建模型,重建零件、装配体或工程图。
- 打开系统选项对话框,更改 SOLIDWORKS 选项的设定。
- 打开颜色的属性,将颜色应用到模型中的实体。
- 打开材质编辑器,将材料及其物理属性应用到零件。
- 打开纹理的属性,将纹理应用到模型中的实体。
- 切换选择过滤器工具栏,切换到过滤器工具栏的显示。
- 选择按钮,用来选择草图实体、边线、顶点、零部件等。

（3）"视图"工具栏简介。图 2-20 显示了视图工具栏上默认的按钮，其他常用按钮及其作用如下所示。

图 2-20 "视图"工具栏

- 整屏显示全图，缩放模型以符合窗口的大小。
- 确定视图的方向，显示一对话框来选择标准或用户定义的视图。
- 局部放大图形，将选定的部分放大到屏幕区域。
- 放大或缩小，按住鼠标左键后上下移动鼠标来放大或缩小视图。
- 旋转视图，按住鼠标左键后，拖动鼠标来旋转视图。
- 平移视图，按住鼠标左键后，拖动图形到任意位置。
- 线架图，显示模型的所有边线。
- 带边线上色，以其边线显示模型的上色视图。
- 剖面视图，使用一个或多个横断面基准面生成零件或装配体的剖切。
- 斑马条纹，显示斑马条纹，可以看到以标准显示很难看到的面中更改。
- 观阅基准面，控制基准面显示的状态。
- 观阅基准轴，控制基准轴显示的状态。
- 观阅原点，控制原点显示的状态。
- 观阅坐标系，控制坐标系显示的状态。
- 观阅草图，控制草图显示的状态。
- 观阅草图几何关系，控制草图几何关系显示的状态。

（4）"草图"工具栏简介。"草图"工具栏包含了与草图绘制有关的大部分功能，里面的工具按钮很多，在这里只介绍一部分比较常用的功能，如图 2-21 所示。

图 2-21 "草图"工具栏

- 草图绘制：绘制新草图，或者编辑现有草图。
- 智能尺寸：为一个或多个实体生成尺寸。
- 直线：绘制直线。
- 边角矩形：绘制一个矩形。
- 多边形：绘制多边形，在绘制多边形后可以更改边侧数。
- 圆：绘制圆，选择圆心然后拖动来设定其半径。
- 圆心/起点/终点画弧：绘制中心点圆弧，设定中心点，拖动鼠标来放置圆弧的起点，然后设定其程度和方向。
- 椭圆：绘制一完整椭圆，选择椭圆中心然后拖动来设定长轴和短轴。
- 样条曲线：绘制样条曲线，单击来添加形成曲线的样条曲线点。

- □ 点：绘制点。
- 中心线：绘制中心线。使用中心线生成对称草图实体、旋转特征或作为构造几何线。
- A 文字：添加文字。可在面、边线及草图实体上添加文字。
- 制圆角：在交叉点切圆两个草图实体之角，从而生成切线弧。
- 绘制倒角：在两个草图实体交叉点添加一倒角。
- 等距实体：通过以一指定距离等距面、边线、曲线或草图实体来添加草图实体。
- 转换实体引用：将模型上所选的边线或草图实体转换为草图实体。
- 剪裁实体：剪裁或延伸一草图实体以使之与另一实体重合或删除一草图实体。
- 移动实体：移动草图实体和注解。
- 旋转实体：旋转草图实体和注解。
- 复制实体：复制草图实体和注解。
- 镜像实体：沿中心线镜像所选的实体。
- 线性草图阵列：添加草图实体的线性阵列。
- 圆周草图阵列：添加草图实体的圆周阵列。

（5）"尺寸/几何关系"工具栏简介。"尺寸/几何关系"工具栏如图 2-22 所示，用于标注各种控制尺寸以及和添加的各个对象之间的相对几何关系。这里简要说明各按钮的作用。

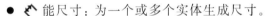

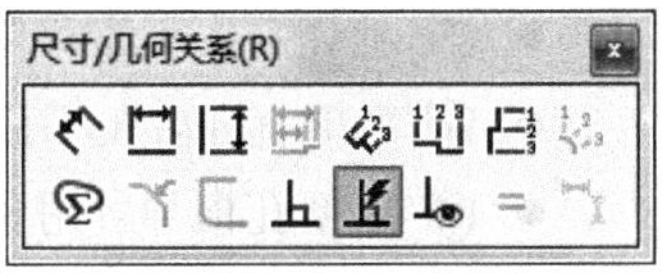

图 2-22　"尺寸/几何关系"工具栏

- 能尺寸：为一个或多个实体生成尺寸。
- 水平尺寸：在所选实体之间生成水平尺寸。
- 垂直尺寸：在所选实体之间生成垂直尺寸。
- 尺寸链：从工程图或草图的横、纵轴生成一组尺寸。
- 水平尺寸链：从第一个所选实体水平测量而在工程图或草图中生成的水平尺寸链。
- 垂直尺寸链：从第一个所选实体垂直测量而在工程图或草图中生成的垂直尺寸链。
- 添加几何关系：控制带约束（例如同轴心或竖直）的实体的大小或位置。
- 自动添加几何关系：打开或关闭自动添加几何关系。
- 显示/删除几何关系：显示和删除几何关系。
- =搜寻相等关系：在草图上搜寻具有等长或等半径的实体。在等长或等半径的草图实体之间设定相等的几何关系。

（6）"参考几何体"工具栏简介。"参考几何体"工具栏用于提供生成与使用参考几何体的工具，如图2-23所示。

图 2-23　"参考几何体"工具栏

- 基准面：添加一参考基准面。
- 基准轴：添加一参考轴。
- 坐标系：为零件或装配体定义一坐标系。
- □ 点：添加一参考点。
- 配合参考：为使用 SmartMate 的自动配合指定用为参考的实体。

（7）"特征"工具栏简介。"特征"工具栏提供生成模型特征的工具，其中命令功能很多，如图 2-24 所示。特征包括多实体零件功能，可在同一零件文件中包括单独的拉伸、旋转、放样或扫描特征。

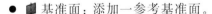

31

图 2-24 "特征"工具栏

- ⬢ 拉伸凸台/基体:以一个或两个方向拉伸一草图或绘制的草图轮廓来生成一实体。
- ⬢ 旋转凸台/基体:绕轴心旋转一草图或所选草图轮廓来生成一实体特征。
- ⬢ 扫描:沿开环或闭合路径通过扫描闭合轮廓来生成实体特征。
- ⬢ 放样凸台/基体:在两个或多个轮廓之间添加材质来生成实体特征。
- ⬢ 拉伸切除:以一个或两个方向拉伸所绘制的轮廓来切除一实体模型。
- ⬢ 旋转切除:通过绕轴心旋转绘制的轮廓来切除实体模型。
- ⬢ 扫描切除:沿开环或闭合路径通过扫描闭合轮廓来切除实体模型。
- ⬢ 放样切除:在两个或多个轮廓之间通过移除材质来切除实体模型。
- ⬢ 圆角:沿实体或曲面特征中的一条或多条边线来生成圆形内部面或外部面。
- ⬢ 倒角:沿边线、一串切边或顶点生成一倾斜的边线。
- ⬢ 筋:给实体添加薄壁支撑。
- ⬢ 抽壳:从实体移除材料来生成一个薄壁特征。
- ⬢ 简单直孔:在平面上生成圆柱孔。
- ⬢ 异型孔向导:用预先定义的剖面插入孔。
- ⬢ 孔系列:在装配体系列零件中插入孔。
- ⬢ 弯曲:弯曲实体和曲面实体。
- ⬢ 线性阵列:以一个或两个线性方向阵列特征、面及实体。
- ⬢ 圆周阵列:绕轴心阵列特征、面及实体。
- ⬢ 镜像:绕面或基准面镜像特征、面及实体。这里需要注意的是,由于软件命令翻译的问题,"镜像"在 SOLIDWORKS 中为"镜向"。
- ⬢ 移动/复制实体:移动、复制并旋转实体和曲面实体。

(8)"工程图"工具栏简介。"工程图"工具栏用于提供对齐尺寸及生成工程视图的工具,如图 2-25 所示。一般来说,工程图包含几个由模型建立的视图,也可以由现有的视图建立视图。例如,剖面视图是由现有的工程视图所生成的,这个过程是由这个工具栏实现的。

图 2-25 "工程图"工具栏

- ⬢ 模型视图:根据现有零件或装配体添加正交或命名视图。
- ⬢ 投影视图:从一个已经存在的视图展开新视图而添加一投影视图。
- ⬢ 辅助视图:从一线性实体(边线、草图实体等)通过展开一新视图而添加一视图。
- ⬢ 剖面视图:以剖面线切割父视图来添加一剖面视图。

- 旋转剖视图：使用在一角度连接的两条直线来添加对齐的剖面视图。
- 局部视图：添加一局部视图来显示一视图某部分，通常用于按比例放大。
- 相对视图：添加一个由两个正交面或基准面及其各自方向所定义的相对视图。
- 标准三视图：添加三个标准、正交视图。视图的方向可以为第一角或第三角。
- 断开的剖视图：将一断开的剖视图添加到一显露模型内部细节的视图。
- 水平折断线：给所选视图添加水平折断线。
- 竖直折断线：给所选视图添加竖直折断线。
- 剪裁视图：剪裁现有视图以只显示视图的一部分。
- 交替位置视图：添加一显示模型配置置于模型另一配置之上的视图。
- 空白视图：添加一常用来包含草图实体的空白视图。
- 预定义视图：添加以后以模型增值的预定义正交、投影或命名视图。
- 更新视图：更新所选视图到当前参考模型的状态。
- 替换模型：更改所选实体的参考模型。

（9）"装配体"工具栏简介。"装配体"工具栏用于控制零部件的管理、移动及其配合，插入智能扣件，如图 2-26 所示。

图 2-26　"装配体"工具栏

- 插入零部件：添加一现有零件或子装配体到装配体中。
- 新零件：生成一个新零件并插入到装配体中。
- 新装配体：生成新装配体并插入到当前的装配体中。
- 大型装配体：为此文件切换大型装配体模式。
- 隐藏/显示零部件：隐藏或显示零部件。
- 更改透明度：在 0 到 75% 之间切换零部件的透明度。
- 改变压缩状态：压缩或还原零部件。压缩的零部件不在内存中装入或不可见。
- 编辑零部件：编辑零部件或子装配体和主装配体之间的状态。
- 无外部参考：外部参考在生成或编辑关联特征时不会生成。
- 智能扣件：使用 SOLIDWORKS Toolbox 标准件库，将扣件添加到装配体中。
- 制作智能零部件：随相关联的零部件/特征定义智能零部件。
- 配合：定位两个零部件使之相互配合。
- 移动零部件：在由其配合所定义的自由度内移动零部件。
- 旋转零部件：在由其配合所定义的自由度内旋转零部件。
- 替换零部件：以零件或子装配体替换零部件。
- 替换配合实体：替换所选零部件或整个配合组的配合实体。
- 爆炸视图：将零部件分离成爆炸视图。
- 爆炸直线草图：添加或编辑显示爆炸的零部件之间几何关系的 3D 草图。
- 干涉检查：检查零部件之间的任何干涉。

- ▮ 装配体透明度：设定除在关联装配体中正被编辑的零部件以外的零部件的透明度。
- ⊛ 模拟工具栏：显示或隐藏模拟工具栏。

4. 状态栏

状态栏位于 SOLIDWORKS 窗口底端的水平区域，提供关于当前正在窗口中进行编辑的内容的状态，以及鼠标指针的位置坐标、草图状态等信息内容。状态栏中提供的典型信息有以下几种：

（1）在您将指针移到一工具上时或单击一菜单项目时的简要说明。

（2）如果您对要求重建零件的草图或零件进行更改，可选择重建图标 ● 。

（3）重建模型图标将会出现在零件名称以及需要重建的特征旁边。菜单栏中也会显示重建符号。

（4）当您编辑一个草图时，同样会显示重建模型符号。当您退出草图时，会自动重建零件。

（5）当您操作草图时，草图状态及指针坐标。草图状态包括"完全定义"、"过定义"、"欠定义"、"没有找到解"以及"发现无效的解"。在零件完成之前，应该完全定义草图。

（6）为所选实体常用的测量，诸如边线长度。

（7）表示您正在装配体中编辑零件的信息。

（8）在您使用协作选项时用于访问"重装"对话框的图标 ◉ 。

（9）表示您已选择暂停自动重建模型的信息。

（10）单位系统 ▭MMGS ◂ 可在状态栏中显示激活文档的单位系统，并可让您更改或自定义单位系统。

（11）显示或隐藏标签文本框的图标 ◈ ，该标签用来将关键词添加到特征和零件中以方便搜索。

5. 特征管理器

特征管理器（FeatureManager）位于 SOLIDWORKS 窗口的左侧，是 SOLIDWORKS 软件窗口中比较常用的部分。它提供了激活的零件、装配体或工程图的大纲视图，用户可以很方便地查看模型或装配体的构造情况，或者查看工程图中的不同图纸和视图。

特征管理器和图形区域是动态链接的，使用时可以在任何窗格中选择特征、草图、工程视图和结构几何线。特征管理器用来组织和记录模型中各个要素及要素之间的参数信息和相互关系，以及模型、特征和零件之间的约束关系等，几乎包含了所有的设计信息。特征管理器的内容如图 2-27 所示。

图 2-27 特征管理器

（1）特征管理器的主要功能如下：

①以名称来选择模型中的项目，即通过在模型中选择其名称来选择特征、草图、基准面及基准轴。SOLIDWORKS 在这一项中很多功能与 Windows 操作类似，比如：在选择的同时按住 Shift 键，可以选取多个连续项目；在选择的同时按住 Ctrl 键，可以选取多个非连续项目。

②确认和更改特征的生成顺序。在特征管理器中拖动项目可以重新调整特征的生成顺

序,这将更改重建模型时特征重建的顺序。

③双击特征的名称可以显示特征的尺寸。

④如要更改项目的名称,在名称上缓慢单击两次,然后输入新的名称即可,如图 2-28 所示。

⑤压缩和解除压缩零件特征和装配体零部件。该功能在装配零件时是很常用的,同样,若要选择多个特征,请在选择的同时按住 Ctrl 键。

⑥右击列表中的特征,然后选择父子关系,便可查看父子关系。

⑦右击,在右键菜单中还可显示特征说明、零部件说明、零部件配置名称、零部件配置说明等项目。

⑧可以将文件夹添加到特征管理器中。

(2)对特征管理器的操作如下:

对特征管理器的操作是熟练应用 SOLIDWORKS 的基础,也是应用 SOLIDWORKS 的重点。特征管理器功能强大,在后面的内容中多次用到,熟练应用设计树的功能,可以加快建模的速度,提高工作效率。

特征管理器可展开、折叠和滚动。要折叠所有项目,右击并选择"折叠项目"命令或按 Shift+C 组合键即可,如图 2-29 所示。

要切换左侧面板的显示(特征管理器、属性管理器等),可单击面板边界中部的按钮 ，并单击视图、FeatureManager 树区域或按 F9 键。

在新版本的 SOLIDWORKS 中,可在后退控制棒处于任何位置时保存模型。当打开文档时,可使用后退命令将控制棒从保存位置进行拖动。

6.属性管理器

属性管理器 (PropertyManager)一般会在定义命令时自动出现。选择一草图特征进行编辑时,所选草图特征的属性管理器将自动出现。如图 2-30 所示为草图"圆"特征属性管理器。

图 2-28　更改项目名称

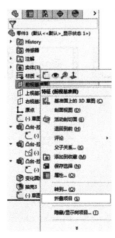

图 2-29　折叠所用项目

图 2-30　草图"圆"特征属性管理器

7.配置管理器

SOLIDWORKS 窗口左侧配置管理器 （ConfigurationManager）用于生成、选择和查看一个文件中的零件和装配体的多个配置,如图 2-31 所示。

配置管理器还可以分割并显示两个 ConfigurationManager 实例,或将配置管理器同特征管理器、属性管理器、使用窗格的第三方应用程序相组合。在配置管理器上右击装配体,在快捷菜单中选择"属性"命令,可进行配置属性的更改。配置属性的内容包括增加配置名称,键入识别配置的说明、关于配置的附加说明信息,以及指定装配体或零件在材料明细表中的名称等。

图 2-31　配置管理器

2.4.2　打开文件

在 SOLIDWORKS 2016 中,可以打开已存储的文件,对其进行相应的编辑和操作。打开文件的操作步骤如下:

①执行命令。选择菜单栏中的"文件"→"打开"命令,或者单击"打开"按钮 ,执行打开文件命令。

②选择文件类型。此时系统弹出如图 2-32 所示的"打开"对话框。对话框中的"文件类型"下拉菜单用于选择文件的类型,选择不同的文件类型,则在对话框中会显示文件夹中对应文件类型的文件。选择"预览"选项,选择的文件就会显示在对话框中"预览"窗口中,但是并不打开该文件。

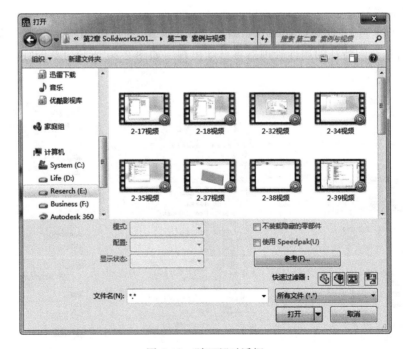

图 2-32　"打开"对话框

选取了需要的文件后，单击对话框中的"打开"按钮，就可以打开选择的文件，对其进行相应的编辑和操作。

在"文件类型"下拉菜单中，并不限于 SOLIDWORKS 类型的文件，如 *.sldprt、*.sldasm 和 *.slddrw。SOLIDWORKS 软件还可以调用其他软件所形成的图形并对其进行编辑，如图 2-33 所示就是 SOLIDSWORKS 可以打开其他类型的文件。

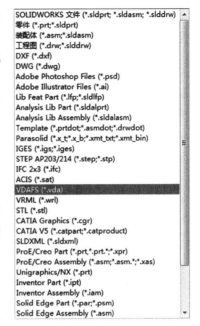

图 2-33　打开文件类型列表

2.4.3　保存文件

已编辑的图形只有保存起来，在需要时才能打开该文件对其进行相应的编辑和操作。保存文件的操作步骤如下：

①执行命令。选择菜单栏中的"文件"→"保存"命令，或者单击"保存"按钮 🖫，执行保存文件命令。

②设置保存类型。此时系统弹出如图 2-34 所示的"另存为"对话框。在对话框中的"保存在"一栏用于选择文件存放的文件夹，"文件名"一栏用于输入要保存的文件名，"保存类型"一栏用于选择所保存文件的类型。通常情况下，在不同的工作模式下，系统会自动设置文件的保存类型。

在"保存类型"下拉菜单中，并不限于 SOLIDWORKS 类型的文件，如 *.sldprt、*.sldasm和 *.slddrw。也就是说，SOLIDWORKS 不但可以把文件保存为自身的类型，还可以保存为其他类型，方便其他软件对其调用并进行编辑。如图 2-35 所示是 SOLIDWORKS 可以保存为其他文件的类型。

图 2-34　"另存为"对话框

图 2-35　保存文件类型

在如图 2-34 所示的"另存为"对话框中，可以在对文件进行保存的同时保存一份备份文件。保存备份文件，需要预先设置保存的文件目录。

执行"工具"→"选项"命令,打开"系统选项"对话框,如图 2-36 所示。选择"备份/恢复"选项,在右侧可指定如下属性。

图 2-36　"系统选项"对话框

- 显示提醒,如果文档未保存。
- 保存自动恢复文件的文件夹。
- 备份保留天数。

如果选择"显示提醒,如果文档未保存",则当文档在指定间隔(分钟或更改次数)内未被保存时,将出现一个信息框。其中包含保存当前文档或所有文档的命令,它将在几秒后淡化消失,如图 2-37 所示。

图 2-37　未保存的文档保存

2.4.4　退出 SOLIDWORKS

在文件编辑并保存完成后,就可以退出 SOLIDWORKS 系统。选择菜单栏中的"文件"→"退出"命令,或者单击系统操作界面右上角的"关闭"按钮 ✖ ,可直接退出。

如果对文件进行了编辑而没有保存文件,或者在操作过程中,不小心执行了退出命令,会弹出"SOLIDWORKS"提示框,如图 2-38 所示。如果要保存修改过的文档,则单击"全部保存(S)　将保存所有修改的文档"选项框,系统会保存修改后的文件,并退出 SOLIDWORKS 系统;如果不保存对文件的修改,则单击"不保存(N)　将丢失对未保存文档所作的所有修改"选项框,系统不保存修改后的文件,并退出 SOLIDWORKS 系统;单击"取消"按钮,则取消退出操作,回到原来的操作界面。

图 2-38　系统提示框

2.4.5　SOLIDWORKS 的鼠标使用

（1）鼠标左键。使用鼠标左键单击,可用于选择对象、菜单项目、图形区域中的实体。双击,则对操作对象进行属性管理。

（2）鼠标中键。使用鼠标中键可有以下多种用途。

①旋转：按住中键,光标变为 ,移动鼠标可旋转画面(在工程图中为平移画面)。

②平移：先按住 Ctrl 键,再按住中键,光标变为 ,移动鼠标可平移画面(待光标改变后,即激活了平移功能,此时松开 Ctrl 键即可)。

③缩放：滚动中键即可实现缩放画面,向前滚动为缩小画面,向后滚动为放大画面(缩放画面是以鼠标位置为中心,因此要近距离观察目标时,尽量使鼠标置于目标位置处)。

④居中并整屏显示：双击中键即可。

（3）鼠标右键：用于选择关联的快捷菜单。

2.4.6　SOLIDWORKS 的快捷键

除了使用菜单栏和工具栏中命令按钮执行命令外,SOLIDWORKS 软件还可通过自行设置快捷键方式来执行命令。自定义快捷键的操作步骤如下：

①选择菜单栏中的"工具"→"自定义"命令,或者在工具栏区域单击。

②右击,在快捷菜单中选择"自定义"选项,系统会弹出"自定义"对话框。

③选择对话框中的"键盘"标签,此时会出现如图 2-39 所示的"键盘"标签的类别和命令选项。

④在"类别"选项选择菜单类,然后在"命令"选项选择要设置快捷键的命令。

⑤在"快捷键"一栏中输入要设置的快捷键,输入的快捷键就出现在"快捷键"一栏中。

⑥确认设置的快捷键。单击对话框中的"确定"按钮,快捷键设置成功。

图 2-39　"自定义"对话框

SOLIDWORKS 的快捷键和鼠标的操作与 Windows 操作系统基本相同。常用的默认快捷键如表 2-1 所示。

表 2-1　常用的默认快捷键

快捷键	功能
<Ctrl＋方向键>	平移模型(或者<Ctrl＋鼠标中键的移动>)
旋转模型	
<方向键>	水平或竖直(或者按住鼠标中键移动)
<Shift＋方向键>	水平竖直旋转 90°
<Alt＋左或右方向键>	顺时针或逆时针旋转
显示模型	
<Shift＋Z>	放大(或者鼠标中键向手心的方向滚动)
<Z>	缩小(或者鼠标中键向远离手指的方向滚动)
<F>	整屏显示全图
<Ctrl＋Shift＋Z>	显示上一视图
视图定向	
<Space 键>	视图定向菜单
<Ctrl＋1>	前视
<Ctrl＋2>	后视
<Ctrl＋3>	左视
<Ctrl＋4>	右视
<Ctrl＋5>	上视
<Ctrl＋6>	下视
<Ctrl＋7>	等轴测
文件菜单项目	
<Ctrl＋N>	新建文件
<Ctrl＋O>	打开文件
<Ctrl＋W>	从 Web 文件夹打开
<Ctrl＋S>	保存
<Ctrl＋P>	打印
其他快捷键	
<F1>	在 PropertyManager 或对话框中访问在线帮助
<F2>	在 FeatureManager 设计树中重新命名一项目(对大部分项目适用)
<Ctrl＋Tab>	在打开的 SOLIDWORKS 文件之间循环
<A>	直线到圆弧/圆弧到直线(草图绘制模式)

续　表

快捷键	功能
<Ctrl+Z>	撤销
<Ctrl+X>	剪切
<Ctrl+C>	复制
<Ctrl+V>	粘贴
<Delete>	删除

注意

（1）如果自行设置的快捷键已经被使用过，则系统会提示该快捷键已经被使用，必须更改要设置的快捷键。

（2）如果要取消设置的快捷键，在对话框中选择"快捷键"一栏中设置的快捷键，然后单击"对话框"中的"移除"快捷键按钮，则该快捷键就会被取消。

2.4.7　设置颜色

1. 设置背景颜色

在 SOLIDWORKS 中，可以更改操作界面的背景及颜色，以设置个性化的用户界面。操作步骤如下：

①选择菜单栏中"工具"→"自定义"命令，此时系统弹出"系统选项"对话框。

②在对话框中的"系统选项"一栏中选择"颜色"选项，如图 2-40 所示。

图 2-40　"系统选项—颜色"对话框

③在右侧"颜色方案设置"一栏中选择"视区背景",然后单击"编辑"按钮,此时系统弹出如图 2-41 所示的"颜色"对话框,在其中选择设置的颜色,然后单击"确定"按钮。

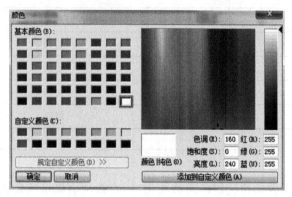

图 2-41　"颜色"对话框

④确认背景颜色设置。单击图 2-40 所示对话框中的"确定"按钮,系统背景颜色设置成功。

在如图 2-40 所示的对话框中,勾选下方四个不同的选项,可以得到不同背景效果,用户可以自行设置,在此不再赘述。

2.设置实体颜色

系统默认的绘制模型实体的颜色为灰色。在零部件和装配体模型中,为了使图形有层次感和真实感,通常改变实体的颜色。如图 2-42(a)所示为系统默认颜色的零件模型,如图 2-42(d)所示为选择所需要更改颜色的对象。操作步骤如下:

（a）端盖系统默认的颜色模型

（b）设置端盖顶面颜色选项

（c）颜色设置属性对话框

（d）设置颜色后结果

图 2-42　设置实体颜色图示

①选择要改变颜色的部位(如端盖顶面)或者特征,此时绘图区域中相应的特征会改变颜色,表示已选中的面,在工作区域中会出现菜单,选择"外观",如图 2-41(b)所示。

②系统会弹出如图 2-42(c)所示的"特征属性"对话框,选择所需要的颜色。

③单击对话框中的"确定"按钮。

3. 设置实体图案

系统默认的绘制模型实体的表面是单色的,可以通过外观编辑赋予实体纹理,操作步骤如下:

①如图 2-42(a)所示,单击屏幕绘图区上方的"编辑外观"按钮 ，在弹出的"颜色"属性管理器中选择"高级"选项卡,此时系统默认选中"颜色/图像"标签,如图 2-43(b)所示。还可以对"照明度"、"表面粗糙度"等进行编辑。在"外观"栏中单击"浏览"按钮。

②系统弹出"打开"对话框,在软件的安装路径下 \ SOLIDWORKS Corp \ SOLIDWORKS\data\Images\textures\pattern,选择"neon.pg"文件,单击"打开"按钮。

③这时在模型上显示出比例拖动框,将鼠标移到框的角上,鼠标光标变成十字形,向外拖动图案纹理变粗,向内拖动图案纹理变细,拖动鼠标将图案纹理调整到合适大小,然后单击"确定"按钮 ✔ ,在弹出的"另存为"对话框中,单击"保存"按钮即可完成对模型赋予外观(纹理)的操作。被赋予 neon 纹理后的表面如图 2-43(c)所示。

> **📝 注意**
>
> 对模型进行纹理的设定,只是改变了模型的外观,模型的材料属性并没有改变。模型的材料属性需通过特征树中的材料节点来设置。

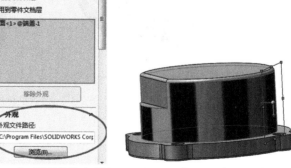

设置实体图案

（a）选择所需赋予纹理的表面　　（b）纹理设置属性对话框　　（c）赋予neon纹理

图 2-43　设置实体外观纹理

2.4.8　设置单位

在三维实体建模前,需要设置好系统的单位,系统默认的单位为 mm、g、s(毫米、克、

秒),可以使用自定义方式设置其他类型的单位系统以及长度单位等。以修改长度单位的小数位数为例,操作步骤如下:

①选择菜单栏中"工具"→"选项"命令。

②系统弹出"系统选项"对话框,单击对话框中的"文档属性"标签,然后在"文档属性"一栏中选择"单位"选项,如图 2-44 所示。

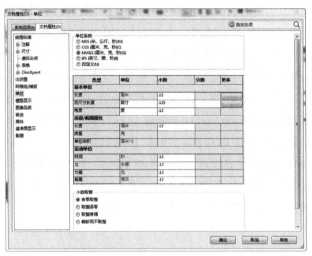

图 2-44 "文件属性—单位"对话框

③将对话框中"长度"的"单位"一栏中的"小数"位数设置为无,然后单击"确定"按钮,如图 2-45所示为设置前后的图形。

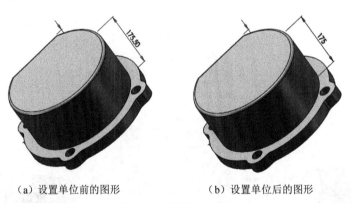

（a）设置单位前的图形　　　　　　（b）设置单位后的图形

图 2-45 设置单位图示

2.4.9 退回控制棒的使用

在造型时,有时需要在中间增加新的特征或者需要编辑某一特征,这时就可以利用退回控制棒,将退回控制棒移动到要增加特征或者编辑的特征下面,将模型暂时恢复到其以前的一个状态,并压缩控制棒下面的那些特征。压缩后的特征在特征设计树中变成灰色,而新增加的特征在特征设计树中的设计树中位于被压缩的特征的上面。操作方法如下:

①将鼠标放到特征设计树的设计树下方的一条黄线上,鼠标的指针标记由 ![箭头] 变成 ![手型]后单击,黄线就变成蓝色了,然后移动 ![手型] 向上,拖动蓝线到要增加或者编辑的部位的下方,

即可在图形区显示去掉后面的特征的图形,此时设计树控制棒下面的特征即刻变成灰色,如图 2-46 所示。做完后,可以继续拖动 👁 向下到最后,就可以显示所有的特征了。

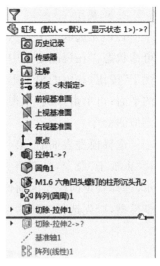

图 2-46　退回控制棒

2.4.10　模型显示

1. 视图显示类型

单击屏幕绘图区上方的"视图定向"按钮 ⬛·,弹出展开的各种视图的图标,如图 2-47 所示。当鼠标移到图标上时皆会弹出说明文本,用户一看就知道其含义,如"前视" ⬛ 、"后视" ⬛ 、"左视" ⬛ 、"右视" ⬛ 、"上视" ⬛ 、"下视" ⬛ 的含义如图 2-48 所示。其中还有"四视图" ⊞ 和"单一视图" ⬛ 等,后面来具体说明。三维立体图用"等轴测"、"上下二等角轴测" ⬛ 、"左右二等角轴测" ⬛ 来显示。SOLIDWORKS 中术语是按照第三视角的习惯定义的,与我国国家标准(GB)第一视角的叫法有些区别,例如,"前视" ⬛ 对应 GB 中的"主视","上视" ⬛ 对应 GB 中的"俯视"。

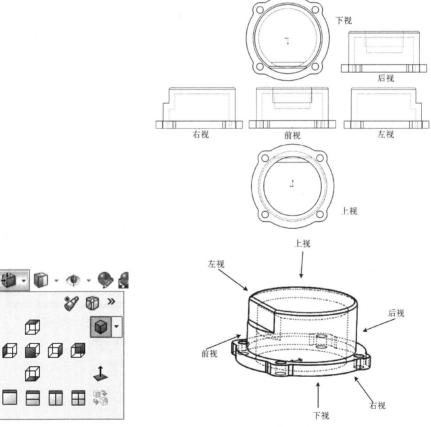

图 2-47　视图定向图标　　　图 2-48　各视图方向示意

2. 正视于

必须先选取一个要从该面的垂直方向观看的模型平面或基准面,"正视于"按钮 ⬇ 才呈可选状态。在视图定向中有一个"正视于"按钮 ⬇ ,当选择模型的一个平面后,单击这个"正视于"按钮,选中的模型平面就会调整为平行于屏幕而面向用户,用户可以从正面观察模型的平面;再单击一次"正视于"按钮 ⬇ ,则变成从背面观察模型的平面,这是一个很好的观察模型的命令。

选择模型表面后,第一次选择"正视于"命令,将使该模型表面的正面面向用户,再次选择"正视于"命令,将调整为模型表面的反面面向用户。可以用"正视于"命令将模型定向显示,选择要定向模型的前面和上视面,选择时按住 Ctrl 键,然后单击"正视于"按钮,系统将调整模型,以先选择的面为前视的方向,后选择的面为上视方向显示出来,如图 2-49 所示。

图 2-49 用正视于定向视图

3. 改变标准视图定向

在建好模型后,发现视图的方向不是所需要的方向,可以通过单击"方向"对话框中的"更新标准视图"按钮 🔄 达到改变方向的目的。

重新打开刚生成的"端盖"零件,拟将模型的"下视"方向改为"前视"方向。操作步骤如下:

①如图 2-50(a)所示,单击选择端盖的底面,单击"正视于"按钮 ⬇ ,结果如图 2-50(b)所示。

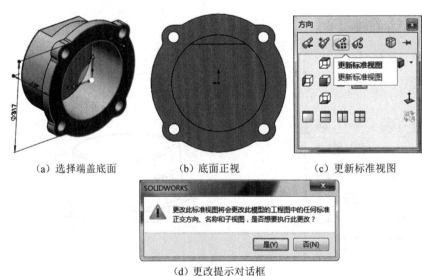

(a)选择端盖底面   (b)底面正视   (c)更新标准视图

(d)更改提示对话框

图 2-50 改变标准视图方向

②按 Space 键,在弹出的"方向"对话框中单击"更新标准视图"按钮 ◀,系统弹出提示,如图2-50(c)所示。单击"前视" ▣(不要双击),系统弹出如图 2-50 所示"SOLIDWORKS"提示对话框,单击"是(Y)"按钮,标准视图将对应于此视图并全部更新,按 Ctrl+7 组合键后可看到结果。

按 Space 键,在弹出的"方向"对话框中单击"重设标准视图"按钮 ◀,弹出"SOLIDWORKS"的对话框,单击"是(Y)"按钮可以恢复默认设定,所有改变后的标准模型视图方向恢复为刚开始的默认设定。按 Ctrl+7 组合键后可看到结果。若单击"否(N)"按钮,则关闭对话框而并不恢复默认设定。

4. 视图调整

在建模过程中需要通过不同的角度或比例来观察模型,这就需要对视图进行不断调整。在绘图区任意位置右击,在弹出的快捷菜单中选择"平移",按住鼠标左键不放拖动鼠标,则模型随之平移,如图 2-51 所示。单击"选择"按钮 ▶ 或"重建模型"按钮 ● 可退出平移状态。"旋转"等操作与"平移"操作类似。

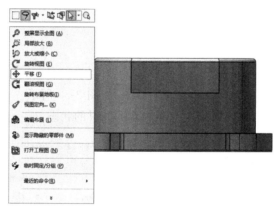

图 2-51　移动视图

常用的调整视图的工具有：上一视图、整屏显示全图、局部放大、放大或缩小、旋转视图和平移,其功能如表 2-2 所示。

表 2-2　视图工具及功能

工具图标	名称	功能
	上一视图	显示上一视图
	整屏显示全图	在图形区中整屏显示模型全图
	局部放大	放大鼠标指针拖动选取的范围,如单击左下角一点(按住不放),然后拖动鼠标到右上角一点后放开鼠标,则矩形框内的模型被放大到全屏
	放大或缩小	动态缩放,按住鼠标左键向上拖动鼠标,视图连续放大,向下连续缩小
	旋转视图	单击"旋转视图"后,按住鼠标左键不放拖动鼠标,则模型随之旋转
	平移	单击"平移"后,按住鼠标左键不放拖动鼠标,则模型随之平移

除了使用上述工具对视图进行操作外,还可以利用鼠标加键盘组成的快捷方式对视图进行操作。

5.多窗口显示模型

SOLIDWORKS 的画面可像窗口软件一样分割成多个不同的画面显示。实现多窗口显示模型的方法如下:

①打开刚生成的圆筒零件。单击窗口左上角的徽标按钮 ,单击菜单栏中的"窗口",如图 2-52 所示。在弹出的菜单中选择"视口"→"四视图"命令。分割后的各绘图窗口的视角方向及模型显示方式都互相独立,互不影响。可以分别设置各种不同的显示方式及观察方向。在某一窗口绘制的图形,将同时出现在各个窗口中。

图 2-52 视口选择

②系统将以选中的显示方式显示出模型视图,如图 2-53 所示。再次选择菜单"窗口"→"视口"→"单一视图"命令,系统回到刚打开端盖零件时的状态。

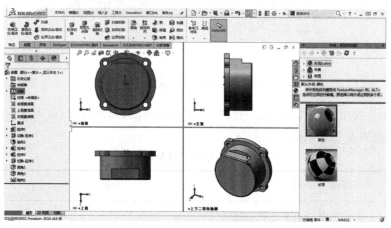

图 2-53 四视图显示

6.任务窗格

打开或新建 SOLIDWORKS 2016 文件时,默认状态会出现任务窗格,它位于屏幕的右边。其中有 7 个图标,它们是"SOLIDWORKS 资源" 、"设计库" 、"文件探索器" 、"视图调色板" 、"外观、布景和贴图" 、"自定义属性" 和"SOLIDWORKS Forum" 。分别单击任务窗格中不同的图标,对应地展开不同的内容。在绘图区中任意位置单击,会折叠任务窗格显示的内容。

本章案例素材文件可通过扫描以下二维码获取：

案例素材文件

2.5　思考与练习

（1）SOLIDWORKS 软件的特点是什么？

（2）SOLIDWORKS 2016 的工作界面由哪几部分组成？各有什么作用？

（3）SOLIDWORKS 自上而下的建模特点是什么？

（4）SOLIDWORKS 自下而上的建模特点是什么？

（5）选择"显示样式"的各个按钮，体会每个按钮的效果与含义。

（6）尝试将 SOLIDWORKS 的绘图区背景设置为白色。

草图设计

草 图 设 计
（授课视频）

第 3 章课件

正确绘制草图是三维设计的基础。从几何学知识可知,任何一个基本的三维几何体都是将一定形状的二维剖面图形(草图)按一定方式如拉伸、旋转、扫描等生成的。在三维设计软件中,特征的创建、工程图的建立以及三维装配图的建立都需要进行平面草图绘制。熟练掌握草图的绘制,就已经掌握了三维设计软件的基础绘图核心。本章主要介绍草图绘制的基础知识,草图绘制环境设置,草图绘制一般步骤,草图约束操作,掌握草图标注及编辑等内容。

3.1 草图绘制基础知识概述

草图是由点、直线、圆弧等基本几何元素构成的封闭的或不封闭的几何形状。草图中包括形状、几何关系和尺寸标注方面的信息。草图分为二维和三维两种,大部分SOLIDWORKS 的特征都是由二维草图绘制开始。下面概述下草图绘制的一些基本知识。

3.1.1 草图绘制流程

在 SOLIDWORKS 中,实体模型的建立都是从草图绘制起步的。SOLIDWORKS 中的草图绘制极为方便,支持参数化,同时支持变量设计,从而可以通过几何关系和尺寸改变草图形状。为了发挥变量化的灵活性,在 SOLIDWORKS 中只需指出尺寸大致相当的图形,然后标注合适的尺寸,再添加几何约束就可以完成图形的精确设定。草图绘制的基本过程为:选择绘制草图的面→绘制图形→添加几何关系→标注尺寸→检查草图合法性→修复草图,如图 3-1 中①～⑥所示。如果模型简单或者读者操作熟练,常常会省去第⑤步和第⑥步。

绘制一个圆形的过程如下:

(1) 新建文件。启动 SOHDWORKS 后,单击工具栏中的"新建"按钮 ▯ 或者按组合键 Ctrl＋N,在弹出的"新建 SOLIDWORKS 文件"对话框中选择"零件" ▧ ,单击"确定"按钮完成新文件创建的操作。

(2) 选择绘制草图基准面。SOLIDWORKS 提供了 1 个初始的绘图参考体系,包括 1 个

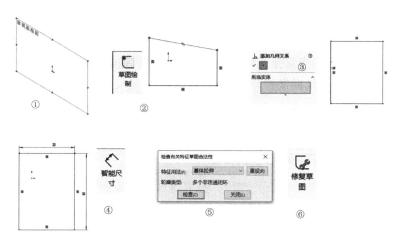

草图绘制步骤

图 3-1　草图绘制步骤

原点和 3 个坐标平面。对于新建的零件，可以利用 3 个基准平面中的任意一个作为草图绘制的参考平面。在建模过程中还有 3 种平面可以作为草图绘制基准平面：一是已有模型的平面；二是创建出的基准平面；三是拉伸出来的直线曲面。

在"草图"面板中单击"草图绘制"按钮 ，如图 3-2 中①②所示。系统会提示选择绘制草图基准平面，选择"前视基准面"后即进入草图绘制界面，如图 3-2 中③④所示。

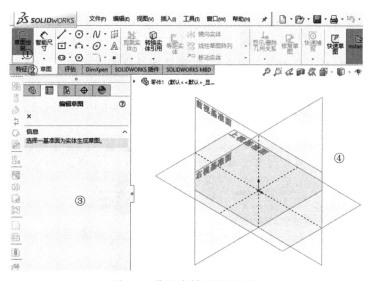

图 3-2　草图绘制基准面选择

（3）绘制草图几何形状。SOLIDWORKS 提供了非常实用的草图实体绘制工具和草图实体编辑工具，这些命令集中于"草图"工具栏中，如图 3-3 所示。绘制时可以用"草图"工具栏中的工具绘制，也可以用面板栏中的"草图"工具绘制。

图 3-3　"草图"工具栏

51

初始环境中的坐标原点在草图绘制环境下显示为红色,可作为草图绘制的原点。

单击"圆"按钮 ⚫ ,如图 3-4 中①所示。SOLIDWORKS 为草图绘制过程提供了许多智能化、直观的反馈信息。当鼠标在绘图区中移动时,鼠标指针变换形状,单击原点来确定圆心,随着鼠标的拖动,在鼠标指针旁边显示出圆形的半径尺寸,单击确定圆上一点的位置,如图 3-4 中②③所示。单击"确定"按钮 ✔ 。

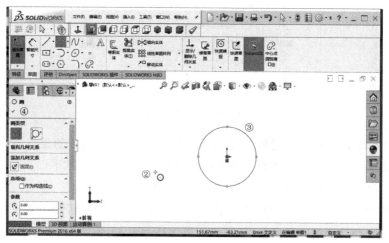

图 3-4　绘制圆形

单击工具栏中的"保存"按钮 💾 或者按组合键 Ctrl+S,保存文件。

(4) 结束草图绘制。草图绘制完毕后,结束草图绘制的方式如下。

● 单击"退出草图"按钮,如图 3-5 中①所示。

● 单击"选择"按钮 ▶ 或"重建模型"按钮 ● ,如图 3-5 中②③所示。

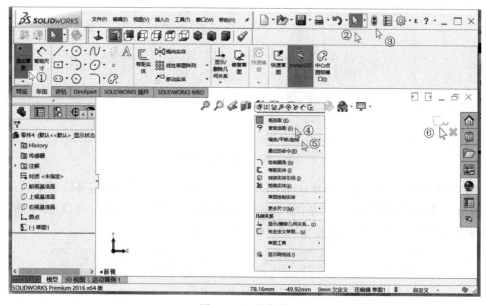

图 3-5　退出草图

- 在绘图区任意位置右击,从弹出的快捷菜单中选择"退出草图" ⬅️ 或"选择"按钮 ▶️,如图 3-5 中④⑤所示。
- 单击绘图区域右上角的"草图确认区",如图 3-5 中⑥所示。
- 可按 Esc 键。
- 选择菜单"插入"→"退出草图"命令。

3.1.2　草图的自由度

在机械类产品中,基本构架支撑运动部件,运动部件完成产品功能。运动和固定的主要知识基础是约束度和自由度。约束度与自由度是相对的概念,一个物体的约束度与自由度之和等于 6。完全自由的空间物体有 6 个方向的自由度,即 3 个坐标方向的移动自由度和围绕 3 个坐标轴的旋转自由度。

通常在平面上绘制直线、矩形、圆弧等(可将这些对象称为草图实体)。平面上的草图实体只有 3 个自由度,即沿着 X 轴和 Y 轴的移动及图形可变的大小。图形具有的自由度与对图形所附加的控制条件有关,添加了控制条件的图形自由度会减少。通常在参数化软件中用以限制图形自由度的方法是标注尺寸和添加几何约束。

1. 点的自由度

点包括平面上任意的草图点、线段端点、圆心点或图形的控制点等。坐标原点(坐标平面的共有点)是系统默认的固定点,如图 3-6 中①所示。其他没有限制的点可以沿水平方向和垂直方向任意移动,如图 3-6 中②所示。若要限制点的移动,可以添加水平约束或标注垂直方向的尺寸(点只能沿水平方向移动),如图 3-6 中③④所示。若同时标注垂直和水平方向的尺寸,则点被固定,自由度为 0,如图 3-6 中⑤所示。

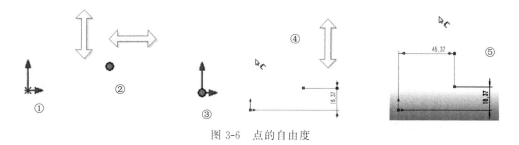

图 3-6　点的自由度

2. 直线的自由度

没有任何限制的直线可以沿水平方向和垂直方向任意移动、旋转及沿长度方向伸缩,如图 3-7 中①所示。固定一个端点后,直线只能旋转和伸缩,如图 3-7 中②所示。若给定角度,直线只能伸缩,如图 3-7 中③所示。若给定长度,直线只能旋转,如图 3-7 中④所示。若给定长度和角度,直线被完全固定,自由度为 0,如图 3-7 中⑤所示。若固定两端点,直线被完全固定,如图 3-7 中⑥所示。

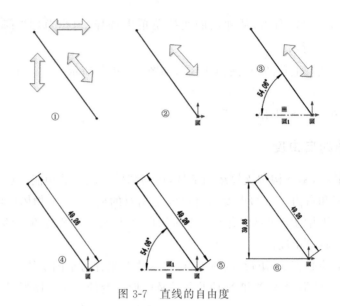

图 3-7　直线的自由度

3. 圆的自由度

没有任何限制的圆可以沿水平方向和垂直方向任意移动,也可以任意调整圆的大小,如图 3-8 中①所示。添加直径后,圆只能任意移动圆心,如图 3-8 中②所示。确定圆心位置后,圆被完全固定,如图 3-8 中③所示。

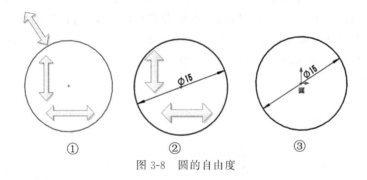

图 3-8　圆的自由度

3.1.3　草图实体

所有的草图都包含以下实体:

1. 原点

为草图提供定位点,多数草图都始于原点。也可利用(镜像实体)工具、(旋转实体)工具等建立草图实体之间的相等和对称关系。

2. 基准面

标准基准面包括"前视基准面"、"上视基准面"和"右视基准面"。其中,"前视基准面"为新零件第一个草图的默认基准面。用户可根据需要添加和定位基准面。

3. 尺寸

尺寸用来定义零件的长度、半径等。当用户更改尺寸时,零件的大小和形状将随之发生改变。能否保持设计意图,取决于用户如何为零件标注尺寸。

保持设计意图的方法之一,就是在更改其他尺寸时,保持一个尺寸不变。

4. 几何关系

用户可通过推理指针和"添加几何关系"工具在草图实体之间建立几何关系(相等、相切等),也可以选择一个或按住 Ctrl 键选择多个草图实体,在"添加几何关系"选项栏中选择几何关系。对于绘制好的草图形体,可以使用"显示/删除几何关系"工具对草图形体的几何关系进行查看或删除。

3.1.4　草图的状态

传统的参数化造型中的草图必须是完全定义的,即草图实体的平面位置和角度都必须完全确定。变量化技术解决了完全定义草图的难题。当然变量化技术并不是帮助人们自动地为草图添加尺寸和几何约束,而是将没有明确定义的草图尺寸作为变量存储起来,暂时以当前的绘制尺寸赋值,这样不会影响利用草图生成特征和其后的装配工作。SOLIDWORKS 支持变量化设计,利用变量化设计可以有效地提高几何建模的速度,方便易用。绘制草图时,尽量将草图中的某点与固定不动的坐标原点重合,尽量将草图完全定义。

当草图处于激活状态时,在图形区域底部的状态栏中会显示出有关草图状态的帮助信息,如图 3-9 所示。

图 3-9　状态栏

对状态栏中显示的信息介绍如下。

①绘制实体时显示鼠标指针显示位置的坐标。

②显示"过定义"、"欠定义"或"完全定义"等草图状态。

③如果在工作时草图网格线为关闭状态,则信息提示正处于草图绘制状态,例如,"在编辑　草图 n"(n 为草图绘制时的标号)。

总的来说,在绘制草图时,草图可能会处于以下几种状态,并通过不同的颜色表示其状态,如表 3-1 所示。

表 3-1　草图颜色表示的约束状态

约束状态	草图颜色
完全定义	黑色
欠定义	蓝色
过定义	红色
悬空	褐色
项目冲突	黄色
项目无法解出	红色
无效	黄色
从动	灰色

1. 完全定义

显示为黑色,表示完整而正确地描述了尺寸和几何关系。完全定义的草图是无法随意改变基准位置的。在 SOLIDWORKS 中,形体之间的几何关系不仅可以在左边的属性管理器中显示,同时还可以通过不同蓝色标记在图形上直接显示,让操作者一目了然。如果想要去除某一形体的几何关系,只需要在图形区域中直接选择蓝色标记使其变红,然后按下 Delete键,即可完成几何关系的删除操作。如果要取消几何关系标记的显示,单击菜单栏中的"视图"→"几何关系"命令,将该功能关闭即可。

2. 欠定义

显示为蓝色,表示尺寸和几何关系未完全定义。在特征管理器设计树中,欠定义的草图名称前将有一个"一"标记。生成尺寸和几何关系组合以完全定义欠定义草图。

3. 过定义

显示为红色,表示此几何体被过多的尺寸和(或)几何关系约束。若草图处于过定义标记,一般情况下系统都会给出警告提示。在特征管理器设计树中,过定义的草图名称前有一个"+"的标记

4. 悬空

显示为褐色、虚线。当参照一个草图或实体的边线绘制完成一个新的草图或特征实体后,却将原有的参照实体删除,此时,系统将会通过褐色、虚线信息提示此草图或特征处于悬空状态,如图 3-10 所示。

5. 项目冲突

显示为黄色,表示冗余尺寸或没必要的几何关系,如图 3-11 所示。

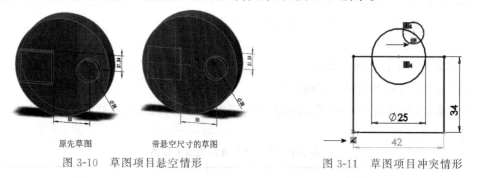

图 3-10　草图项目悬空情形　　　　图 3-11　草图项目冲突情形

6. 项目无法解出

在图形区域中以红色出现,表示几何体无法决定一个或多个草图实体的位置,如图 3-12 所示。

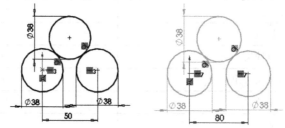

图 3-12　草图项目无法解出情形

7. 无效

显示为黄色,例如交错的样条曲线在 SOLIDWORKS 草图绘制中处于无效状态。要解除无效操作,必须删除某些几何关系或尺寸,或将草图实体返回到其先前状态。

8. 从动

在图形区域中以灰色出现。表示冗余且不能修改的尺寸。当添加一个冗余尺寸时,我们可以在对话框中选择将此尺寸设为从动,然后单击确定。尺寸由红色(过定义)变成灰色。

3.1.5 草图选项

1. 设置草图的系统选项

选择"工具"→"选项"菜单命令,弹出"系统选项"属性设置框。选择"草图"选项并进行设置,如图 3-13 所示,最后单击"确定"按钮。下面介绍"系统选项-草图"属性设置框中的选项。

图 3-13 "系统选项-草图"属性设置框

● "在草图生成时垂直于草图基准面自动旋转视图":无论何时在平面上打开一个草图时,将视图旋转到与草图基准面正交。

● "使用完全定义草图":草图用来生成特征之前必须完全定义。

● "在零件/装配体草图中显示圆弧中心点":圆弧中心点显示在草图中。

● "在零件/装配体草图中显示实体点":草图实体的端点以实心原点的方式显示。该原点的颜色反映草图实体的状态(即黑色为"完全定义",蓝色为"欠定义",红色为"过定义",绿色为"当前选定的草图")。

● "提示关闭草图":如果生成一个具有开环轮廓的草图进行后面的操作,而该草图可以用模型的边线封闭,则系统会弹出提示信息,询问"封闭草图至模型边线?"。可以选择用模型的边线封闭草图轮廓,并可以选择封闭草图的方向。

● "打开新零件时直接打开草图":新零件窗口在前视基准面中打开,可以直接使用草图绘制图形区域和草图绘制工具。

● "尺寸随拖动/移动修改":可以通过拖动草图实体或者在"移动"或"复制"属性设置框中移动实体以修改尺寸值,拖动完成后,尺寸会自动更新。

● "上色时显示基准面":在上色模式下编辑草图时,基准面看起来似乎被上了颜色。

● "显示模拟交点":在两个实体的模拟交点处生成一个草图点。

● "以 3d 在虚拟交点之间所测量的直线长度":从虚拟交点处测量直线长度,而不是从三维草图中的端点开始测量。

● "激活样条曲线相切和曲率控标":为相切和曲率显示样条曲线控标。

● "默认显示样条曲线控制多边形":显示空间中用于操纵对象形状的一系列控制点,以操纵样条曲线的形状。

● "拖动时的幻影图像":在拖动草图时显示草图实体原有位置的幻影图像。

● "显示曲率梳形图边界曲线":显示或隐藏随曲率检查梳形图所用的边界曲线。

● "在生成实体时启用荧屏上数字输入":在生成草图绘制实体时显示数字输入字段来指示大小。

● "过定义尺寸"选项组:可以设置以下两个选项。

"提示设定从动状态":当一个过定义尺寸被添加到草图中时,会弹出属性设置框询问尺寸是否应为"从动"。

"默认为从动":选择此选项,当一个过定义尺寸被添加草图中时,尺寸默认为"从动"。

2. "草图设定"菜单

选择"工具"→"草图设定"菜单命令,弹出"草图设定"菜单栏,如图 3-14 所示。在此菜单栏中可以使用草图的各种设定。

● "自动添加几何关系":在添加草图实体时建立几何关系。

● "自动求解":在生成零件时自动计算求解草图的各种设定。

● "激活捕捉":可以激活快速捕捉功能。

● "移动时不求解":可以在不解出几何关系的情况下,在草图中移动草图实体。

● "独立拖动单一草图实体":在拖动时可以从其他实体中独立拖动单一草图实体。

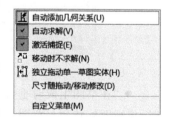

图 3-14 "草图设定"菜单栏

● "尺寸随拖动/移动修改":拖动草图实体或者在"移动"或"复制"属性设置框中将其移动以覆盖尺寸。

3.1.6 草图对象的选择

选择是 SOLIDWORKS 默认的工作状态,草图环境也不例外。进入草图绘制环境后,

"选择"按钮处于激活状态(呈按下状态),鼠标指针形状为 ![arrow]，只有在选择其他命令后,"选择"按钮才被暂时关闭。

1. 选择预览

当鼠标指针接近被选择的对象时,该选择对象改变颜色,说明鼠标已拾取到对象,这种功能称为选择预览。此时单击就可以选中对象,选中对象后对象会变为另一种颜色,说明此对象已被选中。当选择不同类型的对象时,鼠标指针就会显示出不同的形状。表 3-2 列出了草图实体对象类型与鼠标指针的对应关系。

表 3-2　草图实体对象与鼠标指针对应关系

选择对象类型	鼠标指针	选择对象类型	鼠标指针
直线	˙⁄	抛物线	˙∪
端点	˙▫	样条曲线	˙∿
面	▪	圆和圆弧	˙○
椭圆	˙⌀	点和圆点	▫ ⊚
基准面	▦	草图文字	A

2. 选择多个操作对象

很多操作需要同时选择多个对象,可以采用以下两种选择方法。

(1) 按住 Ctrl 键不放,依次选择多个草图实体。

(2) 按住鼠标左键不放,拖曳出一个矩形,矩形所包围的草图实体都将被选中。

第一种方法的可控性较强,而第二种方法更为快捷。若要取消已经选择的对象,使其恢复到未选择状态,可以在按住 Ctrl 键的同时再次选择要取消的对象。

注意

框选对象时,根据鼠标指针的拖动方向可分为两种情况:1)由左向右拖动鼠标框选草图实体,框选框显示为实线,框选的草图实体只有完全被框选住才能被选中,如图 3-15 中①~③所示。2)由右向左拖动鼠标框选草图实体,框选框显示为虚线,只要草图实体有部分在框选内,该草图实体即被选中,如图 3-15 中④~⑦所示。

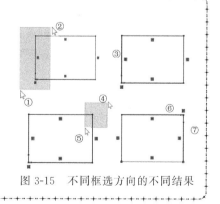

图 3-15　不同框选方向的不同结果

3. 删除草图实体

删除草图实体方法如下:

(1) 右击草图实体,从弹出的快捷菜单中选择"删除"命令,如图 3-16 中①②所示,结果如图 3-16 中③所示。

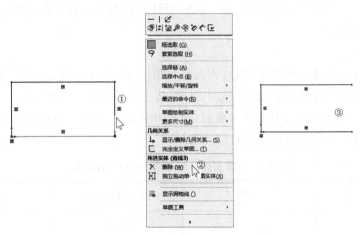

图 3-16 利用快捷菜单删除草图实体

（2）选取实体，然后按 Delete 健，可直接删除。

（3）单击面板中的"剪裁实体"按钮 ，从弹出的"剪裁"属性管理器中选择最后一项
"剪裁到最近端"，如图 3-17 中①②所示。选中要删除的实体，如图 3-17 中③所示，单击"确
定"按钮 ，如图 3-17 中④所示，结果如图 3-17 中⑤所示。

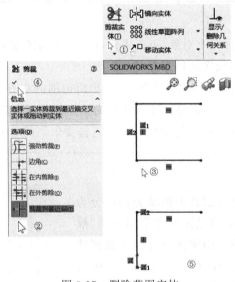

图 3-17 删除草图实体

3.2 草图的约束

约束是设计意图的体现。没有规矩不成方圆。每个草图都必须有一定的约束，没有约
束则设计者的意图也无从体现。绘制草图前，应仔细分析草图图形结构，明确草图中的几何
元素之间的约束关系。

3.2.1　约束的定义与分类

约束指设计中直线等图素之间满足的位置关系，以及图形自身的尺寸，如图 3-18 所示。

草图的约束包括几何约束和尺寸约束。

（1）几何约束：对位置进行约束。几何约束表示几何元素间的关系，如点在一条边上、边与圆相切、边与边平行等等。

（2）尺寸约束：对尺寸进行约束。尺寸约束包括定位尺寸和定性尺寸。

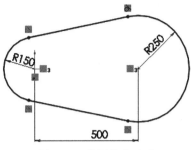

图 3-18　草图约束显示

在"系统选项"对话框左侧的列表框中选择"几何关系/捕捉"选项，可以设置在创建草图过程中是否自动产生约束（图 3-19）。只有在这里选中了这些复选框，在绘制草图时，系统才会自动创建几何约束和尺寸约束。

图 3-19　"几何关系/捕捉"选项设置

草图有三种约束状态。

● 欠定义（欠约束）：当约束度小于自由度时，蓝色（默认设置）。设计初期可采用。

● 完全定义（完全约束）：当约束度等于自由度时，黑色（默认设置），即设计完成时的状态。

● 过定义（过约束）：当约束度大于自由度时，红色（默认设置），应删除多余约束。

3.2.2　草图的几何约束

1. 草图的几何约束

在 SOLIDWORKS 中几何约束称作几何关系，包括如下几种：水平、竖直、共线、全等、垂直、平行、相切、同心、中点、交叉点、重合、相等、对称、固定、穿透、合并点。绘制草图时使用几何关系可以更容易控制草图形状,表达设计意图,充分体现人机交互的便利。几何关系与捕捉是相辅相成的,捕捉到的特征就是具有某种几何关系的特征。如表 3-3 所示为各种几何关系所需选择的草图实体及使用之后的效果。

表 3-3　几何关系的使用

添加几何关系	选择(按住 Ctrl 键或框选)	结果
水平放置或竖直放置	一条或多条直线,两个或多个点	直线会变成水平或竖直(以直线的起点为基准,保持原有线段的长度),而几个点会水平或竖直对齐
共线	两条或多条直线	直线位于同一条无限长的直线上
全等	两个或多个圆弧	项目会共用相同的圆心和半径
垂直	两条直线	两条直线相互垂直
平行	两条或多条直线	项目相互平行
	3D 草图中一条直线和一基准面(或平面)	直线平行于所选基准面
与 YZ 平行	3D 草图中一条直线或一基准面(或平面)	直线相对于所选基准面与 YZ 基准面平行
与 ZX 平行	3D 草图中一条直线或一基准面(或平面)	直线相对于所选基准面与 ZX 基准面平行
沿 Z	3D 草图中一条直线和一基准面(或平面)	直线与所选基准面正交(整体轴的几何关系称为沿 X、沿 Y 和沿 Z,基准面的当地几何关系称为水平、竖直和正交)
相切	一个圆弧、椭圆或样条曲线,与一直线或圆弧	两个项目保持相切
同心	两个或多个圆弧,或一个点和一个圆弧	圆和(或)圆弧共用相同的圆心
中点	一个点和一条直线	点保持在线段的中点处
交叉点	两条直线和一个点	点保持在两条直线的交叉处
重合	点和一条直线、圆弧或椭圆	点位于直线、圆弧或椭圆上
相等	两条或多条直线,或两个或多个圆弧	直线长度或圆弧半径保持相等
对称	一条中心线,以及两个点、直线、圆弧或椭圆	项目会保持到中心线等距离,并位于与中心线垂直的一条直线上
固定	任何项目	实体的大小和位置被固定。但固定直线的端点可以自由地沿其无限长的直线移动,并且圆弧或椭圆段的端点也可以随意沿着完整圆或椭圆移动。如果想让它们完全地固定,就必须选取它们的端点,添加"固定"几何关系
穿透	一个草图点,以及一个基准轴、边线、直线或样条曲线	草图点与基准轴、边线或曲线在草图基准面上穿透的位置重合。穿透几何关系用于使用引导线扫描
合并点	两个草图点或端点	两个点合并成一个点

2. 草图几何关系举例

草图几何约束关系举例,如表 3-4 所示。

表 3-4 几何关系约束举例

几何约束关系	举 例
重合 推理	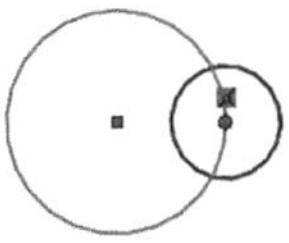 绘制与第一个圆重合的第二个圆
共线 已添加	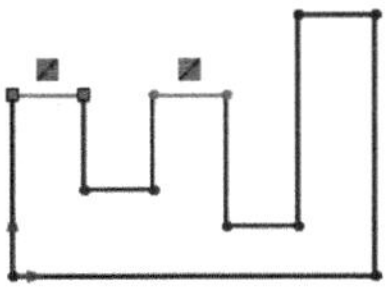 向前两条水平线添加共线几何关系
同心 已添加	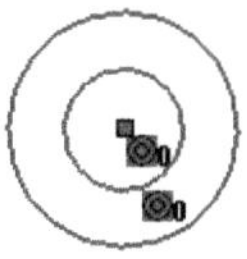 向前两个圆添加同心几何关系
全等 已添加	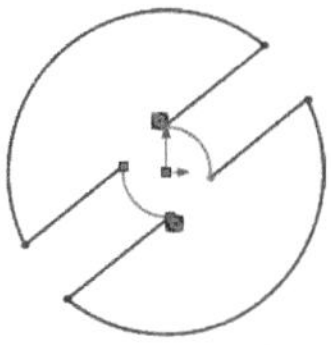 向内部圆弧添加全等几何关系
等距 已添加	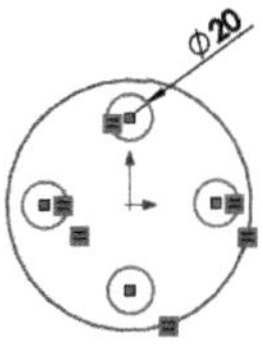 向所有内圆添加相等几何关系。通过这种方式仅为一个圆设定直径
水平 已添加	 向样条曲线控标添加水平几何关系

续　表

几何约束关系	举　例
中点（M） 推理或添加	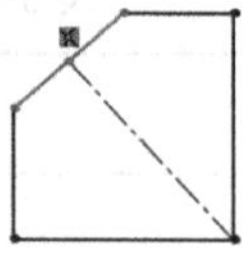 从对角线中点绘制构造性直线
平行（P） 推理	 按平行几何关系绘制两条直线
垂直 推理	 绘制与第一条直线垂直的第二条直线
切点（G） 已添加	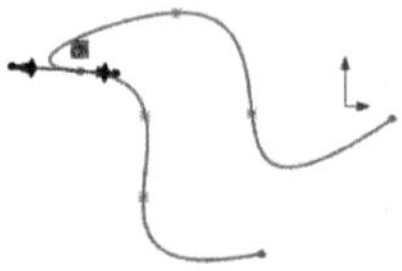 向两条样条曲线添加相切几何关系

3. 建立草图几何约束

草图的几何约束可以通过三种方式来添加：

（1）草图反馈（系统自动给定）：自动给定几何关系是指在绘制图形的过程中，即控制其相关位置，系统会自动赋予其几何意义，不需要用户再利用添加几何关系的方式给予图形几何限制，这样可免去用户对每个绘制的像素添加几何关系的动作。系统默认的状态是自动给定几何关系，只要在绘图时按住 Ctrl 键，系统将不再产生自动约束。如表 3-5 所示为常见的反馈符号。

表 3-5　常见的草图约束反馈符号

反馈名称	反馈符号	符号解释
端点		当光标扫过时，黄色同心圆表示终点
中点		当光标越过直线时，变成红色
重合点 （在边缘）	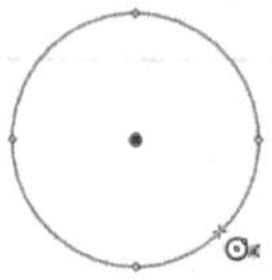	在中心点处，同心圆的周围四等分点被显示出来

反馈名称	反馈符号	符号解释
水平	53.23，180°	绘制直线时，单击确定起点后，沿水平方向移动光标，则完成直线的绘制并自动添加水平关系
垂直		绘制直线时，单击确定起点后，沿垂直方向移动光标时显示，若单击光标，则完成直线绘制并自动添加垂直关系

（2）手工添加几何关系（选择"工具"→"几何关系"→"添加"命令）：这种方式是为已有的实体添加约束，按下 Ctrl 键并单击多选需要添加约束的实体，此方式只能在草图绘制状态中使用，如图3-20所示。在"添加几何关系"属性设置框中可以选择草图实体与基准面、轴、变形、顶点之间生成几何关系。

图 3-20　手工添加几何关系

在生成几何关系时，至少需要一个项目是草图实体，其他项目可以是草图实体、线、面、顶点、远点、基准面或者轴，也可以是其他草图的曲线投影到草图基准面上所形成的直线或者圆弧。

4．建立几何约束举例

（1）单击面板上的"显示删除几何关系"下的按钮 ▼ ，从弹出的下拉列表中单击"添加几何关系"按钮 ⊥ ，如图3-21中①②所示。或者选择菜单"工具"→"几何关系"→"添加"命令。

（2）系统弹出"添加几何关系"属性管理器，在绘图区中选择要添加几何关系的草图实体，如图 3-21 中③所示。

（3）在"添加几何关系"属性管理器中选择"水平"约束。

（4）单击"确定"按钮 ☑ 。

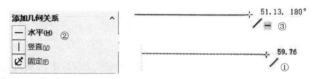

图 3-21　添加直线几何关系

> **注意**
>
> 在为直线建立几何关系时，此几何关系相对于无限长的直线，而不仅仅相对于草图线段或实际边线。因此，在希望一些项目互相接触时，它们可能实际上并未接触到。
>
> 同样地，当生成圆弧或椭圆段的几何关系时，几何关系是对于整圆或椭圆的。
>
> 如果为不在草图基准面上的项目建立几何关系，则所产生的几何关系应用于此项目在草图基准面上的投影。

5. 清除屏幕上的草图几何关系

系统默认的状态是显示草图几何关系，如图 3-22 中①所示。当草图很复杂时，会显得比较乱，清除草图上的几何关系的过程如下。

单击窗口左上角的按钮 ![SOLIDWORKS]，选择"视图"→"隐藏/显示"→"草图几何关系"命令，如图 3-22 中②～④所示，结果如图 3-22 中⑤所示。

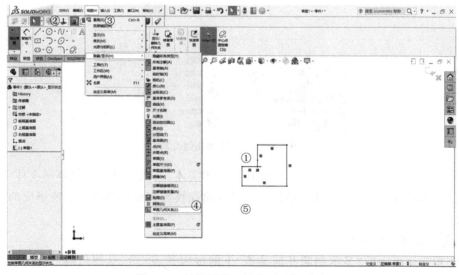

图 3-22　清除屏幕上的草图几何关系

6.显示和删除几何关系

（1）在绘图区选择某两个草图实体后，如图 3-23 中①所示。单击面板上的"显示/删除几何关系"按钮或者选择菜单"工具"→"几何关系"→"显示/删除"命令，在"显示/删除几何关系"属性管理器 ⊥ 中列出了选中草图实体几何关系，如图 3-23 中②③所示。

（2）选中该几何关系，然后单击"删除"按钮，如图 3-23 中④⑤所示。

（3）单击"确定"按钮 ✓ ，如图 3-23 中⑥所示。以上，使完成删除几何关系操作。为了验证确实不存在水平约束了，可在绘图区选择角点后按住鼠标不放进行拖动，结果如图 3-23 中⑦所示。

（4）连续单击工具栏中的"撤销"按钮或者按组合键 Ctrl＋Z，可依次取消上一步的操作。

（5）若在绘图区没有选择任何草图实体，单击"尺寸/几何关系"工具栏中的"显示/删除几何关系"按钮，在"显示/删除几何关系"属性管理器中列出了当前草图的全部几何关系。用户可在属性管理器中选择想要删除的几何关系后单击"删除"按钮删除。

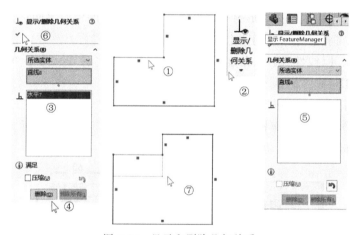

图 3-23　显示和删除几何关系

3.2.3　草图的尺寸约束

绘制好的草图轮廓需要进行几何形状和位置尺寸的标注。可以先生成特征而不给草图添加尺寸，然后再给草图标注尺寸。通常使用的尺寸标注工具是"智能尺寸" ↖ ，它可以根据所标注的尺寸类型来自动调整其标注的方式。用户可以用以下方法调出"智能尺寸"。

①单击"草图"面板中的"智能尺寸"按钮 ↖ ，如图 3-24 中①所示。

②右击图形区域，然后从弹出的快捷菜单中选择"智能尺寸"命令，如图 3-24 中②所示。

③选择菜单"工具"→"尺寸"→"智能尺寸"命令，如图 3-24 中③～⑤所示。

1.基本尺寸标注方法

（1）单击"智能尺寸"按钮 ↖ 后，鼠标指针变为 ↖ ，选择要标注的对象，然后移动鼠标在放置尺寸的位置单击。例如，想将孔放置在离矩形块的边线有一段距离，给圆的直径标注尺寸，然后在其中心和块的每条边线之间标注距离的尺寸，如图 3-25 所示。

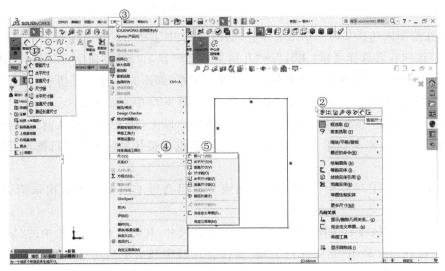

图 3-24　尺寸标注

（2）如果想将孔放置于离矩形另一孔有一段距离，在孔的中心之间标注距离的尺寸，如图 3-26 所示。也可将尺寸指定到圆上的最小或最大点。

（3）大部分尺寸（线性、圆周、角度）可使用"尺寸/几何关系"工具栏上的"智能尺寸" 工具完成插入，如图 3-27 所示。

（4）其他尺寸工具（基准尺寸、尺寸链、倒角）可在"尺寸/几何关系"工具栏上使用。可使用完全定义草图以单一操作标注草图中所有实体的尺寸。要更改尺寸，双击尺寸然后在修改对话框中编辑数值，或拖动草图实体，如图 3-28 所示。

图 3-25　尺寸标注　　　　　　　　　　图 3-26　尺寸标注

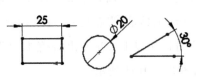 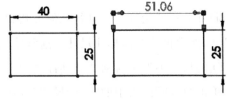

图 3-27　智能尺寸标注　　　　　　　图 3-28　其他工具尺寸标注

2. 常用尺寸标注方法

（1）生成水平尺寸。可在两个实体之间指定水平尺寸，水平方向以当前草图的方向来定义。指定一个水平尺寸的主要步骤如下：

①在打开的草图中，单击"水平尺寸" （"尺寸/几何关系"工具栏），或单击"工具"→"尺寸"→"水平尺寸"。

②指针形状将变为 ▸┱ 。

③选择要标注尺寸的两个实体。

④在修改框中设置数值,然后单击"确定"按钮 ✔ 。

⑤单击要摆放尺寸的位置,如图 3-29 所示。

(2)生成竖直尺寸。可在两点之间生成一竖直尺寸,竖直方向由当前草图的方向定义。生成一竖直尺寸的主要步骤如下:

①单击"竖直尺寸" ▯ ("尺寸/几何关系"工具栏),或者单击"工具"→"尺寸"→"竖直尺寸"。

②指针形状将变为 ▸┓ 。

③单击要标注尺寸的两个点。

④单击要摆放尺寸的位置,如图 3-30 所示。

(3)生成三个点之间的角度尺寸。可以在三个草图点、草图线段终点或模型顶点之间放置一角度尺寸,也可使用模型原点作为这三个点之一。生成三个点之间的角度尺寸主要步骤如下:

①在打开的草图中,单击"智能尺寸",或单击"工具"→"尺寸"→"智能尺寸"。

②单击用作角顶点的点。

③单击其他两个点。

④移动指针显示角度尺寸预览。⑤在修改框中设置数值,然后单击"确定"按钮 ✔ 。

⑥单击以放置角度尺寸,如图 3-31 所示。

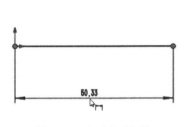 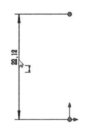 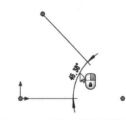

图 3-29 水平尺寸标注　　　图 3-30 竖直尺寸　　　图 3-31 三个点间的角度尺寸

(4)生成两条直线之间的角度尺寸。可以在两条直线或一根直线和模型边线之间放置角度尺寸。选择两个实体,然后移动指针来观察尺寸标注之预览。要标注尺寸的角度基于光标位置而改变。生成两条直线之间的角度尺寸的主要步骤如下:

①在打开的草图中,单击"智能尺寸"或单击"工具"→"尺寸"→"智能尺寸"。

②单击一条直线。

③单击第二条直线。

④移动指针显示角度尺寸预览。

⑤在修改框中设置数值,然后单击"确定"按钮 ✔ 。

⑥单击以放置尺寸,如图 3-32 所示。

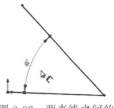

图 3-32 两直线之间的
角度尺寸

(5)使用假想线创建角度尺寸。可以使用智能尺寸工具在线和假想水平/竖直线之间创建角度尺寸。要在线和假想水平/

竖直线之间创建角度尺寸的主要步骤如下：

①在打开的草图中，单击"智能尺寸"或单击"工具"→"尺寸"→"智能尺寸"。

②在工程图视图中，选择边线，如图 3-33 中①所示。

③选择共线顶点，如图 3-33 中②所示。

④显示十字标线时，选择其中一个线段，如图 3-33 中③所示。

⑤预览显示的边线和线段之间的角度尺寸。单击以放置尺寸，如图 3-33 中④所示。

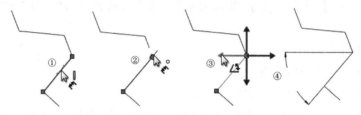

图 3-33　使用假想线创建角度尺寸

（6）生成圆弧尺寸。可标注圆弧的实际长度。圆弧的默认尺寸类型为半径。只需为该尺寸类型选取圆弧。要创建圆弧尺寸的主要步骤如下：

①在打开的草图中，单击"智能尺寸" （"尺寸/几何关系"工具栏），或单击"工具"→"尺寸"→"智能尺寸"。

②选择圆弧。

③按 Ctrl 键并选择两个圆弧端点，如图 3-34 中①所示。

④移动指针以显示尺寸预览，如图 3-34 中②所示。

⑤在"修改"对话框中设置值，然后单击"确定"按钮 。

⑥单击以放置尺寸，如图 3-34 中③所示。

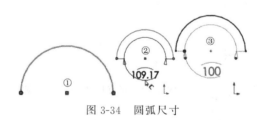

图 3-34　圆弧尺寸

（7）生成两个点之间的尺寸。可以在两个草图点、草图线段终点或模型顶点之间放置水平、竖直或线性尺寸，也可使用模型原点作为点。选择两个点，然后在周围移动指针来观察尺寸标注之预览。生成两个点之间的尺寸标注的主要步骤如下：

①单击"智能尺寸"或单击"工具"→"尺寸"→"智能尺寸"。

②单击一个点。

③单击另一个点。

④移动指针以显示尺寸预览。

⑤在修改框中设置数值，然后单击"确定"按钮 。

⑥单击以放置所需尺寸，如图 3-35 所示。

（8）生成两个圆弧之间的尺寸。在两个圆弧之间标注尺寸的主要步骤如下：

①单击"智能尺寸"或单击"工具"→"尺寸"→"智能尺寸"。

②圆心距离：选取两个圆弧的边线，鼠标移动到尺寸放置位置单击，就可以标注两圆弧圆心的距离尺寸，如图 3-36 所示。

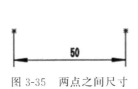

图 3-35　两点之间尺寸

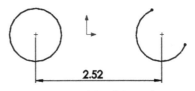

图 3-36　圆心之间尺寸

③两圆之间最小距离：在标注出两个圆心尺寸的基础上，单击尺寸和尺寸线，变成绿色，移动鼠标至尺寸线端部，当鼠标指针变成 🐾 符号时，按下鼠标左键向外拖动尺寸线至圆边上，用同样方法操作第二条尺寸线，结果如图 3-37 所示。

④两圆之间最大距离：在标注出两个圆心尺寸的基础上，单击尺寸和尺寸线，变成绿色，移动鼠标至尺寸线端部，当鼠标指针变成 🐾 符号时，按下鼠标左键向外拖动尺寸线至圆边上，用同样方法操作第二条尺寸线，结果如图 3-38 所示。

打开尺寸 PropertyManager，可在此更改在所有三种情况下测量距离的方式。

两圆之间的最小距离

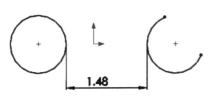

图 3-37　两圆间最小距离

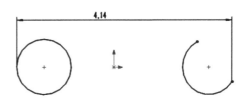

图 3-38　两圆间最大距离

（9）相同弧上两点的尺寸标注。可以添加两端均在相同弧上的尺寸，比如半径和孔需要标注两个象限，或中心和一个象限。要标注相同弧的两点尺寸的主要步骤如下：

①单击"智能尺寸"或单击"工具"→"尺寸"→"智能尺寸"。

②按住 Shift 键，选择圆弧的第一象限并选择第二象限中心。选中圆弧的一个象限后，无须按住 Shift 键即可开始标注尺寸。结果如图 3-39 所示。

（10）使用中心线生成半径和直径尺寸。可以生成多个半径或直径尺寸，而不用每次都选择中心线。这种类型的尺寸定义有助于为需要几项直径尺寸的旋转几何体生成草图。

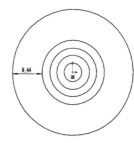

图 3-39　相同弧上两点
尺寸标注

生成半径和直径尺寸的主要步骤如下：

①在具有中心线以及直线或点的草图中，单击"智能尺寸"或单击"工具"→"尺寸"→"智能尺寸"。

②选择中心线以及直线或点。

③要生成半径，请将指针移到中心线近端。要生成直径，请将指针移到中心线远端。

④单击以放置尺寸。对半径尺寸，指针变为 🖱 ；对直径尺寸，指针变为 🖱 。

⑤选取草图中的其他直线或点，以生成其他尺寸。结果如图 3-40、图 3-41 所示。

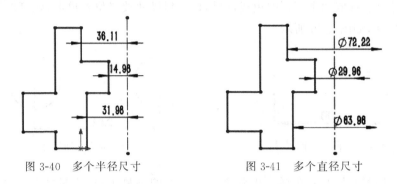

图 3-40　多个半径尺寸　　　　　　　　图 3-41　多个直径尺寸

（11）生成基准尺寸。生成基准尺寸的主要步骤如下：

①单击"尺寸/几何关系"工具栏上的"基准尺寸" 🔢 ，或单击"工具"→"尺寸"→"基准尺寸"。

②单击想用作基准的边线或顶点。

③单击想要标注尺寸的边线或顶点。

④如果选择了一条边线，将平行于所选边线来测量尺寸。如果选择了一个顶点，则从所选顶点点到点地测量尺寸。结果如图 3-42、图 3-43 所示。

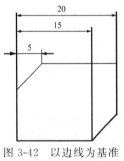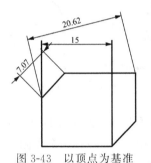

图 3-42　以边线为基准　　　　　　　　图 3-43　以顶点为基准

3. 草图尺寸编辑修改

SOLIDWORKS 采用变量化技术支持草图的绘制过程，因此用户可以随时对草图进行编辑修改。修改的方法如下：

①在编辑草图环境中，双击要修改的尺寸值，如图 3-44 中①所示。系统弹出尺寸"修

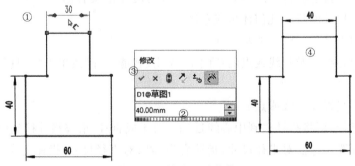

图 3-44　修改尺寸数值

改"对话框,在对话框中输入修改值,然后单击"确定"按钮 ✔ 完成对尺寸的修改,如图 3-44 中②③所示。结果如图 3-44 中④所示。

②选择标注好的尺寸值,会出现尺寸控标,移动这些控标可以改变尺寸标注的结果,如图 3-45 中①～⑥所示。

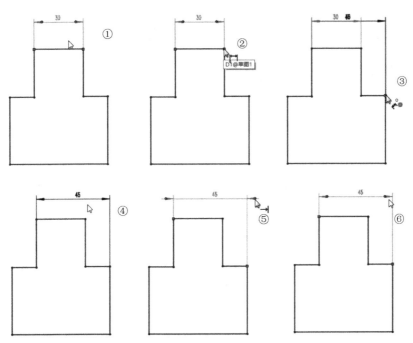

图 3-45　改变箭头方向和标注位置

3.3　草图图形元素

下面介绍绘制草图常用的几种几何图形元素的使用方法。

3.3.1　点

使用"点"命令,可以将点插入到草图和工程图中。单击"草图"工具栏中的 ▫ (点)按钮或者选择"工具"→"草图绘制实体"→"点"菜单命令,鼠标指针形状变为 ⋅▫ ,弹出"点"属性设置框,如图 3-46 所示。

"点"属性设置框中的"参数"选项组中有如下参数。

● ⋅x (X 坐标):点的 X 坐标。

● ⋅y (Y 坐标):点的 Y 坐标。

点的绘制方法如表 3-6 所示。

图 3-46　"点"属性设置框

表 3-6 "点"的绘制方法

草图工具	几何图形	鼠标指针	绘制步骤	绘制方法
▫	点	⁺ᴸ▫	☝▫	● 单击草图绘制工具栏上的"点"按钮 ▫ ● 在图形区域单击以放置点 ● 然后单击"确定"按钮 ✔

3.3.2 直线

1."插入线条"属性设置框

单击"草图"工具栏的 ✎ (直线)按钮或者选择"工具"→"草图绘制实体"→"直线"菜单命令,弹出"插入线条"属性设置框,如图 3-47 所示,鼠标指针形状变为 ⁺✎ 。

在"插入线条"属性设置框中可以编辑所绘制直线的以下属性。

(1)"方向"选项组中有如下参数。

● "按绘制原样":使用单击并拖动鼠标指针的方法绘制一条任意方向的直线,然后释放鼠标。

● "水平":绘制水平线,直到释放鼠标。

● "竖直":绘制竖直线,直到释放鼠标。

● "角度":以一定角度绘制直线,直到释放鼠标。

(2)"选项"选项组中有如下参数。

● "作为构造线":可以将实体直线转换为构造几何的直线。

● "无限长度":生成一条可剪裁的无限长的直线。

● "中点线":生成一条带中点的线段。

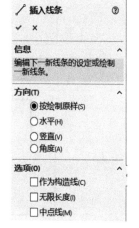

图 3-47 "插入线条"
属性设置框

2."线条属性"属性设置框

在图形区域中选择绘制的直线,弹出"线条属性"属性设置框,用于编辑该直线的属性,如图 3-48 所示。对"线条属性"设置框中的选项介绍如下。

(1)"现有几何关系"选项组。草图绘制过程中自动捕捉或者手动使用"添加几何关系"选项组参数生成现有几何关系。

(2)"添加几何关系"选项组。该选项组可以将新的几何关系添加到所选草图实体中。

(3)"选项"选项组中有如下参数。

● "作为构造线":可以将实体直线转换为构造几何体的直线。

● "无限长度":可以生成一条可剪裁的无限长的直线。

(4)"参数"选项组中有如下参数。

● ⟋ (长度):设置该直线的长度。

● ⟋ (角度):相对于网格线的角度,逆时针为正向。

(5)"额外参数"选项组中有如下参数。

● ⟋ₓ (开始 X 坐标):开始点的 X 坐标。

图 3-48　"线条属性"属性设置框

- ／，（开始 Y 坐标）：开始点的 Y 坐标。
- ／ｘ（结束 X 坐标）：结束点的 X 坐标。
- ／ｙ（结束 Y 坐标）：结束点的 Y 坐标。
- ΔＸ（ΔX）：开始点与结束点 X 坐标之间的偏移。
- ΔＹ（ΔY）：开始点与结束点 Y 坐标之间的偏移。

直线的绘制方法如表 3-7 所示。

表 3-7　"直线"的绘制方法

草图工具	几何图形	鼠标指针	绘制步骤	绘制方法
／	直线	⁺／	●————●	● 单击"直线" ／ ● 指针将变为 ⁺／ ● 释放指针,移动指针到直线的端点 ● 然后再次单击"确定" ✔

3.3.3　圆

1. 绘制圆

单击"草图"工具栏的 ⊙（圆）按钮或者选择"工具"→"草图绘制实体"→"圆"菜单命令,弹出"圆"属性设置框,如图 3-49 所示,此时的鼠标指针形状变为 ⁺⊙。该属性设置框中的选项介绍如下。

（1）"圆类型"选项组中有如下参数。

- "圆" ⊙：绘制基于中心的圆。

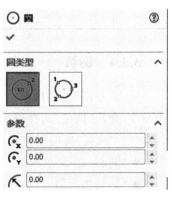

图 3-49　"圆"属性设置框

● "周边圆" ：绘制基于周边的圆。

（2）"参数"选项组中有如下参数。

● （X坐标置中）：设置圆心 X 坐标。

● （Y坐标置中）：设置圆心 Y 坐标。

● （半径）：设置圆的半径。

2．"圆"属性设置框

在图形区域中选择绘制的圆，弹出"圆"属性设置框，可以编辑其属性，如图 3-50 所示。此属性设置框增加了如下选项。

（1）"现有几何关系"选项组。此选项组可以显示现有的几何关系及所选草图实体圆。

（2）"添加几何关系"选项组。此选项组可以将新的几何关系添加到所选的草图实体圆中。

（3）"选项"选项组。此选项组可以选择"作为构造线"选项，将实体转换为构造几何体的圆。

圆的两种绘制方法如表 3-8 所示。

图 3-50 "圆"的属性
设置对话框

表 3-8 "圆"的绘制方法

草图工具	几何图形	鼠标指针	绘制步骤	绘制方法
⊙	圆	⊹○	①	● 单击"圆" ⊙ ● 单击 ⊹○ 放置圆心 ● 拖动并单击来设定半径，单击"确定"按钮 ✔
⊙	周边圆	⊹○	② ① ③	● 单击"周边圆" ○ ● 单击 ⊹○ 放置周边 ● 往左或往右拖动来绘制圆 ● 右键单击 来设定圆 ● 单击"确定"按钮 ✔

3.3.4 圆弧

单击"草图"工具栏中的 （圆弧）按钮或者选择"工具"→"草图绘制实体"→"圆弧"菜单命令，弹出"圆弧"属性设置框，如图 3-51 所示。该属性设置框中的选项介绍如下。

（1）"圆弧"选项组中有如下参数。

● "圆心/起/终点画弧" ：由圆心、起点和终点绘制圆弧草图。

● "切线弧" ：与草图实体相切的草图圆弧。

● "3 点圆弧" ：通过指定三个点（起点、终点和中点）绘制圆弧草图。

（2）"参数"选项组中有以下参数。

- 　（X 坐标置中）：设置圆心 X 坐标。
- 　（Y 坐标置中）：设置圆心 Y 坐标。
- 　（开始 X 坐标）：设置开始点 X 坐标。
- 　（开始 Y 坐标）：设置开始点 Y 坐标。
- 　（结束 X 坐标）：设置结束点 X 坐标。
- 　（结束 Y 坐标）：设置结束点 Y 坐标。
- 　（半径）：设置圆弧的半径。
- 　（角度）：设置端点到圆心的角度。

图 3-51　"圆弧"属性设置框

绘制圆弧可使用"圆心/起/终点画弧"、"切线弧"和"3 点圆弧"，即有 3 种绘制圆弧的方法。

1. "圆心/起/终点画弧"绘图法

①单击"草图"工具栏中的　（圆心/起/终点画弧）按钮或者选择"工具"→"草图绘制实体"→"圆心/起/终点画弧"菜单命令。

②确定圆心。在图形区域中单击以放置圆弧圆心，拖动鼠标指针放置起点、终点。单击以显示圆周参考线。拖动鼠标指针以确定圆弧的长度和方向，并单击确定。

③设置圆弧属性，单击　"确定"按钮，完成圆弧绘制。

2. "切线弧"绘图法

①单击"草图"工具栏中的　（切线弧）按钮或者选择"工具"→"草图绘制实体"→"切线弧"菜单命令。

②在直线、圆弧、椭圆或者样条曲线的端点处单击，弹出"圆弧"属性设置框。拖动鼠标指针以绘制所需的形状，单击确定。

③设置圆弧的属性，单击　（确定）按钮，完成圆弧绘制。

3. "三点圆弧"绘图法

①单击"草图"工具栏中的　（三点画圆）按钮或者选择"工具"→"草图绘制实体"→"三点圆弧"菜单命令，弹出"圆弧"属性设置框。

②在图形区域中单击以确定圆弧的起点位置。将鼠标指针拖动到圆弧结束处，再次单击以确定圆弧的终点位置。拖动圆弧以设置圆弧的半径，必要时可以反转圆弧的方向，单击确定。

③设置圆弧的属性，单击　"确定"按钮，完成圆弧的绘制。

圆弧的 3 种绘制方法如表 3-9 所示。

表 3-9　"画弧"的绘制方法

草图工具	几何图形	鼠标指针	绘制步骤	绘制方法
	圆心/起/终点画弧			● 单击"中心点圆弧" ● 单击 放置圆弧的圆心 ● 释放并拖动,以设置半径和角度 ● 单击以放置起点 ● 释放、拖动和单击,以设置终点,单击"确定"按钮
	切线弧			● 单击"切线弧" ● 在直线、圆弧、椭圆或样条曲线的终点上单击 ● 拖动圆弧绘制所需形状,然后释放 ● 单击"确定"按钮
	三点圆弧			● 单击"三点圆弧" ● 单击以设定起点 ● 拖动指针 ,然后单击以设定终点 ● 拖动以设定半径 ● 单击以设置圆弧,单击"确定"按钮

3.3.5　矩形和平行四边形

使用"矩形"命令可以生成水平或者竖直的矩形,使用"平行四边形"命令可以生成任意角度的平行四边形。

单击"草图"工具栏中的 （矩形）按钮或者选择"工具"→"草图绘制实体"→"矩形"菜单命令,弹出"矩形"属性设置框,如图 3-52 所示,此时鼠标指针变为 形状。该属性设置框中的选项介绍如下。

（1）"矩形类型"选项组中有如下参数。

● （中心矩形）：绘制一个包括中心点的矩形。

● （边角矩形）：绘制标准矩形草图。

● （3 点边角矩形）：以所选的角度绘制一个矩形。

● （3 点中心矩形）：以所选的角度绘制带有中心点的矩形。

● （平行四边形）：绘制标准平行四边形草图。

（2）"参数"选项组中有如下参数。

● ：点的 X 坐标。

● ：点的 Y 坐标。

图 3-52　"矩形"属性设置框

　　绘制矩形可使用"中心矩形"、"边角矩形"、"3 点边角矩形"、"3 点中心矩形"和"平行四边形",即有 5 种绘制方法。

　　1. "中心矩形"绘图法

　　①单击"草图"工具栏中的 ▣ (中心矩形)按钮或者选择"工具"→"草图绘制实体"→"中心矩形"菜单命令。

　　②在图形区域中单击,弹出"矩形"属性设置框。拖动鼠标指针以使用中心线绘制矩形。

　　③绘制所需的形状,单击确定。

　　④设置矩形的属性,单击 ✔ "确定"按钮,完成矩形绘制。

　　2. "边角矩形"绘图法

　　①单击"草图"工具栏中的 ▢ (边角矩形)按钮或者选择"工具"→"草图绘制实体"→"边角矩形"菜单命令。

　　②在图形区域中单击,弹出"矩形"属性设置框。当矩形的大小和形状正确时,拖动然后释放,单击确定。

　　③设置矩形的属性,单击 ✔ "确定"按钮,完成矩形绘制。

　　3. "3 点边角矩形"绘图法

　　①单击"草图"工具栏中的 ◇ (3 点边角矩形)按钮或者选择"工具"→"草图绘制实体"→"3 点边角矩形"菜单命令。

　　②在图形区域中单击,弹出"矩形"属性设置框,拖动,旋转,然后放开来设定第一条边线的长度和角度,再拖动鼠标指针以绘制所需的形状,单击确定。

　　③设置矩形的属性,单击 ✔ "确定"按钮,完成矩形绘制。

　　4. "3 点中心矩形"绘图法

　　①单击"草图"工具栏中的 ◈ (3 点中心矩形)按钮或者选择"工具"→"草图绘制实体"→"3 点中心矩形"菜单命令。

　　②在图形区域中处单击,弹出"矩形"属性设置框,拖动并旋转以设定中心线的一半长度,单击并拖动以绘制其他三条边,松开以设置矩形。

　　③设置矩形的属性,单击 ✔ "确定"按钮,完成矩形绘制。

　　5. "平行四边形"绘图法

　　①单击"草图"工具栏中的 ▱ (平行四边形)按钮或者选择"工具"→"草图绘制实体"→"平行四边形"菜单命令。

　　②在图形区域中单击确定平行四边形的一个角,弹出"平行四边形"属性设置框,再确定平行四边形的一个边,单击确定平行四边形的边长,确定另一条边的方向,单击确定这条边的边长。

　　③设置平行四边形的属性,单击 ✔ "确定"按钮,完成平行四边形绘制。

　　矩形和平行四边形的具体绘制方法如表 3-10 所示。

表 3-10 "矩形"的绘制方法

草图工具	几何图形	鼠标指针	绘制步骤	绘制方法
▫	中心矩形	✦▫		● 单击"中心矩形" ▫ ● 单击以定义中心 ● 拖动鼠标指针以使用中心线绘制矩形 ● 放开可设定四条边线 ● 单击"确定"按钮 ✓
▢	边角矩形	✦▢		● 单击以放置矩形的第一个边角,当矩形的大小和形状正确时,拖动鼠标然后释放 ● 单击"确定"按钮 ✓
◇	3 点边角矩形	✦◇		● 单击以定义第一个边角 ● 拖动,旋转,然后放开来设定第一条边线的长度和角度 ● 单击并拖动以绘制其他三条边线 ● 放开可设定四条边线
◈	3 点中心矩形	✦◈		● 单击"3 点中心矩形" ◈ ● 单击放置矩形的中心点 ● 拖动并旋转以设定中心线的一半长度 ● 单击并拖动以绘制其他边线 ● 松开以设置矩形
▱	平行四边形	✦▱		● 单击"平行四边形" ▱ ● 单击确定平行四边形第一个角 ● 再确定平行四边形一边的方向 ● 单击确定边长 ● 确定另一条边方向,单击确定边长 ● 单击"确定"按钮 ✓

3.3.6 椭圆和椭圆弧

使用"椭圆(长短轴)"命令可以生成一个完整椭圆,使用"部分椭圆"命令可以生成一个椭圆弧。

单击"草图"工具栏中的 ⊙（椭圆）按钮或者选择"工具"→"草图绘制实体"→"椭圆"菜单命令,弹出"椭圆"属性设置框,如图 3-53 所示,此时鼠标指针变为 ⁺⊙ 形状。该属性设置框中的选项介绍如下。

● ⊘（X 坐标位置中）：设置椭圆圆心的 X 坐标。

● ⊘（Y 坐标位置中）：设置椭圆圆心的 Y 坐标。

● ↙（半径 1）：设置椭圆长轴的半径。

● ↶（半径 2）：设置椭圆短轴的半径。

1. 绘制椭圆的方法

① 选择"工具"→"草图绘制实体"→"椭圆（长短轴）"菜单命令,弹出"椭圆"属性设置框。

② 在图形区域中单击以放置椭圆中心;拖动鼠标指针并单击以定义椭圆的长轴(或短轴);拖动鼠标指针并再次单击以定义椭圆的短轴(或长轴)。

③ 设置椭圆的属性,单击 ✔（确定）按钮,完成椭圆的绘制。

2. 绘制椭圆弧的方法

① 选择"工具"→"草图绘制实体"→"部分椭圆"菜单命令,弹出"椭圆"属性设置框。

② 在图形区域中单击以放置椭圆弧的中心位置;拖动鼠标指针并单击以定义椭圆弧的第一个轴;拖动鼠标指针并单击以定义椭圆弧的第二个轴,保留圆周引导线;围绕圆周拖动鼠标指针以定义椭圆弧的范围。

③ 设置椭圆弧属性,单击"确定" ✔ 按钮,完成椭圆弧的绘制。

椭圆和椭圆弧的绘制方法如表 3-11 所示。

（a）椭圆（长短轴） （b）部分椭圆

图 3-53 "椭圆"属性设置框

表 3-11 "椭圆"和"椭圆弧"的绘制方法

草图工具	几何图形	鼠标指针	绘制步骤	绘制方法
⊙	椭圆	⁺⊙	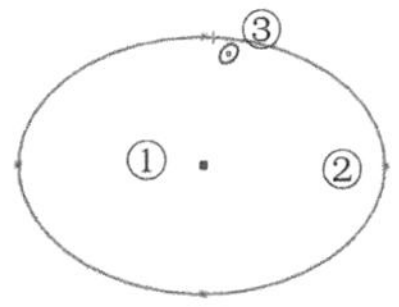	● 单击"椭圆" ⊙ ● 单击 ⊙ 来放置椭圆心 ● 拖动并单击来设定椭圆的第一个轴 ● 再拖动并单击设定椭圆的第二个轴 ● 单击"确定"按钮 ✔
⟅	部分椭圆	⁺⟅	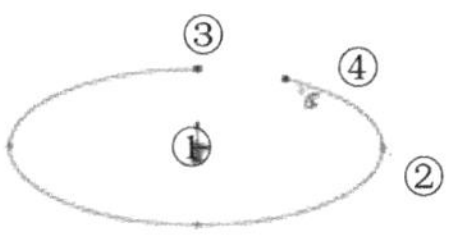	● 单击"部分椭圆" ⟅ ● 单击 ⟅ 放置椭圆的中心 ● 拖动鼠标指针并单击来定义椭圆的一个轴 ● 拖动鼠标指针并单击来定义第二个轴 ● 绕圆周拖动指针来定义椭圆的范围 ● 单击"确定"按钮 ✔

3.3.7 多边形

使用"多边形"命令可以生成带有任何数量边的等边多边形。可通过内切圆或者外接圆的直径定义多边形的大小,还可以指定旋转角度。

选择"工具"→"草图绘制实体"→"多边形"菜单命令,鼠标指针变为  形状,弹出"多边形"属性设置框,如图 3-54 所示。该属性设置框中的选项介绍如下。

(1)"多边形"属性设置框的参数如下。

● ⬡(边数):设定多边形中的边数,一个多边形可以有 3～40 条边。

● "内切圆":在多边形内显示内切圆以定义多边形的大小。

● "外接圆":在多边形外显示外接圆以定义多边形的大小。

● ⬡(X 坐标置中):为多边形的中心显示 X 坐标。

● ⬡(Y 坐标置中):为多边形的中心显示 Y 坐标。

● ⬡(圆直径):显示内切圆或外接圆的直径。

● ⬠(角度):显示旋转角度。

● "新多边形":生成另一多边形。

图 3-54 "多边形"属性设置框

(2)多边形的绘制方法如下:

①选择"工具"→"草图绘制实体"→"多边形"菜单命令,弹出"多边形"属性设置框。

②在"参数"选项组的 ⬡(边数)数值框中设置多边形的边数,或者在绘制多边形之后修改其边数,单击"内切圆"或者"外接圆"单选按钮,并在 ⬡(圆直径)数值框中设置圆直径数值。在图形区域中单击以放置多边形的中心,然后拖动鼠标指针定义多边形。

③设置多边形的属性,单击 ✔(确定)按钮,完成多边形的绘制。

多边形的绘制方法如表 3-12 所示。

表 3-12 "多边形"的绘制方法

草图工具	几何图形	鼠标指针	绘制步骤	绘制方法
⬡	多边形	✛⬡	①　②	● 单击"草图"工具栏上的"多边形"按钮 ⬡ ● 指针形状将变为 ✛⬡ ● 在特征管理区中设定属性 ● 单击图形区域以定位多边形中心 ● 然后拖动多边形,单击"确定"按钮 ✔

3.3.8 样条曲线

样条曲线的点最少为三个点,中间的点为型值点(或通过点),两端的点为端点。可以通过拖动样条曲线的型值点或者端点以改变其形状,也可以在端点处指定相切,还可以在 3D

草图绘制中绘制样条曲线。新绘制的样条曲线默认为"非成比例的"。

单击"草图"工具栏中的 $\mathcal{N}$ (样条曲线)按钮或者选择"工具"→"草图绘制实体"→"样条曲线"菜单命令,鼠标指针形状变为 $^+\mathcal{N}$,弹出"样条曲线"属性设置框,如图 3-55 所示。该属性设置框中的选项介绍如下。

图 3-55 "样条曲线"属性设置框

(1)"参数"选项组中有如下参数。

● $\mathcal{N}$ (样条曲线控制点数):滚动查看样条曲线的点时,相应的曲线点序数在框中出现。

● $\mathcal{N}$ (X 坐标):设置样条曲线端点的 X 坐标。

● $\mathcal{N}$ (Y 坐标):设置样条曲线端点的 Y 坐标。

● $\nearrow$ (相切重量 1)、(相切重量 2):通过修改样条曲线点处的样条曲线曲率度数来控制相切向量。

● $\measuredangle$ (相切径向方向):通过修改相对于 X 轴、Y 轴、Z 轴的样条曲线倾斜角度来控制相切方向。

●"相切驱动":选择此选项,可以激活"相切重量 1"、"相切重量 2"和"相切径向方向"等参数。

●"重设此控标":将所选样条曲线控标重返到其初始状态。

●"重设所有控标":将所有样条曲线控标重返到其初始状态。

●"弛张样条曲线":可以显示样条曲线的控制多边形。

●"成比例":成比例的样条曲线在拖动端点时会保持形状不变。

(2)改变样条曲线的方法如下:

●改变样条曲线的形状:选择样条曲线,控标出现在型值点和线段端点上,可以使用以下方法改变样条曲线。

①拖动控标以改变样条曲线的形状。

②添加或者移除样条曲线型值点以改变样条曲线的形状。

③右击样条曲线,在弹出的菜单中选择"插入样条曲线的型值点"命令。

④在样条曲线上通过控制多边形以改变样条曲线的形状。

●简化样条曲线:右击样条曲线,在弹出的快捷菜单中选择 $\mathcal{Z}$ (简化样条曲线)命令。

●删除样条曲线型值点:选择要删除的点,然后按 Delete 键。

●改变样条曲线的属性:在图形区域中选择样条曲线,在"样条曲线"属性设置框中编辑其属性。

样条曲线的绘制方法如表 3-13 所示。

表 3-13　"样条曲线"的绘制方法

草图工具	几何图形	鼠标指针	绘制步骤	绘制方法
Ⓝ	样条曲线	⁺Ⓝ	② ④ ③ ①	● 单击"样条曲线"按钮 Ⓝ ● 单击起点,向上拖动鼠标一段距离后单击 ● 向下拖动鼠标一段距离后单击 ● 向上拖动鼠标一段距离后双击 ● 单击"确定"按钮✔

3.3.9　抛物线

使用"抛物线"命令可以生成各种类型的抛物线。

选择"工具"→"草图绘制实体"→"抛物线"菜单命令,弹出"抛物线"属性设置框,如图 3-56 所示,此时鼠标指针形状变为 ⁺∪ 。该属性设置框中的选项介绍如下。

"参数"选项组中有如下参数。

● ∩ (开始 X 坐标):设置开始点的 X 坐标。
● ∩ (开始 Y 坐标):设置开始点的 Y 坐标。
● ∩ (结束 X 坐标):设置结束点的 X 坐标。
● ∩ (结束 Y 坐标):设置结束点的 Y 坐标。
● ∩ (X 坐标置中):将 X 坐标置中。
● ∩ (Y 坐标置中):将 Y 坐标置中。
● ∩ (极点 X 坐标):设置极点的 X 坐标。
● ∩ (极点 Y 坐标):设置极点的 Y 坐标。
抛物线的绘制方法如表 3-14 所示。

图 3-56　"抛物线"属性设置框

表 3-14　抛物线的绘制方法

草图工具	几何图形	鼠标指针	绘制步骤	绘制方法
∩	抛物线	⁺∪	① ② ③	● 单击"抛物线"∪ ● 指针形状将变为 ⁺∪ ● 单击以放置抛物线的焦点并拖动鼠标来放大抛物线 ● 抛物线被画出 ● 单击抛物线并拖动鼠标来定义曲线的范围

3.3.10　文字

使用"文字"命令,可以将文字插入到草图的工程图。

单击"文字"工具栏中的 Ⓐ (文字)按钮或者选择"工具"→"草图绘制实体"→"文字"菜

单命令,弹出"草图文字"属性设置框,如图 3-57 所示。该属性设置框中的选项介绍如下。

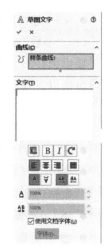

（1）"曲线"选项组中只有一个选项框,即 ꭒ（选择边界、曲线、草图及草图段）,所选实体的名称显示在框中。

（2）"文字"选项组中有如下参数。

● "文字":在文字框中输入文字。

● $\boxed{B}\boxed{I}\boxed{C}$（样式）:选取单个字符或字符组来应用加粗、斜体或旋转。

● $\boxed{≡}\boxed{≣}\boxed{≡}\boxed{≡}$（对齐）:调整文字左对齐、居中、右对齐或两端对齐。

● $\boxed{A}\boxed{∀}\boxed{AB}\boxed{AB}$（反转）:以竖直或水平的正、反方向来反转文字。

● ⬛（宽度因子）:按指定的百分比均匀加宽每个字符。

● ⬛（间距）:按指定的百分比更改每两个字符的间距。

图 3-57　"草图文字"属性设置框

● "使用文档字体":消除勾选后可选取另一种字体。

● "字体":单击以打开"字体"属性设置框并选择字体样式和大小。

文字的绘制方法如表 3-15 所示。

表 3-15　"文字"的绘制方法

草图工具	几何图形	绘制步骤	绘制方法
$\mathbb{A}$	文字	绘制文字 solid work 选择路径	● 单击"文字"按钮 $\mathbb{A}$ ● 选择一条曲线作为路径 ● 在"文字"框中键入文字 ● 编辑文字属性,单击"确定"按钮 ✔

3.3.11　槽口

使用"槽口"命令,可以将槽口插入到草图的工程图中。

单击"草图"工具栏中的 ▣（槽口）按钮或者选择"工具"→"草图绘制实体"→"槽口"菜单命令,弹出"槽口"属性设置框,如图 3-58所示。该属性设置框中的选项介绍如下。

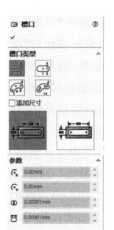

（1）"槽口类型"选项组中有如下参数。

● ⊟（直槽口）:用 2 个端点绘制直槽口。

● ⊟（中心点直槽口）:从中心点绘制直槽口。

● ⬛（三点圆弧槽口）:在圆弧上用 3 个点绘制圆弧槽口。

● ⬛（中心点圆弧槽口）:用圆弧的中心点和圆弧的 2 个端点绘制圆弧槽口。

● "添加尺寸":显示槽口的长度和圆弧尺寸。

● ⬛（中心到中心）:以 2 个中心间的长度作为支槽口的长度尺寸。

图 3-58　"槽口"属性设置框

● ▭（总长度）：以槽口的总长度作为直槽口的长度尺寸。

（2）"参数"选项组中有如下参数。

如果槽口不受几何关系约束，则可指定以下参数的任何适当组合来定义槽口。所有槽口均包括以下几部分。

● C_X：槽口中心点的 X 坐标。

● C_Y：槽口中心点的 Y 坐标。

● ▭：槽口宽度。

● ▭：槽口长度。

圆弧槽口还包括以下几部分：

● ⦦：圆弧半径。

● ⦦：圆弧角度。

槽口有"直槽口"、"中心点直槽口"、"三点圆弧槽口"和"中心点圆弧槽口"4 种，即 4 种绘制槽口的方法。

1. "直槽口"绘图法

①单击"草图"工具栏中的 ▭（直槽口）按钮或者选择"工具"→"草图绘制实体"→"直槽口"菜单命令。

②单击以指定槽口的起点。

③移动指针然后单击以指定槽口长度，再移动指针后单击以指定槽口宽度。

④设置直槽口的属性，单击 ✔（确定）按钮，完成直槽口绘制。

2. "中心点直槽口"绘图法

①单击"草图"工具栏中的 ▭（中心点直槽口）按钮或者选择"工具"→"草图绘制实体"→"中心点直槽口"菜单命令。

②单击以指定槽口的中心点。

③移动指针然后单击以指定槽口长度，再移动指针后单击以指定槽口宽度。

④设置中心点直槽口的属性，单击"确定"按钮 ✔，完成中心点直槽口绘制。

3. "三点圆弧槽口"绘图法

①单击"草图"工具栏中的 ⦿（三点圆弧槽口）按钮或者选择"工具"→"草图绘制实体"→"三点圆弧槽口"菜单命令。

②单击以指定圆弧的起点。

③通过移动指针指定圆弧的终点，然后单击，通过移动指针指定圆弧的第三点，然后单击，最后通过移动指针指定槽口宽度，然后单击。

④设置三点圆弧槽口的属性，单击"确定"按钮 ✔，完成三点圆弧槽口绘制。

4. "中心点圆弧槽口"绘图法

①单击"草图"工具栏中的 ⦿（中心点圆弧槽口）按钮或者选择"工具"→"草图绘制实体"→"中心点圆弧槽口"菜单命令。

②单击以指定圆弧的中心点。

③通过移动指针指定圆弧的半径，然后单击，通过移动指针指定槽口长度，然后单击，最后通过移动指针指定槽口宽度，然后单击。

④设置中心点圆弧槽口的属性,单击"确定"按钮 ✔,完成中心点圆弧槽口绘制。

槽口的 4 种绘制方法如表 3-16 所示。

表 3-16　槽口的绘制方法

草图工具	几何图形	鼠标指针	绘制步骤	绘制方法
⬤	直槽口	✛		● 单击"槽口"按钮 ⬤ ● 单击两个点作为直槽口的中心线 ● 拖动鼠标至合适位置,单击 ● 单击"确定"按钮 ✔
⬤	中心点直槽口	✛		● 单击"中心点直槽口"按钮 ⬤ ● 单击以指定槽口的中心点 ● 移动指针然后单击指定槽口长度 ● 移动指针然后单击指定槽口宽度 ● 单击"确定"按钮 ✔
🔗	三点圆弧槽口	✛		● 单击"三点圆弧槽口"按钮 🔗 ● 单击以指定圆弧的起点 ● 移动指针指定圆弧的终点,然后单击 ● 移动指针指定圆弧的第三点,然后单击 ● 通过移动指针指定槽口宽度,然后单击 ● 单击"确定"按钮 ✔
🔗	中心点圆弧槽口	✛		● 单击"中心点圆弧槽口"按钮 🔗 ● 单击以指定圆弧的中心点 ● 移动指针指定圆弧的半径,然后单击 ● 移动指针指定槽口长度,然后单击 ● 移动指针指定槽口宽度,然后单击 ● 单击"确定"按钮 ✔

3.4　草图编辑

SOLIDWORKS 为用户提供了比较完整的辅助绘图工具,使得草图的后期修改更为方便。

3.4.1　等距实体

使用 ⬭ (等距实体)命令可以将其他特征的边线以一定的距离和方向偏离,偏移的特征可以是一个或者多个草图实体,一个模型面,一条模型边线或者外部草图曲线。

选择一个草图实体或者多个草图实体,一个模型面,一条模型边线或者外部草图曲线等，单击"草图"工具栏中的  （等距实体）按钮或者选择"工具"→
"草图绘制工具"→"等距实体"菜单命令，弹出"等距实体"属性设置
框，如图 3-59 所示。

"参数"选项组中有如下参数。

● （等距距离）：设置等距数值。

● "添加尺寸"：在草图中显示相应的尺寸。

● "反向"：更改单向等距的方向。

● "选择链"：生成所有连续草图实体的等距实体。

● "双向"：在两个方向生成等距实体。

● "顶端加盖"：通过选择"双向"选项并添加顶盖以延伸原有非相
交草图实体。

● "基本几何体"：将原有的草图实体转换为构造性直线。

● "偏移几何体"：将生成的草图实体转换为构造性直线。

"等距实体"的具体使用方法如表 3-17 所示。

图 3-59 "等距实体"
属性设置框

表 3-17 "等距实体"的使用方法

图标	工具名称	鼠标指针	操作对象	操作方法
	等距实体		操作前 操作后	● 在草图中，选择一个或者多个草图实体，一个模型面，一条模型边线或外部草图曲线，单击"草图"工具栏上的"等距实体"按钮 ● 在等距特征管理区中，设置各项参数 ● 单击"确定"按钮 ✔

3.4.2　镜像

使用"镜像"命令  可以将一个或多个特征沿指定的平面复
制，生成平面另一侧的特征。镜像所生成特征是与原特征相关的，
特征源的修改会影响到镜像的特征。

通过填充阵列特征，可以选择由共有平面的定义的区域或位
于共有平面的面上的草图。该命令可以使用特征阵列或预定义的
切割形状来填充定义的区域。

单击"草图"工具栏上的"镜像"按钮  或选择菜单"工具"→
"草图绘制工具"→"镜像"菜单命令，弹出"镜像"属性设置框，如图
3-60 所示。

"参数"选项组中有以下几个选项。

● "要镜像的实体"：选中要镜像的草图实体。

● "镜像点"：选择图中的构造线为镜像中心线。

"镜像"的具体使用方法如表 3-18 所示。

图 3-60 "镜像"属性设置框

表 3-18　"镜像"的使用方法

图标	工具名称	鼠标指针	操作对象	操作方法
吆	镜像		操作前　操作后	● 单击"镜像"按钮 吆 ● 选择要镜像的实体 ● 再选择镜像轴 ● 单击"确定"按钮 ✔

3.4.3　转换实体引用

使用"转换实体引用"命令可以将其他特征上的边线投影到草图平面上,此边线可以作为等距的模型边线,也可以作为等距的外部草图实体。

单击"草图"工具栏上的"转换实体引用"按钮 吆 或选择菜单"工具"→"草图绘制工具"→"转换实体引用"菜单命令,弹出"转换实体引用"属性设置框,如图 3-61 所示。

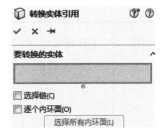

图 3-61　"转换实体引用"属性设置框

使用"转换实体引用"命令的方法如下。

①单击"标准"工具栏中的 ◊ (选择)按钮,在图形区域中选择模型面,或者边线、环、曲线、外部草图轮廓线、一组边线、一组曲线等。

②单击"草图"工具栏中的 ⌐ (草图绘制)按钮,进入草图绘制状态。

③单击"草图"工具栏中的 ⬡ (转换实体引用)按钮或者选择"工具"→"草图绘制工具"→"转换实体引用"菜单命令,将模型面转换为草图实体。

"转换实体引用"命令将自动建立下列几何关系。

● 在新的草图曲线和草图实体之间的边线上建立几何关系,如果草图实体更改,曲线也会随之更新。

● 在草图实体的端点上生成内部固定几何关系,使草图实体保持"完全定义"状态。

"转换实体引用"的具体使用方法如表 3-19 所示。

表 3-19　"转换实体引用"的使用方法

图标	工具名称	鼠标指针	操作对象	操作方法
⬡	转换实体引用		操作前　操作后	● 单击模型面、边线、环、面、曲线、外部草图轮廓、一组边线或一组曲线。 ● 单击"草图"工具栏上的"转换实体引用" ● 单击"确定"按钮 ✔

3.4.4 分割、合并实体

Γ（分割实体）命令是通过添加分割点将一个草图实体分割成两个草图实体。使用"分割实体"命令的方法如下。

①打开包含需要分割实体的草图。

②选择"工具"→"草图绘制工具"→"分割实体"菜单命令，或者在图形区域右击草图实体，在弹出的快捷菜单中选择"分割实体"命令，当鼠标指针位于被分割的草图实体上时，会变成形状 $\overset{k}{\llcorner}_{x}$ 。

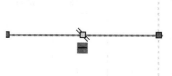

图3-62　分割直线

③单击草图实体上的分割位置，该草图实体被分割成两个草图实体，并且这两个草图实体之间会添加一个分割点，如图3-62所示。要合并草图实体，则单击分割点，然后按Delete键即可。

"分割实体"的使用方法如表3-20所示。

表 3-20　"分割实体"的使用方法

图标	工具名称	鼠标指针	操作对象	操作方法
Γ	分割实体		操作前　操作后	● 单击"草图"工具栏上的"分割实体"按钮 ● 选择分割实体，单击草图实体上的分割位置 ● 单击分割点，然后按Delete键，可将两个被分割的草图实体合并成一个实体

3.4.5 剪裁实体

使用 $\ggg$（剪裁实体）命令可以裁剪或者延伸某一草图实体，使之与另一个草图实体重合，或者删除某一草图实体。

单击"草图"工具栏中的 $\ggg$（剪裁实体）按钮或者选择"工具"→"草图绘制工具"→"剪裁"菜单命令，弹出"剪裁"属性设置框，如图3-63所示。

"选项"选项组中有以下几个选项。

● $\sqsubseteq$（强劲剪裁）：拖动鼠标指针时，剪裁一个或者多个草图实体到最近的草图实体，并与该草图实体交叉。

● $\sqsubseteq$（边角）：修改所选的两个草图实体，直到它们以边角交叉。

● $\sqsupset\mkern-6mu\sqsubset$（在内剪除）：剪裁交叉于两个所选的边界上或者两个所选边界之间的开环实体。

● $\sqsupset\mkern-6mu\sqsubset$（在外剪除）：剪裁位于两个所选的边界之外的开环草图实体。

图3-63　"剪裁"属性设置框

● ┴（剪裁到最近端）：删除草图实体，直到与另一草图实体相交处。

在草图上移动鼠标指针，直到希望剪裁（或者删除）的草图实体以红色高亮显示，然后单击草图实体。如果草图实体没有和其他草图实体相交，则整个草图实体被删除。草图剪裁也可以删除草图实体剩下的部分。

"剪裁实体"的 6 种具体使用方法如表 3-21 所示。

表 3-21 "剪裁实体"的使用方法

图标	工具名称	鼠标指针	操作对象	操作方法
✄	剪裁实体			● 单击"草图"工具栏上的"剪裁实体"按钮 ✄ ● 然后选择剪裁方式 ● 在草图上移动鼠标指针 ● 直到要剪裁的草图线段以红色高亮显示 ● 然后单击 ● 单击"确定"按钮 ✔
⼧	强劲剪裁			● 单击"强劲剪裁"按钮 ⼧ ● 单击位于第一个实体旁边的图形区域 ● 然后拖动穿越要剪裁的草图实体 ● 指针在穿过并剪裁草图实体时变成 ▷ ● 尾迹沿剪裁路径生成 ● 按住指针并拖动穿越想剪裁的每个草图实体 ● 在完成剪裁草图时释放指针，单击"确定"按钮 ✔
⼨	边角			● 单击"边角"按钮 ⼨ ● 选择想结合的两个草图实体 ● 单击"确定"按钮 ✔
⼨	在内剪除			● 单击"在内剪除"按钮 ⼨ ● 选择两个边界草图实体 ● 选择要剪裁的草图实体 ● 单击"确定"按钮 ✔

续　表

图标	工具名称	鼠标指针	操作对象	操作方法
⊞	在外剪除			● 单击"在外剪除"按钮 ⊞ ● 选择两个边界草图实体 ● 选择要剪裁的草图实体 ● 单击"确定"按钮 ✔
⊥	剪裁到最近端	✂		● 单击"剪裁到最近端"按钮 ⊥ ● 选择想剪裁或延伸到最近交叉点的草图实体 ● 若想延伸,选择实体然后拖动到交叉点 ● 若想剪裁,选择草图实体 ● 单击"确定"按钮 ✔

3.4.6　延伸实体

使用 ⊤（延伸）命令可以延伸草图实体以增加草图实体（如直线、圆弧或者中心线等）的长度。草图延伸通常用于将一个草图实体延伸到另一个草图实体。使用"延伸"命令的方法如下。

①选择"工具"→"草图绘制工具"→"延伸"菜单命令。

②将鼠标指针拖动到要延伸的草图实体上,如直线、圆弧或者中心线等,所选草图实体显示为红色,绿色的直线或者圆弧指示草图实体将延伸的方向。如果预览指示的延伸方向错误,将鼠标指针拖动到直线或者圆弧的另一半上并观察新的预览。

③单击该草图实体接受直线或者圆弧的新预览,草图实体延伸到与下一个可用的草图实体相交处为止。

"延伸"的具体使用方法如表 3-22 所示。

表 3-22　"延伸实体"的使用方法

图标	工具名称	鼠标指针	操作对象	操作方法
⊤	延伸	⊤		● 单击"草图"工具栏上的"延伸"按钮 ⊤ ● 将指针 ⊤ 移到要延伸的草图实体上 ● 单击草图实体即可

3.4.7 圆角、倒角

1. 圆角

使用 ⌐ (圆角)命令可以将两个草图实体的交叉处剪裁掉脚部,生成一个与两个草图实体都相切的圆弧。单击"草图"工具栏上的 ⌐ (圆角)命令,或者选择"规矩"→"草图绘制实体"→"圆角",弹出"圆角"属性设置框,如图 3-64 所示。该属性设置框中的选项介绍如下。

"圆角参数"选项组中有以下几个选项。

● " ⌒ (半径)":设置圆角半径。

● "保持拐角处约束条件":如果顶点具有尺寸或几何关系,将保留虚拟交点。如果消除选择,且如果顶点具有尺寸或几何关系,将会询问是否想在生成圆角时删除这些几何关系。

● "标注每个圆角的尺寸":将尺寸添加到每个圆角。当消除选定时,在圆角之间添加有相等几何关系。

2. 倒角

使用 ⌐ (倒角)命令可将倒角应用到相邻的草图实体中。倒角的绘制方法与圆角相同。

单击"草图"工具栏上的 ⌐ (倒角)命令,或者选择"规矩"→"草图绘制实体"→"倒角",弹出"倒角"属性设置框,如图 3-65 所示

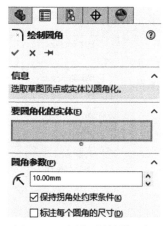

图 3-64 "圆角"属性设置框

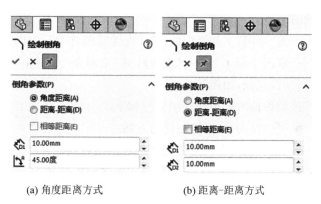

(a) 角度距离方式   (b) 距离-距离方式

图 3-65 "倒角"属性设置框

"倒角参数"选项组中有以下几个选项。

● ⌐ (方向角度),控制倒角的方向角度。

● ⌐ (距离 1):设置倒角的距离 1

● ⌐ (距离 2):设置倒角的距离 2。

"圆角"、"倒角"的具体使用方法如表 3-23 所示。

表 3-23　"圆角"、"倒角"的使用方法

图标	工具名称	鼠标指针	操作对象	操作方法
⌐	绘制圆角			● 选择要做圆角的两个草图实体或两个草图实体的交点 ● 单击"圆角"按钮 ⌐ ● 在特征管理器中，设置草图圆角参数 ● 单击"确定"按钮 ✔
⌐	绘制倒角			● 选择要做倒角的两个草图实体或两个草图实体的交点 ● 单击"倒角"按钮 ⌐ ● 在特征管理器中，设置草图倒角参数 ● 单击"确定"按钮 ✔

3.4.8　阵列

1. 线性草图阵列

线性草图阵列就是将草图实体沿一个或多个轴复制生成多个排列图形。

单击"草图"工具栏中的 ▒（线性草图阵列）按钮或者选择"工具"→"草图绘制工具"→"线性阵列"菜单命令，弹出"线性草图阵列"属性设置框，如图 3-66 所示。

该属性设置框中的选项介绍如下。

● ↗（反向）：选择相反的方向。

● ⟁（间距）：设定阵列实例之间的距离。

● "标注 X 间距"：显示阵列实例之间的尺寸。

● ⬚（实例数）：设定阵列实例的数量。

● "显示实例记数"：显示阵列中的实例数。

● ⬚（角度）：水平设定角度方向。

● ⬚（要阵列的实体）：在图形区域中选取草图实体。

● "可跳过的实例"：在图中选择不想包括在阵列中的实例。

图 3-66　"线性阵列"
属性设置框

2.圆周草图阵列

圆周草图阵列就是将草图实体沿一个指定大小的圆弧进行环状阵列。

单击"草图"工具栏中的 （圆周草图阵列）按钮或者选择"工具"→"草图绘制工具"→"圆周草图阵列"菜单命令,弹出"圆周草图阵列"属性设置框,如图 3- 67 所示。

该属性设置框中有以下几个选项。

● （反向）:选择相反的方向。

● （中心点 X）:沿 X 轴设定阵列中心。

● （中心点 Y）:沿 Y 轴设定阵列中心。

● （间距）:设定阵列中包括的总角度。

● "等间距":设定阵列实例彼此间距相等。

● "标注半径":显示圆周阵列的半径。

● "标注脚间距":显示阵列实例之间的尺寸。

● （实例数）:设定阵列实例的数量。

● "显示实例记数":显示阵列中的实例数。

● （半径）:设定阵列的半径。

● （圆弧）:设定从所选实体的中心点或顶点所测量的夹角角度。

● "可跳过的实例":在图中选择不想包括在阵列中的实例。

"阵列"的具体使用方法如表 3-24 所示。

图 3-67　"圆周阵列"
属性设置框

表 3-24　"阵列"的使用方法

图标	工具名称	鼠标指针	操作对象	操作方法
	线性草图阵列		操作前　操作后	● 选择草图实体 ● 单击"线性草图阵列"按钮 ● 设置实例数量(包括原始草图在内)、间距、角度值 ● 单击"确定"按钮
	圆周草图阵列		操作前　操作后	● 选择草图实体 ● 单击"圆周草图阵列"按钮 ● 设置半径、角度、中心、数量、间距、总角度值 ● 单击"确定"按钮

圆周草图阵列

线性草图阵列

3.4.9　剪切、复制、粘贴草图

在草图绘制中,可以在同一草图中或者在不同草图之间进行剪切、复制、粘贴一个或多

个草图实体的操作,可以复制整个草图并将其粘贴到当前零件的一个面上,或者粘贴到另一个草图、零件、装配体或工程图文件中(目标文件必须是打开的)。在同一文件中复制或者复制到另一个文件时,可以在"特征管理器设计树"中选择、拖动草图实体,在拖动时按住Ctrl 键。

"剪切"、"复制"、"粘贴"的具体使用方法如表 3-25 所示。

表 3-25　"剪切"、"复制"、"粘贴"的使用方法

图标	工具名称	鼠标指针	操作对象	操作方法
✂	剪切			● 选择一项或多项要剪切的项目 ● 单击"剪切" ✂ ,或按 Ctrl+X
📋	复制			● 选择一个或多个要删除的项目 ● 单击"复制" 📋 ,或按 Ctrl+C
📋	粘贴			● 为要粘贴的项目选择合适的目的位置 ● 单击"粘贴" 📋 ,或按 Ctrl+V

3.4.10　移动、旋转、缩放、复制草图

如果要移动、旋转、按比例缩放、复制草图,可以选择"工具"→"草图工具"菜单命令,然后选择以下命令。

● 📐 (移动):移动草图。

● 🔄 (旋转):旋转草图。

● 🔲 (缩放比例):按比例缩放草图。

● 📐 (复制):复制草图。

1. 移动和复制

使用 📐 (移动)命令可以将实体移动一定距离,或者以实体上某一点为基准,将实体移至已有的草图点,使用"移动"命令的方法如下。

①选择要移动的草图。

②选择"工具"→"草图绘制工具"→"移动"菜单命令,弹出"移动"属性设置框,如图 3-68所示。在"参数"选项组中,单击"从/到"单选按钮,再单击"起点"中的 □ (基准点)选择框,在图形区域中选择要移到的位置。也可以单击"X/Y"单选按钮,然后设置 ▲X (△X)和 ▲Y

（ΔY）的数值以定义草图实体移动的位置,其含义如下。

● **ΔX**（ΔX）：表示开始点和结束点 X 坐标之间的偏移。

● **ΔY**（ΔY）：表示开始点和结束点 Y 坐标之间的偏移。

如果单击"重复"按钮,将按照相同距离继续修改草图实体的位置,单击 ✔（确定）按钮,草图实体被移动。

"复制"命令的使用方法与"移动"相同,在此不做赘述。

2. 旋转

使用 ◈（旋转）命令可以使实体沿旋转中心旋转一定的角度。使用"旋转"命令的方法如下。

①选择要旋转的草图。

②选择"工具"→"草图绘制工具"→"旋转"菜单命令,弹出"旋转"属性设置框,如图 3-69 所示。在"参数"选项组中,单击"旋转中心"中的 ▫（基准点）选择框,然后在图形区域中单击以放置旋转中心。在 ▫（基准点）选择框中显示"旋转所定义的点"。

③在 ↥（角度）数值框中设置需旋转角度,或者将鼠标指针在图形区域中任意拖动,单击 ✔（确定）按钮,草图实体被旋转。

3. 按比例缩放

使用 ▣（缩放比例）命令可以将实体放大或缩小一定的倍数,或者生成一系列尺寸成等比例的实体。使用"缩放比例"命令的方法如下。

①选择要按比例缩放的草图。

②选择"工具"→"草图绘制工具"→"缩放比例"菜单命令,弹出"比例"属性设置框,如图 3-70 所示。

③在"比例缩放点"中选取基准点,在 ▣（比例因子）中设定比例大小,并勾选"复制",可以将草图按比例缩放并复制。

④单击 ✔（确定）按钮,草图实体被成比例缩放。

"移动"、"旋转"、"缩放比例"、"复制"的具体使用方法如表 3-26 所示。

图 3-68　"移动"属性设置框

图 3-69　"旋转"属性设置框

图 3-70　"比例"属性设置框

表 3-26　"移动"、"旋转"、"缩放比例"、"复制"的使用方法

图标	工具名称	鼠标指针	操作对象	操作方法
	移动		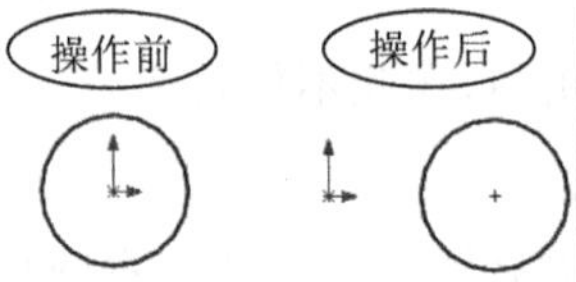 操作前　操作后	● 单击"移动" ● 选择"从/到",单击设定基准点 ● 然后拖动将草图实体定位 ● 或者选择"X/Y",为 ΔX 和 ΔY 设定数值 ● 单击"确定"按钮 ✔
	旋转		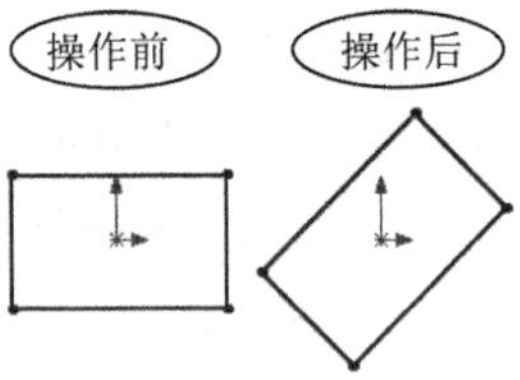 操作前　操作后	● 单击"旋转" ● 选择草图实体 ● 单击设定基准点 ● 为角度 设定一数值 ● 单击"确定"按钮 ✔
	缩放		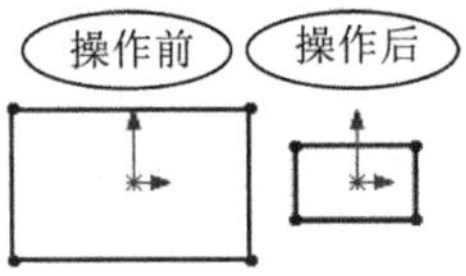 操作前　操作后	● 单击"缩放比例" ● 选择草图实体 ● 单击设定基准点 ● 然后单击图形区域来设定比例缩放点 ● 为比例因子 设置数值 ● 如要保留原有草图实体,选择复制 ● 并且为复件数 指定一个数值 ● 单击"确定"按钮 ✔
	复制		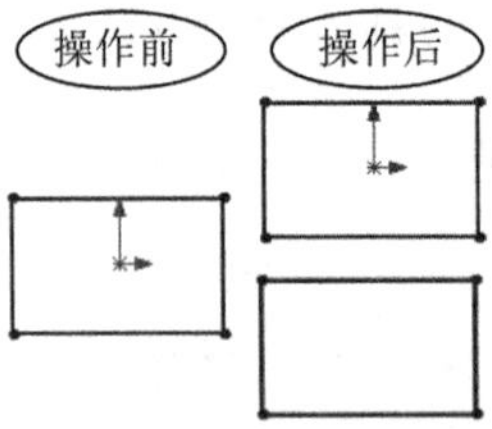 操作前　操作后	● 单击"复制" ● 选择"从/到",单击设定基准点 ● 然后拖动将草图实体定位 ● 或者选择"X/Y",为 ΔX 和 ΔY 设定数值 ● 单击"确定"按钮 ✔

3.4.11　将草图绘制实体转换成构造几何线

"构造几何线"是一种线型转换工具,用来协助生成草图实体。它既可以将草图的各种实线转换为构造几何线,也可将构造几何线转换为实体图线。

如图 3-71 所示,首先选取实线①,再单击"草图"工具栏中的 ▧（构造几何线）按钮,即可将实线转变为构造几何线②。执行同样操作可将构造几何线转变为实线。

此外,还可以用右击任何草图实体并选择构造几何线(仅对于工程图)。

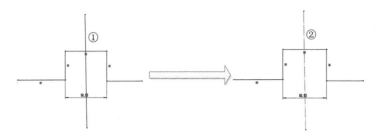

图 3-71　构造几何线的操作方式

3.4.12　派生草图

可以从属于同一零件的另一草图派生草图,或者从同一草图中的另一草图派生草图。从现有的草图派生草图时,这两个草图将保持相同的特性,对原始草图所做的更改将反映到派生草图中。更改原始草图时,派生的草图也不会再自动更新。

如果要解除派生草图与原始草图之间的链接,则在"特征管理器设计树"中用右击派生草图或者零件的名称,然后在弹出的快捷键中选择"解除派生"命令。链接解除后,即使对原始草图进行修改,派生的草图也不会再自动更新。

使用"派生草图"命令的方法如下。

①选择需要派生新草图的草图。

②按住 Ctrl 键并单击将放置新草图的面。

③选择"插入"→"派生草图"菜单命令,草图在所选的基准面上出现。

"派生草图"的具体使用方法如表 3-27 所示。

表 3-27　"派生草图"的使用方法

图标	工具名称	鼠标指针	操作对象	操作方法
	派生草图		操作前　操作后	● 选择希望派生新草图的草图 ● 按住 Ctrl 键单击要放置新草图的面 ● 单击"派生草图" ● 通过拖动派生草图和标注尺寸,将草图定位在所选的面上 ● 退出草图

3.5　草图的修复

在草图生成特征的过程中必须保证轮廓的类型与特征的类型相吻合,如表 3-28 所示。但是在这个过程中经常会出现错误信息,这主要是因为草图轮廓没有闭合,或者存在重叠、开环轮廓等。为解决这个问题,SOLIDWORKS 提供了特征检查功能。

表 3-28 允许的轮廓类型

特征类型	支持轮廓类型
基体拉伸	多个非连通闭环
基体拉伸薄件	单一开环、多个非连通闭环
基体旋转	多个非连通闭环
基体旋转薄件	单一开环、多个非连通闭环
凸台拉伸	多个非连通闭环
凸台拉伸薄件	单一开环、多个非连通闭环
凸台旋转	多个非连通闭环
凸台旋转薄件	单一开环、多个非连通闭环
边界曲面	单一开环、单一闭环、多个非连通闭环
切除拉伸	单一开环、多个非连通闭环
切除拉伸薄件	单一开环、多个非连通闭环
切除旋转	多个非连通闭环
切除旋转薄件	单一开环、多个非连通闭环
转折	单一开环
放样引线	单一开环、单一闭环
放样截面	单一闭环
模具分型面	常规*
筋	常规*
绘制的折弯	常规*
钣金基体法兰	单一开环、多个非连通闭环
分割特征	常规*
曲面拉伸	常规*
曲面填充	常规*
表面放样截面	单一开环、单一闭环
扫描路径或引线	单一开环、单一闭环
曲面旋转	常规
扫描截面	单一开环、多个非连通闭环
表面扫描截面	常规*

注：* 表示对该轮廓进行所有轮廓类型通用的错误检查。

3.5.1 自动修复草图

对于草图线条重叠的问题，SOLIDWORKS 提供了"修复草图"命令加以解决，该命令位于"草图"面板中。"修复草图"命令可将重叠的线条加以合并，可将共线相连的多段线条合并成一段线条。此外，"修复草图"命令还能弥补草图线条之间小于指定大小的缝隙，消除零长度线条等。

自动修复草图的操作方法如下。

①在草图环境中,绘制两条重叠的水平线,选择其中的一条,如图 3-72 所示。

②单击"草图"面板中的"修复草图"按钮键,或选择菜单"工具"→"草图绘制工具"→"修复草图"命令,弹出"修复草图"对话框,草图中重叠部分将自动修复。

③单击"修复草图"对话框右上角的"关闭"按钮。

图 3-72　自动修复草图

3.5.2　手动修复草图

1. 检查草图合法性

启动 SOLIDWORKS 后,单击工具栏中的"新建"按钮,在弹出的"新建 SOLIDWORKS 文件"对话框中选择"零件",单击"确定"按钮完成新文件创建的操作。单击"草图"面板中的"草图绘制"按钮,选择"前视基准平面"后即进入草图绘制界面。单击"直线"按钮,绘制出草图,如图 3-73 中①所示。单击窗口左上角的按钮,如图 3-73 中②所示。在屏幕最上方显示出菜单栏,单击菜单"工具"→"草图工具"→"检查草图合法性"命令,如图 3-73 中的③～⑤所示。

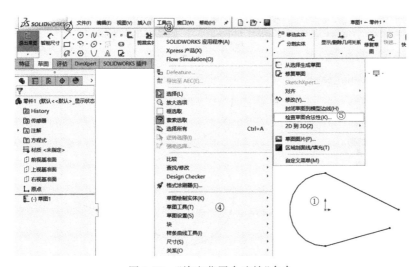

图 3-73　"检查草图合法性"命令

系统弹出"检查有关特征草图合法性"对话框,在"特征用法"下拉列表中选择"基体拉伸",如图 3-74 中①②所示。单击"检查"按钮,系统弹出检查结果对话框,检查结果显示"此草图中含有一个开环轮廓线",单击"确定"按钮,如图 3-74 中③④所示。系统弹出"修复草图"对话框,单击"关闭"按钮,在开环处系统以另一种颜色显示出来,如图 3-74 中⑤⑥所示。

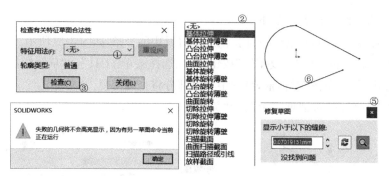

图 3-74　检查草图合法性

2. 延伸草图实体

延伸实体功能可增加直线、中心线、圆弧的长度,可将草图实体延伸到与另一个草图实体相交。

①单击"草图"面板中的"延伸实体"按钮,或选择菜单→"延伸实体"命令,如图 3-75 中①②所示。

②将鼠标移动到要延伸的草图实体上,所选实体以红色显示,移动鼠标到实体的不同方向,可以改变延伸的方向,如图 3-75 中③所示。

③单击草图实体完成延伸,如图 3-75 中④所示。单击工具栏中的"选择"按钮,退出延伸实体状态,如图 3-75 中⑤所示。

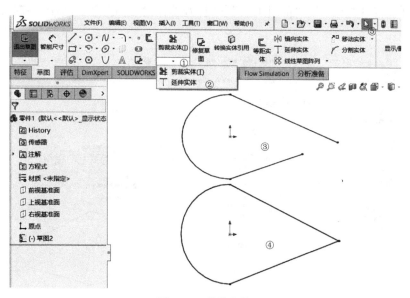

图 3-75　延伸实体

3. 修改草图

对"基体拉伸"特征再次进行草图合法性检查,系统弹出检查结果对话框,单击"确定"按钮,然后在弹出的"修复草图"对话框中单击"关闭"按钮,如图3-76中①②所示。系统以另一种颜色显示出有问题的直线,如图 3-76 中③所示。选择有问题的直线的端点,按住鼠标左键不放,将该点拖到另一点,如图 3-76 中④⑤所示。

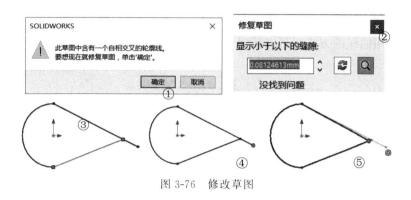

图 3-76　修改草图

4.再次检查草图合法性

再次选择"基体拉伸"特征,单击"检查有关特征草图合法性"对话框中的"检查"按钮,系统弹出检查结果对话框,单击"确定"按钮,再单击"关闭"按钮,如图 3-77 中①～③所示。

5.再次检查草图合法性

检查草图中可能妨碍生成特征的错误。对于每个特征使用类型,其所需的草图轮廓类型都会显示。如果在清单中选择新的特征用法,相应的轮廓类型将自动改变。每个轮廓类型除了所有轮廓类型通用的检查之外,在草图中还进行另外一组特殊检查。

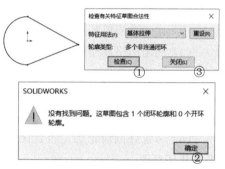

图 3-77　检查草图合法性

3.6　草图绘制的一般技巧

为了提高草图绘制效率,SOLIDWORKS 在草图中还提供了直线绘制与圆弧绘制自动转换的技术。在绘制直线时可以直接切换到圆弧绘制,而不需要在工具栏中选择圆弧绘制工具。如图 3-78 所示,当完成一段直线绘制后,右击,在弹出的快捷菜单中选择"转到圆弧"命令,在合适的位置单击就绘制出一条圆弧。还有一种切换的方法是在绘制一条直线后,先将鼠标移动一段距离到其他位置,这时在已绘制直线的终点与鼠标指针之间存在一条相交线,将鼠标指针移回上段直线的终点,再次移开鼠标指针后,可以发现已经处于相切圆弧的

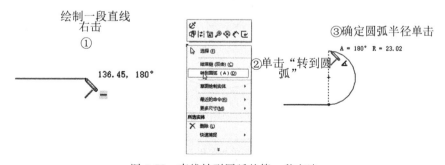

图 3-78　直线转到圆弧的第一种方法

绘制方式了,在合适的位置单击,就可以完成相切圆弧的绘制,如图 3-79 所示。在转换为绘制圆弧方式后,用同样的方法还可以转回到直线绘制方式。

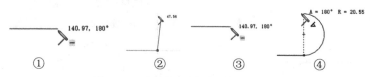

图 3-79　直线转到圆弧的第二种方法

由于二维草图绘制模式具有参数化尺寸驱动的特点,同时可以通过增加几何约束(如水平、垂直、对称、相切等),因此,可以用以下技巧来完成所需的草图形状。

(1)夸张绘图。进行剖面绘制时,对于一些尺寸极小的几何元素,可以在绘制时夸大其尺寸差异,然后通过尺寸修改来予以订正。

(2)设置适当的精确度,可以绘出更为精确的草图。

(3)利用网格线绘图,调节好网格的间距,方便做出水平线、垂直线及等长线。

(4)在建立草图中,尽量不要绘制过于复杂的剖面草图。

(5)分步绘制,对于一些复杂的草图,最好的办法是先绘出一部分,定义好它的位置尺寸及各种几何关系,再逐步往下做,这样就不容易出错。

(6)考虑好剖面轮廓是否封闭,在零件实体设计时,应尽量做闭环草图,只有个别特征需要开环草图。

3.7　草图绘制综合案例

3.7.1　综合案例 1

用 1∶1 的比例绘制如图 3-80 所示的图形。

本案例介绍草图的绘制、编辑和约束过程,读者要重点掌握"剪裁"及"圆周草图阵列"命令的使用。主要操作步骤如下。

综合案例 1

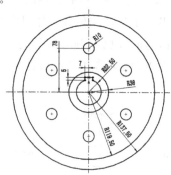

图 3-80　草图绘制综合案例 1

1. 新建文件

启动 SOLIDWORKS 软件,选择下拉菜单"文件"中的"新建"按钮,弹出"SOLIDWORKS 文件"对话框。选择"零件"模板,单击"确定"按钮,进入零件设计环境。

2.绘制草图前的准备工作

单击"草图绘制"按钮,选择前视基准面为草图基准面,系统将进入草图设计环境(如未加说明,本章中的案例都采用前视基准面为草图基准面)。

3.绘制草图的大致轮廓

说明:由于 SOLIDWORKS 具有尺寸驱动功能,开始绘图时只需绘出大致的形状即可。

(1)绘制中心线、圆、直线。单击"草图"面板中的"中心线"按钮,绘制出水平和竖直的两条中心线。单击"圆"按钮,在大致位置绘制出五个圆,然后单击"直线"按钮,插入直线,并选择"剪裁实体"按钮。绘制出的大致形状如图 3-81 所示。

(2)添加尺寸约束。单击"草图"面板中的"智能尺寸"按钮,标注尺寸,如图 3-82 所示。

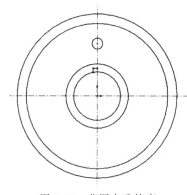

图 3-81　草图大致轮廓

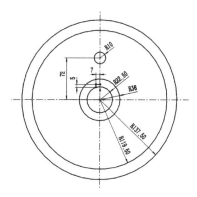

图 3-82　尺寸标注

(3)镜像及圆周阵列。选择"镜像实体"按钮将 R22.5 上的两条直线以竖直中心线为镜像中心进行镜像,并选择"剪裁实体"按钮将 R22.5 的圆多余圆弧去除,得到如图 3-83 所示的结果。选择"圆周草图阵列"按钮,将半径为 10 的圆进行阵列得到另外 5 个等圆周分布的圆,结果如图 3-84 所示。

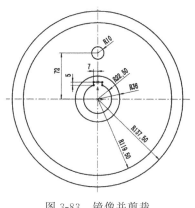

图 3-83　镜像并剪裁

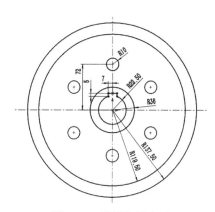

图 3-84　圆周草图阵列

(4)保存文件。选择"退出草图"按钮,在"文件"下拉菜单,选择"保存"按钮,系统弹出"另存为"对话框,选择保存位置,完成文件的保存操作。

3.7.2 综合案例 2

综合案例 2

用 1∶1 的比例绘制如图 3-85 所示的图形。

本案例介绍草图的绘制、编辑和约束过程,读者要重点掌握"添加几何关系"命令的使用。范例图形如图 3-85 所示,下面介绍其操作步骤。

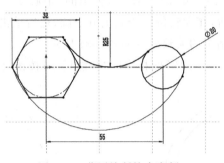

图 3-85　草图绘制综合案例 2

1. 新建文件

启动 SOLIDWORKS 软件,选择下拉菜单"文件"中的"新建"按钮,弹出"SOLIDWORKS 文件"对话框。选择"零件"模板,单击"确定"按钮,进入零件设计环境。

2. 绘制草图前的准备工作

选择"草图绘制"按钮,选择前视基准面为草图基准面,系统进入草图设计环境。

3. 绘制草图的大致轮廓

(1) 绘制多边形。选择"多边形"按钮,在绘图区单击坐标原点,向右水平移动鼠标到任意位置,绘制出正六边形,单击"智能尺寸"对正六边形进行尺寸约束,如图 3-86 所示。

(2) 绘制中心线及圆。单击"草图"面板中的"中心线"按钮,再次单击坐标原点,向右水平移动到任意位置单击,绘制出中心线,然后在中心线上画圆并进行尺寸约束,得到图 3-87。

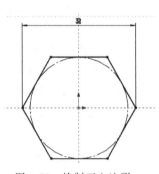

图 3-86　绘制正六边形

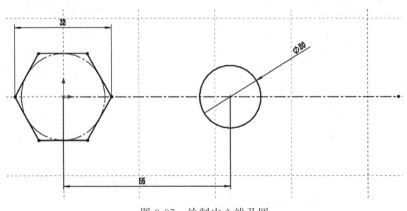

图 3-87　绘制中心线及圆

（3）绘制连接圆弧。单击"草图"面板中的"圆"按钮,在绘图区中两个图形的上方适当位置单击,绘制出半径为 25 的圆,如图 3-88 所示。按 Esc 键结束命令。

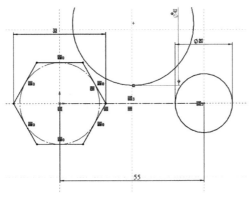

图 3-88　绘制连接圆弧

（4）添加几何关系。单击"显示/删除几何关系"面板上的"添加几何关系"按钮,选择六边形和 R25 圆弧添加"相切"约束,单击"确定"。同理按 Ctrl 键同时选择两个圆,添加"相切"约束使得 R25 圆弧和 $\varnothing$ 20 圆相切,按 Esc 键结束命令,并剪裁掉多余的圆弧,结果如图 3-89所示。

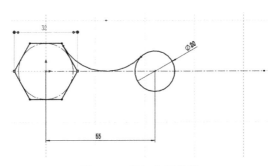

图 3-89　添加几何关系

（5）绘制下方连接圆弧。选择"圆"→"周边圆"的方式,选择六边形上的两点和绘制出正六边形和 $\varnothing$ 20 圆上的切点,绘制它们的连接圆,并对其多余的圆弧进行剪裁,结果如图 3-90所示。

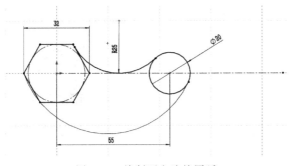

图 3-90　绘制下方连接圆弧

（6）保存文件。选择"退出草图"按钮，在"文件"下拉菜单，选择"保存"按钮，系统弹出"另存为"对话框，选择保存位置，完成文件的保存操作。

3.7.3 综合案例 3

综合案例 3

用 1∶1 的比例绘制如图 3-91 所示的减速器低速轴截面。

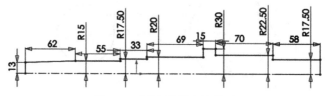

图 3-91 减速器低速轴截面

本案例介绍草图的绘制、编辑和约束过程，读者要重点掌握尺寸约束的处理技巧。采用的范例图形为减速器低速轴的截面，如图 3-91 所示，下面介绍其操作步骤。

1. 新建文件

启动 SOLIDWORKS 软件，选择下拉菜单"文件"里的"新建"命令，弹出"SOLIDWORKS 文件"对话框。选择"零件"模板，单击"确定"按钮，进入零件设计环境。

2. 绘制草图前的准备工作

选择"草图绘制"按钮，选择前视基准面为草图基准面，系统进入草图设计环境。

3. 绘制草图的大致轮廓

（1）绘制直线。选择"直线"命令，在绘图区绘制如图 3-92 所示的多条直线。

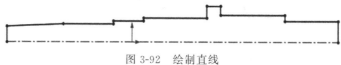

图 3-92 绘制直线

（2）添加尺寸约束。选择"智能尺寸"命令，依次添加如图 3-91 所示的尺寸约束，单击"确定"按钮完成尺寸添加。如果需要修改尺寸，只需要双击该尺寸，在系统弹出的"修改"文本框中输入数值即可。

4. 保存文件

选择"退出草图"按钮，在"文件"下拉菜单，选择"保存"按钮，系统弹出"另存为"对话框，选择保存位置，完成文件的保存操作。

本章案例素材文件可通过扫描以下二维码获取：

案例素材文件

3.8 思考与练习

按下图所示的尺寸,画出下列平面图像的草图。

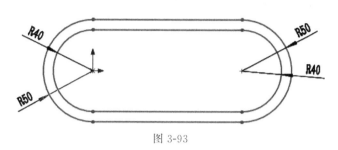

图 3-93

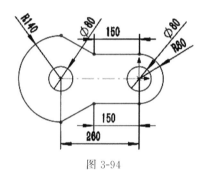

图 3-94

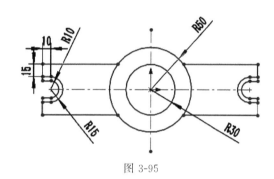

图 3-95

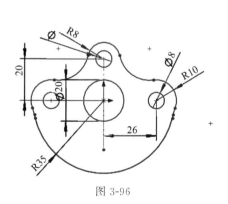

图 3-96

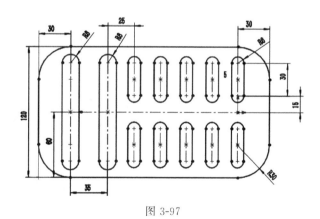

图 3-97

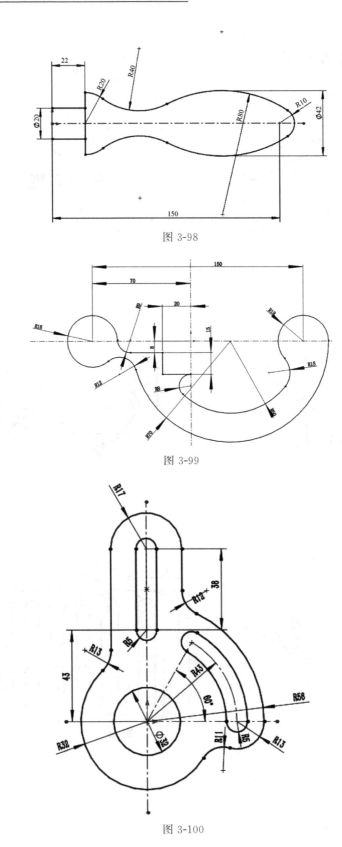

图 3-98

图 3-99

图 3-100

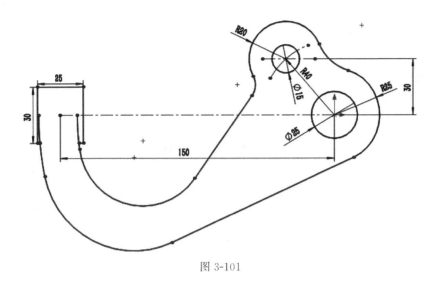

图 3-101

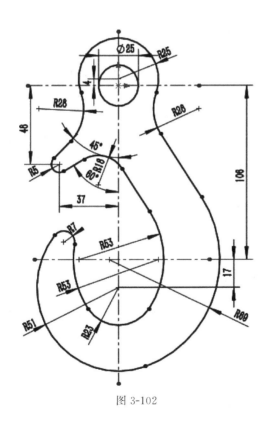

图 3-102

第 4 章

参考几何体

本章主要介绍参考几何体，包括基准面、基准轴、坐标系和点的创建及使用方法。要求掌握参考几何体的创建方法、使用条件等，主要包括生成参考点、生成与使用基准面、生成使用基准轴、建立局部坐标系。

4.1 参考几何体概述

参考几何体是 SOLIDWORKS 中的重要工具，又被称为基准特征，是创建模型的参考基准。参考几何体工具按钮集中在"参考几何体"工具栏中，主要有"点"⬜、"基准轴"✏、"基准面"📖、"坐标系"⚓ 4 种基本参考几何体类型。

参考几何体属于辅助特征，没有体积和质量等物理特性，显示与否不影响其他零部件的显示。当辅助特征过多时，显示屏会显得过于凌乱，所以一般在需要时才显示参考几何体，不需要时将它们隐藏起来。

4.2 点

4.2.1 "点"的创建步骤

①单击"特征"栏中"参考几何体"工具栏中的"点"按钮⬜，打开"点"属性管理器。
②然后选择生成基准点的方式。
③设置基准点的参数。
④单击"确定"按钮✔，即可创建一个基准点。

4.2.2 "点"属性管理器

SOLIDWORKS 可以生成多种类型的参考点，以用作构造对象，还可以在彼此间已指定距离分割的曲线上生成指定数量的参考点。在 SOLIDWORKS 中，参考点主要用于创建优秀的空间曲线，空间曲线是创建曲面的基础。

"点"属性管理器如图 4-1 所示。

"点"属性管理器中的"选择"选项组主要包括以下内容。

①"圆弧中心" ⊙ ：在圆弧的圆心处生成一个点。

②"面中心" ⊡ ：在面的中心处生成一个点。

③"交叉点" ⊠ ：在线的交点处生成一个点。

④"投影" ⊥ ：在点到面的投影处生成一个点。

⑤"沿曲线距离或多个参考点" ⊗ ：可以沿边线或者曲线生成一组参考点。

单击"沿曲线距离或多个参考点"按钮 ⊗ ，可以沿边线、曲线或者草图线段生成一组参考点，键入距离或者百分比数值，如图 4-2 所示。

图 4-1 "点"属性管理器

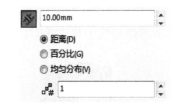

图 4-2 "沿曲线距离或多个参考点"设置

其中：

● "距离"：按照设置的确定距离生成参考点。

● "百分比"：按照设置的百分比生成参考点。

● "均匀分布"：在实体上生成均匀分布的参考点。

● ⊕ （参考点数）：设置沿所选实体生成的参考点个数。

4.2.3 创建参考点的方法

下面以减速器中的"通气螺栓"零件为对象来介绍参考点的创建方法。

1. 运用圆弧中心建立参考点

(1) 打开"菜单"，单击"插入"，再单击"参考几何体"中的"点"按钮 ▫ ，出现"点"属性管理器。

(2) 在图形区选择圆弧①，如图 4-3 所示，单击"确定"按钮 ✔ 。

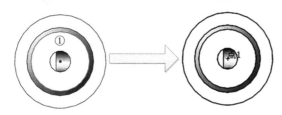

图 4-3 运用圆弧中心建立参考点

2. 运用面中心建立参考点

(1)打开"菜单",单击"插入",再单击"参考几何体"中的"点"按钮 ▫ ,出现"点"属性管理器。

(2)在图形区选择平面或非平面,如图 4-4 所示选择面①,单击"确定"按钮 ✔ 。

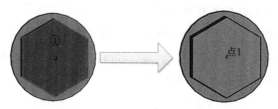

图 4-4 运用面中心建立参考点

3. 运用交叉点建立参考点

(1)打开"菜单",单击"插入",再单击"参考几何体"中的"点"按钮 ▫ ,出现"点"属性管理器。

(2)在图形区选择边线①和边线②,如图 4-5 所示,单击"确定"按钮 ✔ 。

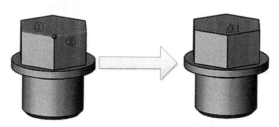

图 4-5 运用交叉点建立参考点

4. 运用投影建立参考点

(1)打开"菜单",单击"插入",再单击"参考几何体"中的"点"按钮 ▫ ,出现"点"属性管理器。

(2)在图形区选择投影的点①及投影到的平面②,如图 4-6 所示,单击"确定"按钮 ✔ 。

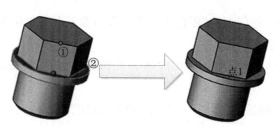

图 4-6 运用投影建立参考点

5. 运用沿曲线距离或多个参考点建立参考点

(1)运用指定距离建立参考点,步骤如下:

①打开"菜单",单击"插入",再单击"参考几何体"中的"点"按钮 ▫ ,出现"点"属性管理器。

②在图形区选择边线③(此时默认所选线段距鼠标指定点最近的端点为参考点),从参

考点①开始按默认的距离生成目标点②，可以在"距离"文本框输入一定距离，则目标点②变更至指定位置④，如图 4-7 所示，单击"确定"按钮 ✔ 。

运用指定距离建立参考点

图 4-7　运用指定距离建立参考点

（2）运用百分比建立参考点，步骤如下：

①打开"菜单"，单击"插入"，再单击"参考几何体"中的"点"按钮 ▫ ，出现"点"属性管理器。

②在图形区选择边线③（此时默认所选线段距鼠标指定点最近的端点为参考点），从参考点①开始按默认的百分比生成目标点②，在"百分比"文本框输入一定百分比，则目标点②变更至指定位置④，如图 4-8 所示，单击"确定"按钮 ✔ 。

运用百分比建立参考点

图 4-8　运用百分比建立参考点

（3）运用均匀分布建立参考点，步骤如下：

①打开"菜单"，单击"插入"，再单击"参考几何体"中的"点"按钮 ▫ ，出现"点"属性管理器。

②在图形区选择边线②，系统按默认数量根据所选边线的总长度在边线上生成均匀分布的目标点①，在"均匀分布"文本框输入所需的点个数，系统重新沿边线生成指定数目的均布的目标点，如图 4-9 所示，单击"确定"按钮 ✔ 。

运用均匀分布建立参考点

图 4-9　运用均匀分布建立参考点

4.3　基准轴

参考基准轴是参考几何体中重要的组成部分。在生成草图几何体或者圆周阵列时常使用参考基准轴。参考基准轴主要包括以下 3 项用途：

（1）将参考基准轴作为中心线，例如基准轴可以作为圆柱体、圆孔、回转体的中心线。

（2）用参考基准轴辅助生成圆周阵列等特征。

（3）将参考基准轴作为同轴度的特征参考轴。

4.3.1 "基准轴"的创建步骤

（1）单击"特征"面板中的"参考几何体"→"基准轴"  或者选择"菜单"→"插入"→"参考几何体"→"基准轴"命令，系统弹出"基准轴"属性管理器。

（2）选择生成基准轴的方式。

（3）设置基准轴参数。

（4）单击"确定"按钮 ✔ 。

4.3.2 "基准轴"属性管理器

"基准轴"属性管理器如图 4-10 所示。

"基准轴"属性设置框中的"选择"选项组主要包括以下内容：

● 参考实体 ⬡ ：显示所选实体。

● "一直线/边线/轴" ⁄ ：使用已有的草图直线、模型边线、临时轴生成基准轴。

● "两平面" ⚡ ：通过两个空间平面的交线生成基准轴。

● "两点/顶点" ⬈ ：通过圆的两个空间点（包括顶点、中点或草图点）生成基准轴。

● "圆柱/圆锥面" ⬚ ：通过圆柱或圆锥的轴线生成基准轴。

● "点和面/基准面" ⬚ ：通过空间一点和平面产生垂直于平面的基准轴。

图 4-10 "基准轴"属性管理器

4.3.2 创建基准轴的方法

下面以减速器中的"圆头平键"零件为对象来介绍基准轴的创建方法。

1. 通过直线创建基准轴

（1）单击"特征"面板中的"参考几何体"→"基准轴"，如图 4-11 所示。

（2）系统弹出"基准轴"属性管理器，在"参考实体" ⬡ 文本框中选择边线①，如图 4-12 所示。

（3）其他采用默认设置，单击"确定"按钮 ✔ ，创建的基准轴如图 4-12 所示。

图 4-11 选择"基准轴"命令

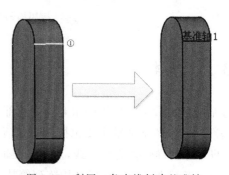

图 4-12 利用一条直线创建基准轴

2. 通过两平面创建基准轴

①单击"特征"面板中的"参考几何体"→"基准轴"　。

②系统弹出"基准轴"属性管理器,在"参考实体"　文本框中选择面①和面②,如图 4-13 所示。

③其他采用默认设置,单击"确定"按钮　,创建的基准轴如图 4-13 所示。

3. 通过两点创建基准轴

①单击"特征"面板中的"参考几何体"→"基准轴"　。

②系统弹出"基准轴"属性管理器,在"参考实体"　文本框中选择点①和点②,如图 4-14 所示。

③其他采用默认设置,单击"确定"按钮　,创建的基准轴如图 4-14 所示。

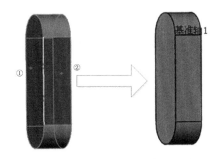
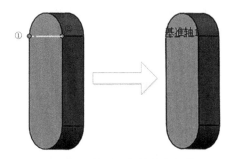

图 4-13　利用两平面创建基准轴　　　图 4-14　利用两点创建基准轴

4. 通过圆柱体轴心创建基准轴

①单击"特征"面板中的"参考几何体"→"基准轴"　。

②系统弹出"基准轴"属性管理器,在"参考实体"　文本框中选择面①。

③其他采用默认设置,单击"确定"按钮　,完成基准轴的创建,如图 4-15 所示。

5. 通过点和面创建基准轴

①单击"特征"面板中的"参考几何体"→"基准轴"　。

②系统弹出"基准轴"属性管理器,在"参考实体"　文本框中选择点①和面②,如图 4-16 所示。

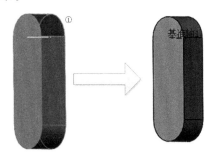
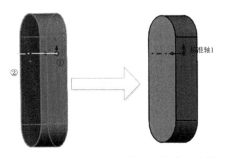

图 4-15　利用圆柱体轴心创建基准轴　　　图 4-16　利用一面和面外一点创建基准轴

③其他采用默认设置,单击"确定"按钮 ✔,完成基准轴的创建,如图 4-16 所示。

4.4 基 准 面

基准面是零件建模过程中使用最频繁的基准特征,它既可以用作草绘特征的草绘平面和参考平面,也可以用于放置特征的放置平面;另外,基准面还可以用作尺寸标注、零件装配基准等。基准面是生成模型的基础,在模型设计中离不开基准面。

通常生成模型的第一步就是选择基准面,"特征管理器设计树"中默认提供前视、上视、右视基准面。除了系统已有的 3 种默认的基准面外,还可选择模型上的面。如果没有想要的面,用户就需要自己动手来生成。

4.4.1 "基准面"的创建步骤

(1) 单击"特征"面板中的"参考几何体"→"基准面" 或者选择"菜单"→"插入"→"参考几何体"→"基准面"命令,系统弹出"基准面"属性管理器。

(2) 选择生成基准面的方式。

(3) 设置基准面参数。

(4) 单击"确定"按钮 ✔ 。

4.4.2 "基准面"的属性设置

1. 参考基准面的属性设置

"基准面"属性管理器如图 4-17 所示。

在"第一参考"选项组中,选择用来生成基准面所需要的参考对象,然后系统会根据选择的对象,显示下一步的约束类型,如图 4-18 所示。

图 4-17 "基准面"属性管理器

图 4-18 设置"第一参考"

在"第二参考"和"第三参考"选项组中,包含与"第一参考"中相同的选项,具体情况取决于您的选择和模型几何体。根据需要设置这三个参考来生成所需的基准面。

"第一参考"、"第二参考"和"第三参考"并没有必然的顺序关系,数量也只与选择生成基准面所需的对象有关。比如用"三点生成一面"的方式,则需要"第一参考"、"第二参考"和"第三参考"都要选择合适的点;而用"平行平面"的方式,则需要在"第一参考"、"第二参考"和"第三参考"中任选一面,然后输入距离值即可。

"基准轴"属性管理器主要包括以下内容:

- "重合" ⊼ :生成与参考面重合的基准面。
- "平行" ◥ :生成与参考面平行的基准面。
- "垂直" ⊥ :生成与参考面垂直的基准面。
- "投影" ▧ :将选定对象投影到曲面上生成基准面。
- "相切" ⊙ :生成与圆柱面或圆锥面相切的基准面。
- "两面夹角" ▧ :通过一条边线或轴线以选定面为基准生成一个夹角基准面。
- "偏移距离" ▧ :生成与参考面等距基准面。
- "两侧对称" ☰ :在参考面两侧生成对称基准面。

2. 参考基准面的修改

修改参考基准面之间的等距距离或者角度。

双击尺寸或者角度的数值,在弹出的"修改"对话框中输入新的数值,也可以在"特征管理器设计树"中右击已生成的基准面图标,在弹出的快捷菜单中选择"编辑特征"命令,在弹出的"基准面"属性管理器中输入新的数值以定义基准面,最后单击"确定"按钮 ✔ 。

3. 调整参考基准面的大小

可以使用基准面控标或边线来移动、复制或者调整基准面的大小。要显示基准面控标,可以在"特征管理器设计树"中单击已生成的基准面图标或者在图形区域中单击基准面的名称,也可以选择基准面的边线,然后就可以进行调整了。

4.4.3 创建基准面的方法

下面以减速器中的"通气螺栓"零件为对象来介绍基准面的创建方法。

1. 生成一个通过边线(或轴或草图线)及点(或通过三点)的基准面

(1)单击"特征"面板中"参考几何体"→"基准面"按钮 ▯ ,如图 4-19 所示,系统弹出"基准面"属性管理器。

(2)在"第一参考"文本框中选择图 4-20 中边线①,选择"重合"约束 ⊼ 。

(3)在"第二参考"文本框中选择图 4-20 中顶点②,选择"重合"约束 ⊼ 。

(4)单击"确定"按钮 ✔ 完成基准面创建操作,如图 4-20 所示。

图 4-19 选择"基准面"命令

2. 生成一个平行于基准面（或面）且通过一点的基准面

（1）单击"特征"面板中的"参考几何体"→"基准面" ▦ ，系统弹出"基准面"属性管理器。

（2）在"第一参考" ▦ 文本框中选择图 4-21 中面①，选择"平行"约束 ◩ 。

（3）在"第二参考" ▦ 文本框中选择图 4-21 中点②，选择"重合"约束 ⊼ 。

（4）单击"确定"按钮 ✔ 完成基准面创建操作，如图 4-21 所示。

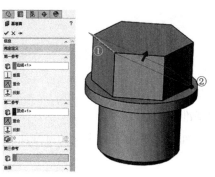
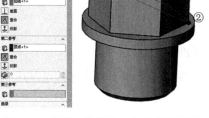
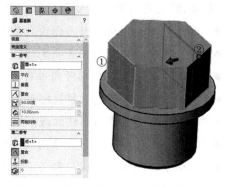

图 4-20　利用一条线和一点生成基准面　　　图 4-21　利用一面和面外一点生成基准面

3. 生成一个基准面，它通过一条边线、轴线或草图线，并与一个面或基准面成一定角度

（1）单击"特征"面板中的"参考几何体"→"基准面" ▦ ，系统弹出"基准面"属性管理器。

（2）在"第一参考" ▦ 文本框中选择图 4-22 中面①，选择"角度"约束 ◪ ，输入角度值 60°。

（3）在"第二参考" ▦ 文本框中选择图 4-22 中边线③，选择"重合"约束 ⊼ 。

（4）其他采用默认设置，单击"确定"按钮 ✔ 完成基准面创建操作，如图 4-22 所示。

4. 生成一个平行于基准面（或面）并距离一定的基准面

（1）单击"特征"面板中的"参考几何体"→"基准面" ▦ ，系统弹出"基准面"属性管理器。

（2）在"第一参考" ▦ 文本框中选择图 4-23 中面①，选择"距离"约束 ◩ ，输入距离 10 mm。

图 4-22　生成与指定面呈指定角度的基准面　　　图 4-23　生成与指定面距离一定的基准面

（3）其他采用默认设置，单击"确定"按钮 ✔ 完成基准面创建操作，如图 4-23 所示。

5. 生成通过一点且垂直于一条边线、轴线或曲线的基准面

（1）单击"特征"面板中的"参考几何体"→"基准面" ▥，系统弹出"基准面"属性管理器。

（2）在"第一参考" ▥ 文本框中选择图 4-24 中边线①，选择"垂直"约束 ⊥。

（3）在"第二参考" ▥ 文本框中选择图 4-24 中的点②，选择"重合"约束 ⋋。

（4）其他采用默认设置，单击"确定"按钮 ✔ 完成基准面创建操作，如图 4-24 所示。

6. 在圆形曲面上生成一个基准面

（1）单击"特征"面板中的"参考几何体"→"基准面" ▥，系统弹出"基准面"属性管理器。

（2）在"第一参考" ▥ 文本框中选择图 4-25 中面①，选择"相切"约束 ◙。

（3）在"第二参考" ▥ 文本框中选择图 4-25 中右视图②，选择"角度"约束 ▣，输入角度值 60°。

（4）其他采用默认设置，单击"确定"按钮 ✔ 完成基准面创建操作，如图 4-25 所示。

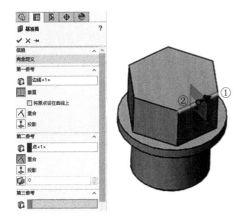
图 4-24　生成垂直于一条线且过指定点的基准面

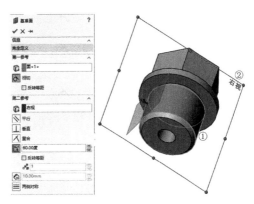
图 4-25　生成与圆形曲面相切的基准面

4.5　坐标系

通常三维建模中的坐标系可以与测量和质量属性工具一同使用，或者用作生成阵列的基准。在 SOLIDWORKS 中，用户创建的坐标系（也称为基准坐标），主要在装配和分析模型时使用。在创建一般特征时，基本用不到坐标系。"坐标系"按钮的功能是在零件设计模块中创建坐标系，作为其他实体创建的参考元素。

4.5.1　"坐标系"的创建步骤

（1）单击"特征"面板中的"参考几何体"→"坐标系" ⊁ 或者选择"菜单"→"插入"→"参考几何体"→"坐标系"命令，系统弹出"坐标系"属性管理器。

（2）选择新建坐标系的原点位置。

（3）为 X 轴、Y 轴、Z 轴中的任意两项选择轴线。

（4）单击"确定"按钮 ✔ ，生成新的坐标系。

4.5.2　"坐标系"的属性设置

"坐标系"属性管理器如图 4-26 所示。

"坐标系"属性管理器中的"选择"选项组主要包括以下内容：

● "原点" 🔲 ：选择一点作为新建坐标系的原点。

● "X 轴"：选择一条边作为 X 轴的轴线。

● "Y 轴"：选择一条边作为 Y 轴的轴线。

● "Z 轴"：选择一条边作为 Z 轴的轴线。

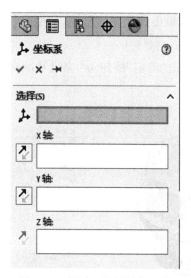

图 4-26　"坐标系"属性管理器

> ✏️ **注意**
>
> 　　X 轴、Y 轴、Z 轴只需要确定两条，系统自动确定第三条轴线，方向可以通过"反向"
> 按钮 ↗ 更改。

4.5.3　创建坐标系的方法

下面以减速器中的"下箱体"零件为对象来介绍坐标系的创建方法。

（1）打开操作文件"下箱体.SLDPRT"。

（2）选择下拉菜单"插入"→"参考几何体"→"坐标系"命令（或在"特征"面板中选择"参考几何体"的"坐标系"命令），系统弹出"坐标系"属性管理器，如图 4-26 所示。

（3）定义坐标系参数。

（4）定义坐标系原点：选取顶点①为坐标系原点。

说明：有三种方法可以更改选择。一是选中上图蓝色方框，右击，从弹出的快捷菜单中选择"消除选择"命令，然后重新选择；二是选中上图蓝色方框，直接选取另一个点作为坐标系原点；三是二次单击所选点，然后选中蓝色方框，重新选取坐标原点。

(5) 定义坐标系 X 轴：选取边线②为 X 轴线。

(6) 定义坐标系 Y 轴：选取边线③为 Y 轴线。

说明：坐标系的 Z 轴线及其方向均由 X 轴、Y 轴决定，可以通过单击"反向"按钮 ，实现 X 轴、Y 轴方向的改变。

(7) 单击窗口中的"确定"按钮 ✔，完成坐标系的创建，如图 4-27 中①②所示。

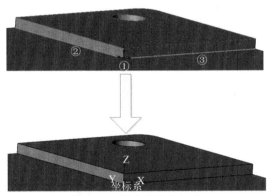

图 4-27　创建参考坐标系

本章案例素材文件可通过扫描以下二维码获取：

案例素材文件

4.6　思考与练习

1. 填空题

(1) SOLIDWORKS 的特征一般分为＿＿＿＿、＿＿＿＿、＿＿＿＿和＿＿＿＿。

(2) 参考几何体可以分为＿＿＿＿、＿＿＿＿、＿＿＿＿以及＿＿＿＿。

(3) 在 SOLIDWORKS 中，＿＿＿＿主要用于创建优秀的空间曲线，＿＿＿＿是创建曲面的基础。

(4) ＿＿＿＿常用于圆周阵列等特征中，它也是生成模型的基础。

(5) 系统已有的三种默认的基准面为＿＿＿＿、＿＿＿＿和＿＿＿＿。

2. 选择题

(1) 下面情况，不能满足建立一个新基准面的条件的是＿＿＿＿。

A. 一个面和一个距离　　　　B. 一个面和一个角度　　　　C. 一段螺旋线

（2）如果选择模型边线,然后单击草图绘制工具,SOLIDWORKS 将会_____。

A. 生成一个垂直于所选边线的参考基准面（其原点在选择边线位置都会选择最近端）,然后在新基准面上打开草图

B. 报告一个错误,表示必须先选择一个基准面或模型面才能生成草图

C. 打开一个 3D 草图

D. 编辑选择的草图

3. 上机操作题

（1）建模：棱长为 100 的正方体。

（2）新建基准面：如图 4-28 所示。

（3）利用投影的方法找到正方体的中心点。

（4）新建坐标系：以点 3 为坐标原点,各轴方向与原点坐标系相反。

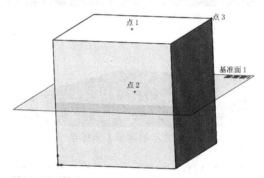

图 4-28　上机操作题图形

零件设计
（授课视频）

零件设计

第5章课件

产品设计都是以零件建模为基础的，而零件模型则是建立在特征的运用之上，SOLIDWORKS 零件由一个个特征组成。本章先介绍零件设计的基础知识，然后介绍特征类型和特征命令的使用方法。三维 CAD 软件提供的特征造型方法按照其功能特点分为四种，分别是基础特征、附加特征、操作特征和参考特征。SOLIDWORKS 2016 提供了很多特征命令，这些命令分布在"特征"栏和"插入"菜单中。

5.1 零件设计基础知识

5.1.1 零件建模基础

建立零件模型应该从设计角度切入，绝不是只要看起来像，怎么构建都可以，而应该采用怎样加工就怎样建模的思想。建模前必须想好用哪些特征表达零件的设计意图，必须考虑零件的加工和测量等问题。要创建一个正确的参数化特征模型，必须要有机械制图、机械设计、机械制造等许多相关知识。

1. 零件设计步骤

零件一般由多个特征构成，建模过程可总结为分特征→定顺序→选视向→造基础→添其他。

（1）规划零件。包括分特征→定顺序→选视向。即分析零件的特征组成、相互关系、构造顺序及其构造方法，确定最佳的轮廓、最佳视向等。

（2）创建基础特征。基本基础是零件的第一个特征，它是构成零件基本形态的特征，它是构造其他特征的基础，可以看作是零件模型的"毛坯"。

（3）创建其他特征。按照特征之间的关系依次创建剩余特征。

2. 零件建模规划

良好、合理、有效的建模习惯需要遵循的几点原则：草图尽量简，特征需关联，造型要仿真，别只顾眼前。

（1）比较固定的关系封装在较低层次，需要经常调整的关系放在较高层次。

（2）先建立构成零件基本形态的主要特征和较大尺度的特征，然后再添加圆角、倒角等辅助特征。

（3）先确立特征的几何形状，然后再确定特征尺寸，在必要的情况下添加特征之间的尺寸和几何关系。

（4）加工制造仿真。

3. 零件设计意图

关于模型被改变后如何表现的计划称为设计意图。设计意图决定模型如何建立与修改，应不应该建立关联，当修改模型时，模型应该如何变化。

开始零件建模时，选择哪一个特征作为第一个特征，选择哪个外形轮廓最好，确定了最佳的外形轮廓后，对草图平面的选择造成何影响，采用何种顺序来添加其他辅助特征，这些都要受制于设计意图。一般建议草图绘制从原点开始，选择大而基础、尺寸构成简单的特征作为第一个特征来进行绘制。

为了有效地使用 SOLIDWORKS，建模前必须考虑好设计意图。草图几何关系、尺寸约束及其复杂程度，特征构造方式、特征构成及其相互之间的关联，以及特征建立的顺序都会影响设计意图。

（1）草图对设计意图的影响。影响设计意图的草图因素包括几何约束、尺寸标注和草图的复杂程度。

①几何约束的影响。草图几何约束的影响包括草图平面的选择，图线的位置关系。

②尺寸标注的影响。草图中的尺寸标注方式同样可以体现设计意图。添加尺寸在某种程度上也反映了设计人员如何修改尺寸。如图 5-1(a) 所示，无论矩形尺寸 100mm 如何变化，两个孔始终与边界保持 20mm 的相应距离；如图 5-1(b) 所示，两个孔以矩形左侧为基准进行标注，尺寸标注将使孔相对于矩形的左侧定位，孔的位置不受矩形整体宽度的影响；如图 5-1(c) 所示，标注孔与矩形边线的距离以及两个孔的中心距，这样的标注方法将保证两孔中心之间的距离不变。

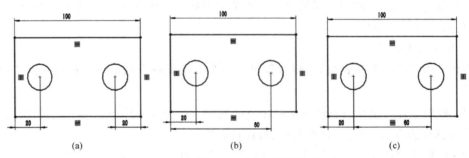

图 5-1　尺寸约束产生的不同设计意图

③草图复杂程度的影响。很多情况下，同一零件可以由一个复杂的草图直接生成，也可以由一个简单的草图生成基体特征后，再添加倒角等附加特征来生成。如图 5-2 所示的零件，可以用圆角草图拉伸获得，也可以用拉伸直角草图后再添加圆角特征的方法获得。其中复杂草图拉伸法建模速度较快，但草图复杂，不利于以后的零件修改和在装配条件下压缩圆角等细节；而简单草图拉伸法则更利于以后的修改操作。作者一般建议尽可能用简单草图拉伸方法，这样便于后期的修改，而且对于进一步的 CAE/CAM 操作更为有利，尤其是初学

者更是建议,限于内容关系,此处不做叙述。

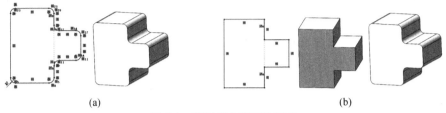

图 5-2　草图复杂程度的影响

（2）特征对设计意图的影响。设计意图不仅受草图的影响,特征的构造方法、特征的构成、构造顺序及其关系等对设计意图也有很大影响。

①特征构造方法的影响。对于如图 5-3 所示的简单台阶轴就有多种建模方法。

制陶转盘法:以一个简单的旋转特征建立零件,如图 5-3(a)所示。一个单个的草图表示一个切面,包括所有作为一个特征来完成该零件所必需的信息及尺寸。

层叠蛋糕法:建立零件,一次建立一层,后面一层加到前一层上,如图 5-3(b)所示。

制造法:用制造法设计零件,首先拉伸基体大圆柱,然后通过一系列的切割来去除不需要的材料,如图 5-3(c)所示。

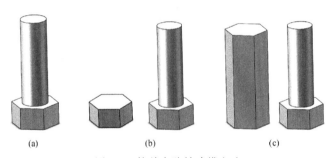

图 5-3　简单台阶轴建模方法

> ✏️ **注意**
>
> 　　以上三种方法体现了不同的设计思想:制陶转盘法强调了阶梯轴的整体性,零件的定义主要集中在草图中,设计过程简单,但草图较为复杂,不利于后期修改;层叠蛋糕法符合人们的习惯思维,层次清晰,后期修改方便,但与机械加工过程恰好相反;制造法是模仿零件加工时的方法来建模的,也就是怎样加工就怎样建模,该方法不仅具有层叠蛋糕法的优点,而且在设计阶段就充分考虑了制造工艺的要求。

②特征构成的影响。选择不同的特征建立模型很大程度上决定了模型的设计意图,直接影响零件以后的修改方法和修改的便利性。合理的特征建模的基本原则是根据零件的加工方式和成型方法、零件的形状特点以及零件局部细节等来选择合适的特征。例如:利用传统的车削、铣削等方法完成的机加工零件不宜采用很复杂的特征;通过注塑或压铸方法成型的薄壁零件,要考虑拔模和壁厚均匀的问题;铸造零件要考虑零件出模的分型面选择,按照零件的出模方向考虑添加适当的拔模角度,使用"抽壳"特征保持零件的壁厚基本均匀;钣

金和焊接零件,可采用SOLIDWORKS的钣金工具和焊接工具进行建模。

③最佳轮廓的影响。在拉伸时,最佳轮廓可比其他轮廓建立更多的模型部分,从而简化零件特征创建过程。

④观察角度的影响。在SOLIDWORKS的模型空间里,零件的摆放位置多种多样。事实上模型在三维空间的摆放位置与建模本身的要求没有太大的关系,合理地选择模型的观察角度应基于如下考虑:在零件环境中,可利用视图定向工具切换到适当的角度,便于设计者观察;在装配体中,便于零件定位和选择配合对象;在工程图中,与标准投影方向一致,便于生成视图。

5.1.2 特征定义与类型

1. 特征定义

正如装配体是由许多单独的零件组成的一样,零件模型是由许多独立的三维元素组成的,这些元素被称为特征。特征对应于零件上的一个或多个功能,能被固定的方法加工成型。零件建模时,常用的特征包括凸台、切除、孔、筋、圆角、倒角、拔模等,如图5-4所示。

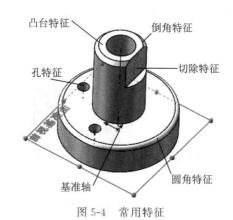

图 5-4　常用特征

2. 特征类型

三维CAD软件中的特征类型包括以下几种:

(1)基础特征。它由二维草图轮廓经过特征操作生成的,如表5-1所示。如圆柱销的拉伸、旋转、切除、扫描、放样等类型的特征。上述特征创建时,在模型上添加材料的称为凸台,在模型上去除材料的称为切除。

(2)附加特征。它是对已有特征进行附加操作生成的,如表5-2所示。

(3)参考特征。它是建立其他特征的基准,也叫定位特征,如引例中选用的右视等基准面、坐标系等。

(4)操作特征。它是针对基础特征以及附加特征的整体操作,对其进行整体的阵列、复制以及移动等操作。

表 5-1　SOLIDWORKS 中基础特征

名称	定义	示例
拉伸特征  拉伸凸台/基体	把一个轮廓，沿垂直于该轮廓平面的方向延伸一定距离形成实体模型	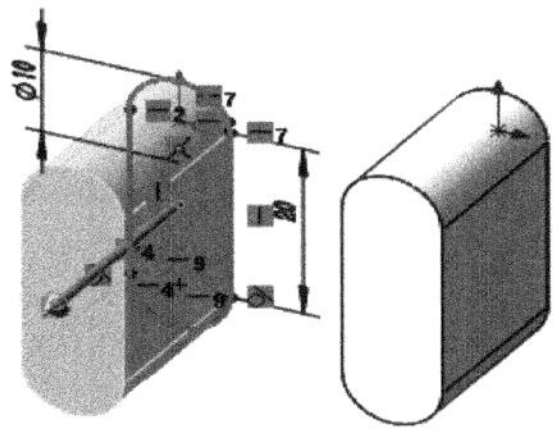
旋转特征  旋转凸台/基体	把一个轮廓，绕一个轴线旋转一定的角度形成实体模型	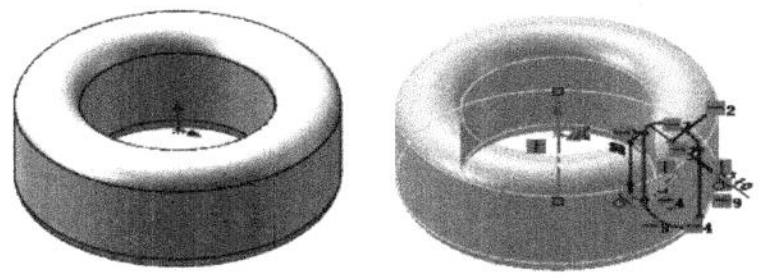
扫描特征 	把一个轮廓，沿一个路径（一条线）移动一定距离形成的实体模型	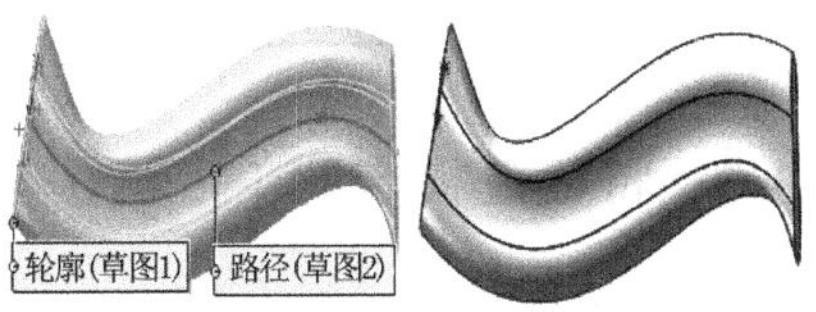 轮廓(草图1)　路径(草图2)
放样特征	在两个以上轮廓中间进行光滑过渡形成的实体模型	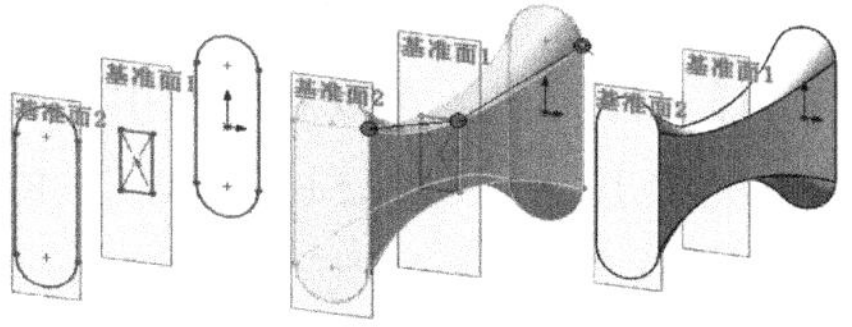 基准面1　基准面2

表 5-2　SOLIDWORKS 中附加特征

名称	定义	示例
圆角/倒角 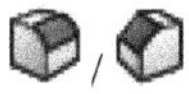	在草图特征的两面交线处生成圆角/倒角	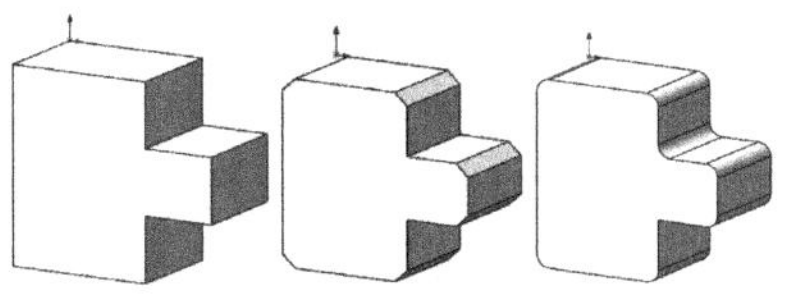
抽壳特征 	抽空零件内部，生成薄壁零件	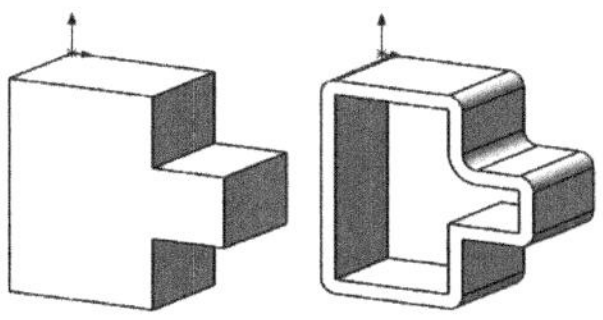

续　表

名称	定义	示例
镜像特征 ⊩⊩	沿镜面(模型面或基准面)镜像,生成一个特征(或多个特征)的复制	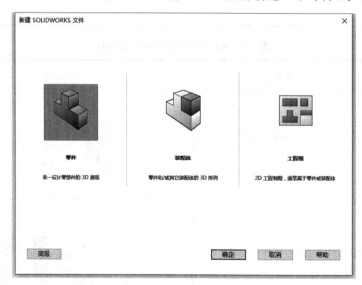
阵列特征 ⊞⊞ / ⊹⊹	将现有特征沿某一个方向进行线性阵列或绕某个轴圆周阵列获得的实体模型	

5.1.3　特征建模步骤

SOLIDWORKS 软件特征建模的主要步骤如下:

①选择下拉菜单"文件"→"新建"命令(或在"常用"工具条中单击"新建"按钮 ），此时系统弹出如图 5-5 所示的"新建 SOLIDWORKS 文件"对话框。

②选择文件类型。在该对话框中选择文件类型为"零件",单击"确定"按钮。

③每次新建一个文件,SOLIDWORKS 系统都会显示一个默认名。如果要创建的是零件,默认名的格式是"零件"后加序号(如"零件 1"),以后再新建一个零件,序号自动加 1。

图 5-5　新建文件界面

5.1.4　保存文件

保存文件操作分两种情况：若是所要保存的文件存在旧文件，则选择文件保存命令后，系统将自动覆盖当前文件的旧文件；若是所要保存的文件为新建文件，则系统会弹出操作对话框。下面以新建的文件"油标尺"为例，说明保存文件的操作过程。

①选择下拉菜单"文件"→"保存"命令（或单击"标准"工具条中的"保存"按钮 ），系统弹出如图 5-6 所示的"另存为"对话框。

②在"另存为"对话框中选择文保存路径，在"文件名"文本框中输入可以识别的文件名，单击"保存"按钮，即可保存文件。

③"文件"下拉菜单中还有一个"另存为"命令。"保存"与"另存为"命令的区别在于："保存"命令是保存当前的文件；"另存为"命令是将当前的文件复制进行保存，并且保存时可以更改文件的名称，原文件不受影响。

图 5-6　保存文件

④如果打开多个文件，并对这些文件进行过编辑，可以使用下拉菜单中的"保存所有"命令，将所有文件保存。

5.1.5　SOLIDWORKS 特征树概述

SOLIDWORKS 的特征树一般出现在窗口左侧，它的功能是以树的形式显示当前活动模型中的所有特征或零件，在树的顶部显示（主）对象，并将从属对象（零件或特征）置于其下。在零件模型中，特征树列表的顶部是零部件名称，下方是每个特征的名称；在装配体模型中，特征树列表的顶部是总装配，总装配下是各子装配和零件，每个子装配下方则是该子装配中的每个零件的名称，每个零件名称下方是零件的各个特征的名称。

如果打开了多个 SOLIDWORKS 窗口，则特征树内容只反映当前活动文件，即活动窗口中的模型文件。

1. 特征树界面简介

SOLIDWORKS 的特征树界面如图 5-7 所示。

图 5-7　特征树举例

2. 特征树的作用与一般规则

(1) 特征树的作用如下。

① 在特征树中选取对象。可以从特征树中选取要编辑的特征或零件对象。当要选取的特征或零件在图形区的模型中不可见时,此方法非常有用;当要选取的特征和零件在模型中禁用选取时,仍可在特征树中进行选取操作。

> ✎ 注意
>
> SOLIDWORKS 的特征树中列出了特征的几何图形(即草图的从属对象),但在特征树中,几何图形的选取必须在草图绘制状态下。

② 更改项目的名称。在特征树的项目名称上缓慢单击两次,然后输入新名称,即可更改所选项目的名称。

③ 在特征树中使用快捷命令。单击或右击特征树中的特征名或零件名,可打开一个快捷菜单,从中可选择相对于选定对象的特定操作命令。

④ 确认和更改特征的生成顺序。特征树中有一个蓝色退回控制棒,作用是指明在创建特征时特征的插入位置。在默认情况下,它的位置总是在模型树列出的所有项目的最后。可以在模型树中将其上下拖动,将特征插入到模型中的其他特征之间。将控制棒移动到新位置时,控制棒后面的项目将被隐藏,这些项目将不在图形区的模型上显示。

可在退回控制棒位于任何地方时保存模型。当再次打开文档时,可使用"向前推进"命令,或直接拖动控制棒至所需位置。

⑤ 添加自定义文件夹以插入特征。在特征树中添加新的文件夹,可以将多个特征拖到新文件夹中,以减小特征树的长度。其操作方法有两种:

● 使用系统自动创建的文件夹。在特征树中右击某一个特征,然后选择"添加到新文件夹"命令,一个新文件夹就会出现在特征树中,且右击的特征会出现在文件夹中,用户可重命名文件夹,并将多个特征拖动到文件夹中。

● 创建新文件夹。在特征树中右击某一个特征,然后选择"生成新文件夹"命令,一个新文件夹就会出现在特征树中,用户可重命名文件夹,并将多个特征拖到文件夹中。

将特征从所创建的文件夹中移除的方法是在 FeatureManager 特征树中将特征从文件夹拖到文件夹外部,然后释放鼠标,即可将特征从文件夹中移除。

> 📝 注意
>
> ● 拖动特征时,可将任何连续的特征或零部件放置到单独的文件夹中,但不能使用 Ctrl 键选择非连续的特征,这样可以保持父子关系。
> ● 可以控制尺寸和注解的显示。
> ● 不能将现有的文件夹添加到新文件夹中。

⑥ 特征树的其他作用。

● 在特征树中右击"注解"文件夹可以控制尺寸和注解的显示。

● 可以记录"设计日志"并"添加附加件到"到"设计活页夹"文件夹。

● 在特征树中右击"材质",可以添加或修改应用到零件的材质。

● 在"光源、相机与布景"文件夹中可以添加或修改光源。

(2) 特征树的一般规则如下。

① 项目图标左边的 ▶ 符号表示该项目包含关联项,单击 ▶ 可以展开该项目并显示其内容。若要一次折叠所有展开的项目,可用快捷键 Shift+C 或右击特征树顶部的文件名,然后从弹出的快捷菜单中选择"折叠项目"命令。

② 草图有过定义、欠定义、无法解出的草图、完全定义四种类型,在特征树中分别用"(+)"、"(-)"、"(?)"表示(完全定义时草图无前缀);装配体也有四种类型,前三种与草图一致,第四种类型为固定,在特征树中以"(f)"表示。

③ 若需重建已经更改的模型,则特征、零件或装配体之前会显示"重建模型"符号 ⬛ 。

④ 在特征树顶部显示锁形的零件,不能对其进行编辑,此零件通常是 Toolbox 或其他标准库零件。

特征造型技术是当今三维 CAD 的主流技术,它面向整个设计、制造过程,不仅支持 CAD 和 CAPP 系统,还支持绘制工程图、有限元分析、数控编程、仿真模拟等多个环节。

5.2 基础特征建模

基础特征建模是三维实体最基本的绘制方式,可以构成三维实体的基本造型。基础特征建模相当于二维草图中的基本图元,是最基本的三维实体绘制方式。基础特征建模主要包括拉伸特征、拉伸切除特征、旋转特征、旋转切除特征、扫描特征与放样特征等。本节主要讲的是拉伸特征、拉伸切除特征、旋转特征和旋转切除特征,扫描特征和放样特征在后面的章节中将会有详细的讲解。

5.2.1 拉伸特征

拉伸特征是最基本且经常使用的零件造型特征,它是通过将草图截面沿着垂直方向拉伸而形成的。拉伸特征在 SOLIDWORKS 中名称为"拉伸凸台/基体"。

1."拉伸凸台/基体"的属性设置

单击"特征"工具栏中的"拉伸凸台/基体"按钮 🗐 或者选择"插入"→"凸台/基体"→"拉伸"菜单命令,弹出"凸台-拉伸"属性管理器,如图 5-8(a)所示。

(a)   (b)   (c)

图 5-8 "凸台-拉伸"属性管理器

(1)"从"选项组。该选项组用来设置特征拉伸的"开始条件",其选项包括"草图基准面"、"曲面/面/基准面"、"顶点"和"等距"。

● "草图基准面":从草图所在的基准面作为基础开始拉伸。

● "曲面/面/基准面":从这些实体之一作为基础开始拉伸。

● "顶点":从选择的顶点处开始拉伸。

● "等距":从与当前草图基准面等距的基准面上开始拉伸,等距距离可以手动输入。

(2)"方向 1"选项组。

● "终止条件":设置特征拉伸的终止条件,其选项如图 5-8(c)所示。单击"反向"按钮 ↗ ,可以沿预览中所示的相反方向拉伸特征。

● "给定深度":设置给定的"深度"数值以终止拉伸。

● "成形到一顶点":拉伸到在图形区域中选择的顶点处。

● "成形到一面":拉伸到在图形区域中选择的一个面或者基准面处。

● "到离指定面指定的距离":拉伸到在图形区域中选择的一个面或者基准面处,然后设置"等距距离" 🗐 数值。

● "成形到实体":拉伸到在图形区域中所选择的实体或者曲面实体处。

● "两侧对称":设置"深度" 🗐 数值,按照所在平面的两侧对称距离建立拉伸特征。

以上终止条件的拉伸创建结果对比如图 5-9 所示。

● "拉伸方向" ↗ :在图形区域中选择方向向量,并且向垂直于草图轮廓的方向拉伸草图。

● "拔模开/关" 🗐 :可以设置"拔模角度"数值,如果有必要,选中"向外拔模"复选框。

(3)"方向 2"选项组。该选项组中的参数用来设置同时从草图基准面向两个方向拉伸的相关参数,如图 5-8(b)所示,用法和"方向 1"选项组基本相同。

(4)"薄壁特征"选项组。该选项组中的参数可以控制拉伸的"厚度" 🗐 (不是"深度" 🗐)数值。薄壁特征基体是做钣金零件的基础。

● "类型"：定义"薄壁特征"拉伸的类型。

● "单向"：以同一"厚度" 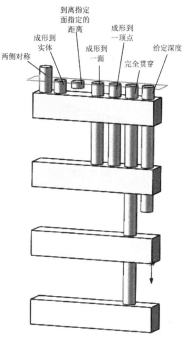 数值，沿一个方向拉伸草图。

● "两侧对称"：以同一"厚度" 数值，沿相反方向拉伸草图。

● "双向"：以不同的"方向 1 厚度" 、"方向 2 厚度" 数值，沿相反方向拉伸草图。

（5）"所选轮廓"选项组。"所选轮廓" ◇：允许使用部分草图建立拉伸特征，在图形区域中可以选择草图轮廓和模型边线。

2. 拉伸凸台/基体特征创建

拉伸凸台/基体特征创建的主要步骤如下：

①从下拉菜单中，获取特征命令。选择下拉菜单"插入"→"凸台/基体"→"拉伸"命令（或直接单击"特征"工具栏中的"拉伸凸台/基体"按钮 ）。

②定义拉伸特征的截面草图。创建新草图作为截面草图（或选择已有草图作为截面草图）。

图 5-9　深度属性对比图

③定义草图基准面选择的草图基准面可以是前视基准面、上视基准面和右视基准面中的一个，也可以是模型的某个表面。

④完成上步操作后，系统弹出如图 5-10 所示的"拉伸"对话框，在系统"选择一基准面来绘制特征横断面"的提示下，选取右视基准面作为草图基准面，进入草图绘制环境。

⑤绘制横断面草图，如图 5-11 所示。

⑥完成草图绘制后，选择下拉菜单"插入"→"退出草图"命令，退出草图绘制环境。

除上述方法外，还有一种方法可退出草绘环境：

①单击图形区右上角的"退出草图"按钮。"退出草图"按钮的位置一般如图 5-12 所示。

②在图形区右击，从弹出的快捷菜单中单击按钮 。

③单击"草图"工具栏中的"退出草图"按钮 ，使之处于弹起状态。

④退出草图绘制环境后，系统弹出"凸台-拉伸"对话框，此时草图轮廓显示在"所选轮廓" ◇ 在该对话框中不进行选项操作，创建系统默认的实体类型。

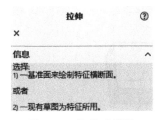

图 5-10　拉伸对话框

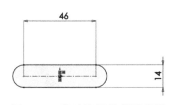

图 5-11　基础特征的截面草图

图 5-12　"退出草图"按钮

⑤如果要在凸台拉伸的同时添加拔模特征，单击"拔模"按钮 ◇ ，在其后文本框中输入拔模度数。拔模方向分为内、外两种，由是否勾选"向外拔模"复选框决定。如图 5-13 所示即为拉伸时的拔模操作。

(a) 无拔模特征　　　　　　　(b) 20°向内拔模　　　　　　　(c) 20°向外拔模

图 5-13　拔模对比

⑥如果要给凸台拉伸添加薄壁特征，单击"薄壁特征"选项，在"厚度" 🔗 文本框中输入厚度值。

⑦单击"凸台-拉伸"对话框中的"确定"按钮 ✔ ，完成特征的创建，如图 5-14 所示。

图 5-14　薄壁拉伸效果

5.2.2　拉伸切除特征

拉伸切除特征，即以拉伸实体作为"刀具"在原有实体上去除材料。

1. 拉伸切除特征的属性设置

单击"特征"工具栏中的"切除-拉伸"按钮 📷 或者选择"插入"→"切除"→"拉伸"菜单命令，弹出"切除-拉伸"属性管理器，如图 5-15(a)所示。该属性设置与"凸台-拉伸"属性管理器基本一致。在默认情况下，从轮廓内部移除，如图 5-15(b)所示。

不同的地方是，在"方向 1"选项组中多了"反侧切除"复选框。

●"反侧切除"（仅限于拉伸的切除）：移除轮廓外的所有部分，从轮廓内部移除，如图 5-15(c)所示。

(a)属性管理器　　　　　　　(b)默认切除　　　　　　　(c)反侧切除

图 5-15　"切除-拉伸"属性设置

2.拉伸切除特征创建

拉伸切除特征的创建方法与凸台拉伸特征基本一致,只不过凸台拉伸是增加实体,而拉伸切除则是减去实体。

现在要创建如图 5-16 所示的拉伸切除特征,具体操作步骤如下:

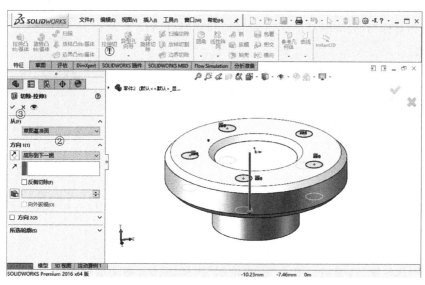

图 5-16　拉伸切除特征创建

①选择命令。选择下拉菜单"插入"→"切除"→"拉伸"命令(或单击"特征"工具栏中的"拉伸切除"按钮 ⬚),系统弹出"拉伸"对话框。

②在特征树中选择草图 2 作为特征的截面草图。退出草图绘制环境,此时系统弹出"切除-拉伸"对话框。

③定义拉伸深度。采用系统默认的深度方向。在"切除-拉伸"窗口"方向1"区域的下拉列表中选择"成形到一面"选项。

④单击"切除-拉伸"对话框中的"确定"按钮 ✔ ,完成拉伸切除特征的创建。

⑤保存模型文件。选择下拉命令"文件"→"保存",文件名称为"5-16"。

5.2.3　旋转特征

旋转(Revolve)特征是将截面草图绕着一条轴线旋转而形成实体的特征。注意,旋转特征必须有一条绕其旋转的轴线。

1.旋转凸台/基体特征的属性设置

单击"特征"工具栏中的"旋转凸台/基体"按钮 ⬚ 或者选择"插入"→"凸台/基体"→"旋转"菜单命令,弹出"旋转"属性管理器,如图 5-17 所示。

(1)"旋转轴"选项组和"方向 1"选项组。

● ⬚ "旋转轴":选择旋转所围绕的轴,根据所建立的旋转特征的类型,此轴可以为中心线、直线或者边线。

● "旋转类型":从草图基准面中定义旋转方向。

● "给定深度":从草图以单一方向建立旋转。

● "成形到一顶点":从草图基准面建立旋转到指定顶点。

● "成形到一面":从草图基准面建立旋转到指定曲面。

● "到离指定面指定的距离":从草图基准面建立旋转到指定曲面的指定等距。

● "两侧对称":从草图基准面以顺时针和逆时针方向建立旋转相同角度。

●  "反向":单击该按钮,反转旋转方向。

● "角度":设置旋转角度,默认的角度为360°,角度以顺时针方向从所选草图开始测量。

(2)"薄壁特征"选项组。

● "单向":以同一"方向1厚度" 数值,从草图沿单一方向添加薄壁特征的体积。

图 5-17　"旋转"属性管理器

● "两侧对称":以同一"方向1厚度" 数值,并以草图为中心,在草图两侧使用均等厚度的体积添加薄壁特征。

● "双向":在草图两侧添加不同厚度的薄壁特征的体积。

(3)"所选轮廓"选项组。单击"所选轮廓"选择框 ◇ ,拖动鼠标指针,在图形区域中选择适当轮廓,此时显示出旋转特征的预览,可以选择任何轮廓建立单一或者多实体零件,单击"确定"按钮 ✔ ,建立旋转特征。

2.创建旋转凸台/基体特征的一般步骤

下面以图 5-18 所示的一个简单模型为例,说明在新建一个以旋转特征为基础特征的零件模型时,创建旋转特征的步骤。

(1)新建模型文件。选择下拉菜单"文件"→"新建"命令,在系统弹出的"新建SOLIDWORKS文件"对话框中选择"零件"模块,单击"确定"按钮,进入零件建模环境。

(2)选择命令。选择下拉菜单"插入"→"凸台/基体"→"旋转"命令(或单击"特征"工具栏中的"旋转凸台/基体"按钮),系统弹出如图 5-19 所示的"旋转"窗口。

(3)定义特征的截面草图。

①选择草图基准面。在系统"选择一基准面来绘制特征横断面"的提示下,选取上视基准面作为草图基准面,进入草图绘制环境。

②绘制如图 5-20 所示的横断面草图(包括旋转中心线)。

旋转凸台特征创建

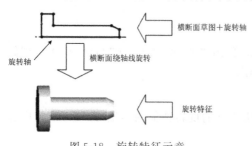

图 5-18　旋转特征示意

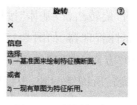

图 5-19　"旋转"窗口

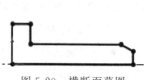

图 5-20　横断面草图

（3）完成草图绘制后，选择下拉菜单"插入"→"退出草图"命令，退出草图绘制环境。系统弹出如图 5-21 所示的"旋转"特征属性设置窗口。

（4）定义旋转轴线。采用草图中绘制的中心线作为旋转轴线，此时"旋转"窗口中显示所选中心线的名称。

（5）定义旋转属性。

① 定义旋转方向。在"旋转"窗口的"方向"区域的下拉列表中选择"给定深度"选项，采用系统默认的旋转方向。

② 定义旋转角度。在"方向"区域的"角度"文本框 中输入 360.00 度。

（6）单击窗口中的"确定"按钮 ，完成旋转凸台的定义。

图 5-21   "旋转"特征属性设置窗口

（7）选择下拉菜单"文件"→"保存"命令，命名为 revolve.SLDPRT，保存零件模型。

📝 **注意**

（1）旋转特征必须有一条旋转轴线，围绕轴线旋转的草图只能在该轴线的一侧。

（2）旋转轴线一般是用"中心线"命令绘制的一条中心线，也可以是用"直线"命令绘制的一条直线或是草图轮廓的一条直线边。

（3）如果旋转轴线在横断面草图中，系统会自动识别。

5.2.4 旋转切除特征

旋转切除特征用来产生切除特征，也就是用来去除材料。

1. 旋转切除特征的属性设置

旋转切除特征是在给定的基础上，按照计划需要进行旋转切除。旋转切除与旋转特征的基本要素、参数类型和参数含义完全相同，这里不再赘述，请参考旋转特征的相应介绍。

2. 创建旋转切除特征的一般步骤

下面以图 5-22 所示的一个简单模型为例，说明创建旋转切除特征的一般过程。

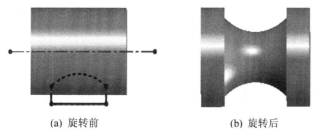

(a) 旋转前   (b) 旋转后

图 5-22   旋转切除特征

创建旋转切除的过程如下：

（1）选择命令。选择下拉菜单"插入"→"切除"→"旋转"命令（或单击"特征"工具栏中的"切除-旋转"按钮 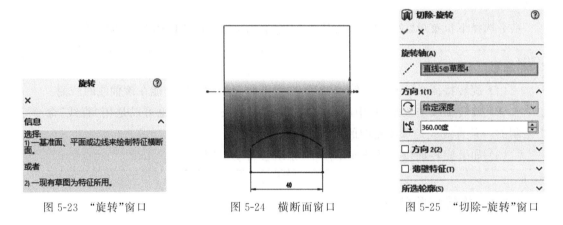），系统弹出如图 5-23 所示的"旋转"窗口。

（2）定义特征的横断面草图。

①选择草图基准面。在系统"选择一基准面、平面或边线来绘制特征横断面"的提示下，在特征树中选择前视基准面作为草图基准面，进入草绘环境。

②绘制如图 5-24 所示的横断面草图（包括旋转中心线）。

● 绘制草图的大致轮廓。

● 建立如图 5-24 所示的几何约束和尺寸约束，修改并整理尺寸。

③完成草图绘制后，选择下拉菜单"插入"→"退出草图"命令，退出草图绘制环境，系统弹出如图 5-25 所示的"切除-旋转"窗口。

（3）定义旋转轴线。采用草图中绘制的中心线作为旋转轴线。

图 5-23 "旋转"窗口　　　　图 5-24 横断面窗口　　　　图 5-25 "切除-旋转"窗口

（4）定义旋转属性。

①定义旋转方向。在"切除-旋转"窗口的"方向 1"区域的下拉列表中选择"给定深度"，采用系统默认的旋转方向。

②定义旋转角度。在"方向"区域的"角度"文本框 中输入 360.00 度。

（5）单击窗口中的"确定"按钮 ，完成旋转切除特征的定义。

5.3 附加特征建模

5.3.1 圆角特征

圆角特征的功能是建立与指定的边线相连的两个曲面相切的曲面，使实体曲面实现圆滑过渡。SOLIDWORKS 中提供了四种圆角的方法，用户可以根据不同情况进行圆角操作。这里将其中的三种圆角方法介绍如下：

1. 圆角特征的属性设置

单击"特征"工具栏中的"圆角"按钮或者选择"插入"→"特征"→"圆角"菜单命令，弹出

"圆角"属性管理器。在出现的属性管理器中选择"圆角类型"为"恒定大小圆角" 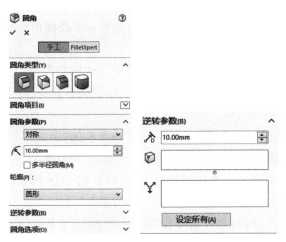 ，系统
弹出图 5-26 的属性管理器。

图 5-26 "圆角"属性管理器

● "圆角类型"：用于选择圆角类型，圆角类型有"恒定半径" 、"变量半径" 、"面圆
角" 、"完整圆角" 。

（1）"圆角项目"选项组中有如下参数。

● "边线、面、特征和环"：单击"边线、面、特征和环"按钮 右边的显示框，并在图形区
域选择要进行圆角处理的模型边线、面或环。

● "切线延伸"：勾选该复选框，可将圆角延伸到与所选面或边线相切的所有面。

● "完整预览"：勾选该复选框，可用来显示所有边线的圆角预览。

● "部分预览"：勾选该复选框，可只显示一条边线的圆角预览。按 A 键可依次观看每
个圆角的预览。

● "无预览"：可提高复杂模型的重建时间。

（2）"圆角参数"选项组中有如下参数。

● （半径）：利用该选项可以设定圆角半径。

● "多半径圆角"：勾选该复选框，可以边线不同的半径值生成圆角。可以使用不同的 3
条边线生成边角。

（3）"逆转参数"选项组中有如下参数。

● （距离）：从顶点测量而设定圆角逆转距离。

● （逆转顶点）：在图形区域选择一个或多个顶点。逆转圆角边线在所选顶点汇合。

● （逆转距离）：以相应的逆转距离值列举边线数。若想将一不同逆转距离应用到
边线，可在逆转顶点下选择一顶点，再在逆转距离下选择一边线。

● "设定所有"：单击该按钮，可将当前的距离应用到逆转距离下的所有边线。

（4）"圆角选项"选项组中有如下参数。

● "保持特征"：勾选该复选框，如果应用一个大到可覆盖特征的圆角半径，则保持切除
或凸台特征可见；取消勾选该复选框，则以圆角包罗切除或凸台特征。

●"圆形角"：勾选该复选框，可生成带圆形角的等半径圆角。

2. 创建恒定半径圆角的一般步骤

"恒定半径"圆角，即生成具有恒定半径的圆角。

下面以图 5-27 所示的简单模型为例，说明创建恒定半径圆角特征的一般过程。

创建恒定半径圆角的过程如下：

（1）选择命令。选择下拉菜单"插入"→"特征"→"圆角"命令（或单击"特征"工具栏中的"圆角"按钮 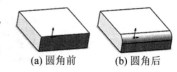），系统弹出"圆角"窗口，如图 5-28 中①所示。

（2）定义圆角类型。在"圆角"窗口的"手工"选项卡的"圆角类型"选项组中选择 （恒定半径）单选项，如图 5-28 中②所示。

(a) 圆角前　　(b) 圆角后

图 5-27　恒定半径圆角特征

（3）选取要圆角的对象。在系统的提示下，选取如图 5-28 所示的模型边线 1 为要圆角的对象，如图 5-28 中③所示。

（4）定义圆角参数。在窗口"圆角参数"区域的"半径"文本框 中输入 10.00mm，如图 5-28 中④所示。

（5）单击窗口中的"确定"按钮 ，完成恒定半径圆特征的创建，如图 5-28 中⑤所示。

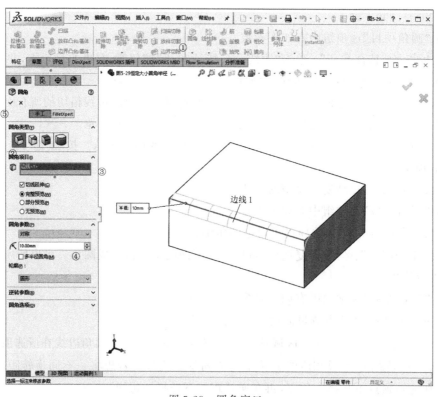

图 5-28　圆角窗口

在"圆角"窗口中还有一个"FilletXpert"选项卡，此选项卡仅在创建恒定半径圆角特征时可发挥作用，使用此选项卡可生成多个圆角，并在需要时自动将圆角重新排序。

恒定半径圆角特征的圆角对象也可以是面或环等元素,如选取如图 5-29(a)所示的模型面 1 为圆角对象,则可创建图 5-29(b)所示的圆角特征。

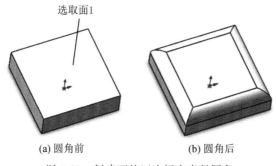

选取面1

(a) 圆角前　　　　　　　(b) 圆角后

图 5-29　创建面的四边恒定半径圆角

3. 创建变量半径圆角特征的一般步骤

变量半径圆角:生成包含变量半径值的圆角,可以使用控制点帮助定义圆角。

下面以图 5-30 所示的简单模型为例,说明创建变量半径圆角特征的一般过程。

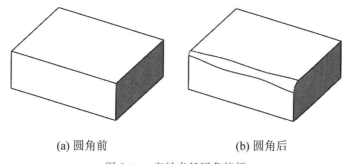

(a) 圆角前　　　　　　　(b) 圆角后

图 5-30　变量半径圆角特征

创建变量半径
圆角特征

创建变量半径圆角的过程如下:

(1) 选择命令。选择下拉菜单"插入"→"特征"→"圆角"命令(或单击"特征"工具栏中的"圆角"按钮 📦),如图 5-31 中①所示,系统弹出"圆角"窗口。

(2) 定义圆角类型。在"圆角"窗口的"手工"选项卡的"圆角类型"选项组中选中"变量半径"单选项 📦 ,如图 5-31 中②所示。

(3) 选取要圆角的对象。选取图 5-31 中所示的边线 1 为要圆角的对象,如图 5-31 中③所示。

(4) 定义圆角参数。先定义实例数,在"圆角"窗口的"变半径参数"选项组的"实例数"文本框 📇 中输入数值 2,如图 5-31 中④所示。随后定义起点与端点半径。在"变半径参数"区域的"附加的半径"列表 🐾 中选择"v1",然后在"半径"文本框 🖊 中输入数值 4(即设置左端点的半径),按 Enter 键确认,如图 5-31 中⑤所示;在"附加的半径"列表 🐾 中选择"v2",输入半径值 10,按 Enter 键确认,如图 5-31 中⑥所示。

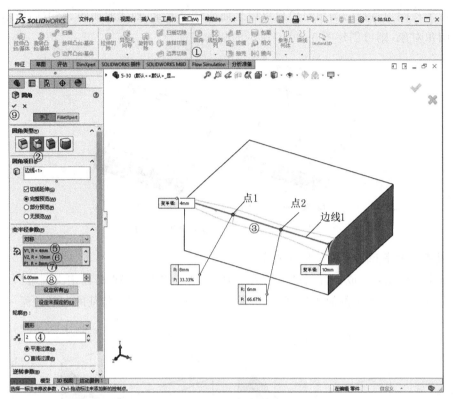

图 5-31　变量半径圆角

（5）在图形区中选取如图 5-31 所示的点 1（此时点 1 被加入"附加的半径"列表 中），然后在列表中选择点 1 的表示项"P1"，在"半径"文本框 中输入数值 8，如图 5-31 中⑦所示。用同样的方法选择操作点 2，半径为 6.00mm，如图 5-31 中⑧所示。

实例数即所选边线上需要设置半径值的点的数目（除起点和终点外）。

（6）单击窗口中的"确定"按钮 ，完成变量半径圆角特征的创建，如图 5-31 中⑨所示。

4. 创建完整圆角特征的一般步骤

完整圆角：生成相切于三个相邻曲面组（一个或多个面相切）的圆角。

下面以图 5-32 所示的一个简单模型为例，说明创建完整圆角特征的一般过程。

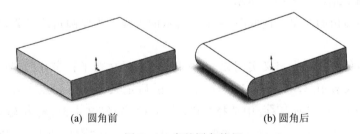

(a) 圆角前　　　　　　　　　(b) 圆角后

图 5-32　完整圆角特征

创建完整圆角的过程如下：

（1）选择命令。选择下拉菜单"插入"→"特征"→"圆角"命令（或单击"特征"工具栏中的"圆角"按钮 ），如图 5-33 中①所示，系统弹出的"圆角"窗口。

（2）定义圆角类型。在"圆角"窗口的"手工"选项卡的"圆角类型"选项组中选中"完整圆角"单选项 🔘，如图 5-33 中②所示。

（3）定义中央面组和边侧面组。定义边侧面组 1。选择模型面 1 作为边侧面组 1，如图 5-33 中③所示。

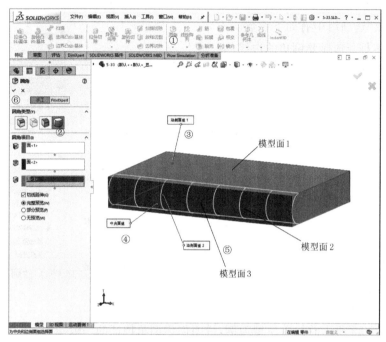

图 5-33　创建完整圆角特征

（4）定义中央面组。在"圆角"窗口的"圆角项目"区域中单击以激活"中央面组"文本框，然后选择模型面 2 作为中央面组，如图 5-33 中④所示。

（5）定义边侧面组 2。单击以激活"边侧面组 2"文本框，然后选择模型表面 3 作为边侧面组 2，如图 5-33 中⑤所示。

（6）单击窗口中的"确定"按钮 ✔，完成完整圆角特征的创建，如图 5-33 中⑥所示。

> ✍ **注意**
>
> 一般而言，在生成圆角时最好遵循以下规则：
>
> （1）在添加小圆角之前添加较大圆角。当有多个圆角汇聚于一个顶点时，应先生成较大的圆角。
>
> （2）在生成圆角前先添加拔模。如果要生成共有多个圆角边线及拔模面的铸模零件，在大多数的情况下，应在添加圆角之前添加拔模特征。
>
> （3）最后添加装饰用的圆角。在大多数其他几何体定位后，尝试添加装饰圆角。越早添加它们，则系统需要花费越长的时间重建零件。
>
> （4）如要加快零件重建的速度，请使用单一圆角操作未处理需要相同半径圆角的多条边线。然而，如果改变此圆角的半径，则在同一操作中生成的所有圆角都会改变。

5.3.2　倒角特征

倒角(chamfer)特征实际是一个在两个相交面的交线上建立的斜面特征。

1. 倒角特征的属性设置

选择"插入"→"特征"→"倒角"菜单命令,弹出"倒角"属性管理器,如图 5-34 所示。
"倒角参数"选项组中有如下参数。

- 🗔 文本框:选择要倒角的边线、面、顶点。
- "角度距离":指定到边界距离和角度确定倒角。
- "距离-距离":指定到边的距离确定倒角。
- "顶点":指定到顶点距离确定倒角大小。
- "通过面选择":选取通过面选择来激活通过隐藏边线的面选取边线。
- "保持特征":选择保持特征来保留诸如切除或拉伸之类的特征,这些特征在应用倒角时通常被移除。
- "切线延伸":选中此复选框,可将倒角延伸到与所选实体相切的面或边线。

图 5-34　"倒角"属性管理器

在"倒角"窗口中选择"完整预览"、"部分预览"或"无预览"单选项,可以定义倒角的预览模式。

2. 倒角特征的创建

下面以图 5-35 所示的简单模型为例,说明创建倒角特征的一般步骤。

(a) 倒角前　　　　　　　　　　　　　(b) 倒角后

图 5-35　倒角特征

创建倒角特征的过程如下:

(1) 选择命令。选择下拉菜单"插入"→"特征"→"倒角"命令(或单击"特征"工具栏中"倒角"按钮),如图 5-36 中①所示,系统弹出"倒角"窗口。

(2) 定义倒角类型。在"倒角"窗口中选择"距离-距离"单选项,如图 5-36 中②所示。

(3) 定义倒角对象。在系统的提示下,选取图 5-36 所示的边线 1 作为倒角对象,如图5-36中③所示。

(4) 定义倒角参数。在窗口中选中"相等距离"复选框,然后在"距离"文本框 🗔 中输入2.00mm,如图 5-36 中④所示。

(5) 单击对话框中的"确定"按钮 ✔,完成倒角特征的定义,如图 5-36 中⑤所示。

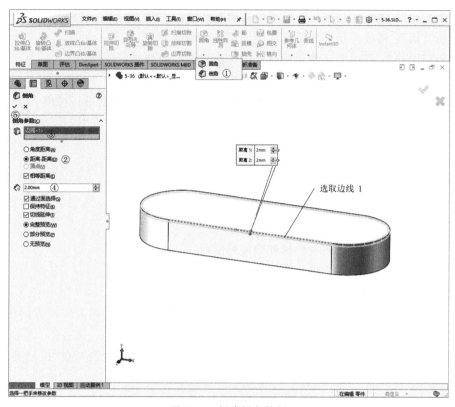

图 5-36 创建倒角特征

5.3.3 拔模特征

注塑件和铸件往往需要一个脱(起)模斜度才能顺利脱模,SOLIDWORKS 中的拔模特征就是用来创建模型的脱(起)模斜度的。

1. 拔模特征的属性设置

在"手工"模式中,可以指定拔模类型,包括"中性面"、"分型线"和"阶梯拔模"。

(1)中性面。选择"插入"→"特征"→"拔模"菜单命令,弹出"拔模"属性管理器。在"拔模类型"选项组中选中"中性面"单选按钮,如图 5-37 所示。

①"拔模角度"选项组。

🔼 "拔模角度":垂直于中性面进行测量的角度。

②"中性面"选项组。

"中性面":选择一个面或者基准面。

③"拔模面"选项组。

🔲 "拔模面":在图形区域中选择要找拔模的面。

"拔模沿面延伸":可以将拔模延伸到额外的面。

● "无":只在所选的面上进行拔模。

图 5-37 选中"中性面"单选按钮

- "沿切面"：将拔模延伸到所有与所选面相切的面。
- "所有面"：将拔模延伸到所有从中性面拉伸的面。
- "内部的面"：将拔模延伸到所有从中性面拉伸的内部面。
- "外部的面"：将拔模延伸到所有在中性面旁边的外部面。

（2）分型线。选中"分型线"单选按钮，可以对分型线周围的曲面进行拔模。

选择"插入"→"特征"→"拔模"命令，弹出"拔模"属性管理器。在"拔模类型"选项组中选中"分型线"单选按钮，如图 5-38 所示。

①"拔模方向"选项组。

"拔模方向"：在图形区域中选择一条边线或者一个面指示拔模的方向。

②"分型线"选项组。

⊕ "分型线"：在图形区域中选择分型线。

"拔模沿面延伸"：可以将拔模延伸到额外的面。

- "无"：只在所选的面上进行拔模。
- "沿切面"：将拔模延伸到所有与所选面相切的面。

（3）阶梯拔模。阶梯拔模为分型线拔模的变体，阶梯拔模围绕用为拔模方向的基准面旋转而建立一个面。

选择"插入"→"特征"→"拔模"菜单命令，弹出"拔模"属性管理器。在"拔模类型"选项组中选中"阶梯拔模"单选按钮，如图 5-39 所示。

图 5-38　选中"分型线"单选按钮

图 5-39　选中"阶梯拔模"单选按钮

选中"阶梯拔模"单选按钮的属性管理器与选中"分型线"单选按钮的属性管理器基本相同，在此不再赘述。

> **注意**
>
> 窗口中包含一个"DraftXpert"选项卡，此选项卡的作用是管理中性面板模的生成和修改，但当用户编辑拔模特征时，该选项卡不会出现。

2. 拔模特征的创建

下面将介绍建模中三种拔模特征中最常用的"中性面"拔模。"中性面"拔模特征是通过指定拔模面、中性面和拔模方向等参数生成以指定角度切削所选拔模面的特征。

以图 5-40 所示的简单模型为例,说明创建"中性面拔模"特征的一般过程。

创建拔模特征的过程如下:

(1) 选择命令。选择下拉菜单"插入"→"特征"→"拔模"命令(或单击"特征"工具栏中的"拔模"按钮 ），如图 5-41 中①所示。

(2) 定义拔模类型。在"拔模"窗口"拔模类型"区域的下拉列表中选中"中性面"单选项,如图 5-41 中②所示。

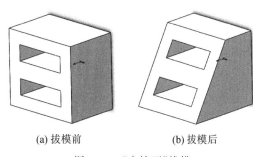

(a) 拔模前　　　　　　(b) 拔模后

图 5-40　"中性面"拔模

(3) 定义拔模面。单击以激活窗口的"拔模面"区域中的文本框,选择模型表面 2 为拔模面,如图 5-41 中③所示。

(4) 定义拔模的中性面。单击以激活窗口的"中性面"区域中的文本框,选择模型表面 1 为中性面,如图 5-41 中④所示。

(5) 定义拔模方向。拔模方向如图 5-41 所示。在定义拔模的中性面之后,模型表面将出现一个指示箭头,箭头表明的是拔模方向(即所选拔模中性面的法向),如图 5-41 所示。若要反转拔模方向,可单击"中性面"区域中的"反向"按钮 。在窗口"拔模角度"区域的文本框中输入 30.00 度,如图 5-41 中⑤所示。

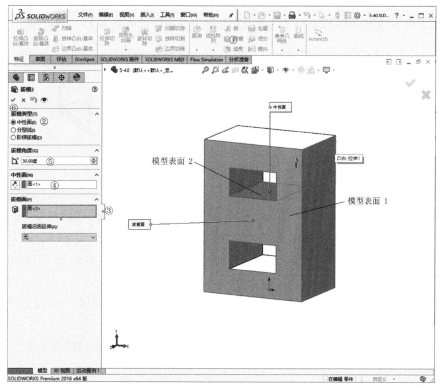

创建拔模特征

图 5-41　创建中性面拔模特征

（6）单击"拔模"窗口中的"确定"按钮 ✔，完成中性面拔模特征的定义，如图 5-41 中⑥所示。

5.3.4 抽壳特征

抽壳特征(Shell)是将实体的内部掏空，留下一定壁厚（等壁厚或多壁厚）的空腔，该空腔可以是封闭的，也可以是开放的。

1. 抽壳特征的属性设置

单击"特征"工具栏中的"抽壳"按钮或者选择"插入"→"特征"→"筋"菜单命令，弹出"抽壳"属性管理器，如图 5-42 所示。

（1）"参数"选项组中有如下参数。

● ⟨⟩（厚度）：该选项用来设定保留的面厚度。

● ▣（移除的面）：在图形区域选择一个或多个面作为要移除的面。

● "壳厚朝外"：勾选该复选框，可增加零件的外部尺寸。

● "显示预览"：勾选该复选框，可显示抽壳特征的预览。

（2）"多厚度设定"选项组中有如下参数。

图 5-42 "抽壳"属性管理器

● ⟨⟩（多厚度）：设定保留的所有面的厚度。

● ▣（多厚度面）：单击后选择图形区域中的面，您要为此图形区域设定不同于"厚度"选择框中选择的面厚度下的参数的厚度。

2. 创建抽壳特征的一般过程

（1）等壁厚抽壳。

下面以图 5-43 所示的简单模型为例，说明创建等壁厚抽壳特征的一般过程。

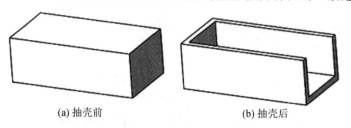

(a) 抽壳前   (b) 抽壳后

图 5-43 等壁厚的抽壳

创建等壁厚抽壳特征的过程如下：

①选择命令。选择下拉菜单"插入"→"特征"→"抽壳"命令（或单击"特征"工具栏中的"抽壳"按钮），如图 5-44 中①所示，系统弹出"抽壳"窗口。

②选择要移除的面。选择模型表面 1 和模型表面 2 为要移除的面，如图 5-44 中②所示。

③定义抽壳厚度。在"抽壳 1"窗口"参数"区域的"厚度"文本框 ⟨⟩ 中输入 4.00mm，如图 5-44 中③所示。

④单击窗口中的"确定"按钮 ✔，完成抽壳特征的创建，如图 5-44 中④所示。

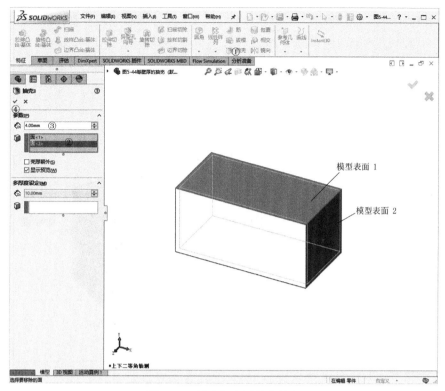

图 5-44　创建等壁厚抽壳特征

（2）多壁厚抽壳。

利用多壁厚抽壳，可以生成在不同面上具有不同壁厚的抽壳特征。

下面以图 5-45 所示的简单模型为例，说明创建多壁厚抽壳特征的一般过程。

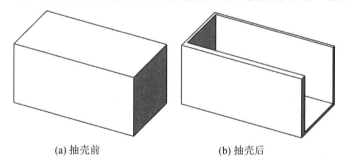

　　　（a）抽壳前　　　　　　　　　（b）抽壳后

图 5-45　多壁厚抽壳

创建多壁厚抽壳的过程如下：

①选择命令。选择下拉菜单"插入"→"特征"→"抽壳"命令（或单击"特征"工具栏中的"抽壳"按钮），如图 5-46 中①所示，系统弹出"抽壳"窗口。

②选择要移除的面。选择模型表面 1 和模型表面 2 为要移除的面，如图 5-46 中②所示。

③定义抽壳厚度。定义抽壳剩余面的默认厚度。在"抽壳 1"窗口"参数"区域的 ⬡（厚度）文本框中输入 4.00mm，如图 5-46 中③所示。

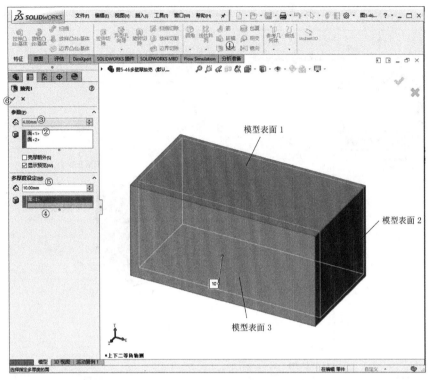

图 5-46　创建多壁厚抽壳特征

④定义抽壳剩余面中指定面的厚度。在"抽壳 1"窗口中单击激活"多厚度设定"区域中的"多厚度面"文本框 🔲。选择模型表面 3 为指定厚度的面,如图 5-46 中④所示。

⑤在"多厚度设定"区域的"多厚度面"文本框中输入 10.00mm,如图 5-46 中⑤所示。

⑥单击窗口中的"确定"按钮 ✔,完成抽壳特征的创建,如图 5-46 中⑥所示。

5.3.5　筋(肋)特征

筋是从开环或闭环绘制的轮廓所生成的特殊类型的拉伸特征,它在轮廓与现有零件之间添加指定方向和厚度的材料。在 SOLIDWORKS 中,可使用单一或多个草图生成筋,筋特征是零件建模过程中常用到的草绘特征,筋可以在轮廓与现有零件之间添加指定方向和厚度的材料,但不能生成切除特征。

1. 筋特征的属性设置

单击"特征"工具栏中的"筋"按钮或者选择"插入"→"特征"→"筋"菜单命令,弹出"筋"属性管理器,如图 5-47 所示。

(1)"参数"选项组中有如下参数。

①"厚度":在草图边缘添加筋的厚度。

● ☰"第一边":只延伸草图轮廓到草图的一边。

● ☰"两侧":均匀延伸草图轮廓到草图的两边。

● ☰"第二边":只延伸草图轮廓到草图的另一边。

②🗂"筋厚度":设置筋的厚度。

③"拉伸方向"：设置筋的拉伸方向。

- "平行于草图"：平行于草图建立筋拉伸。
- "垂直于草图"：垂直于草图建立筋拉伸。

④"反转材料方向"：勾选该复选框，更改拉伸的方向。

⑤ "拔模开/关"：添加拔模特征到筋，可以设置拔模角度。

- "向外模模"：建立向外模模角度。

⑥"类型"（在"拉伸方向"中单击"垂直于草图"按钮 时可用）。

- "线性"单选按钮：建立与草图方向相垂直的筋。
- "自然"单选按钮：建立沿草图轮廓延伸方向的筋。例如，如果草图为圆的圆弧，则自然使用圆形延伸筋，直到与边界汇合。

图 5-47　"筋"属性管理器

（2）"所选轮廓"选项组。用来列举建立筋特征的草图轮廓。

2．创建筋特征的一般步骤

下面以图 5-48 所示的模型为例，说明筋（肋）特征创建的一般过程。

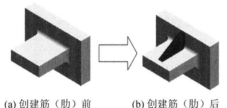

(a) 创建筋（肋）前　　　(b) 创建筋（肋）后

图 5-48　筋（肋）特征

①选择命令。选择下拉菜单"插入"→"特征"→"筋"命令（或单击"特征"工具栏中的"筋"按钮 ）。

②定义筋（肋）特征的横断面草图。

- 选择草图基准面。完成上步操作后，系统弹出图 5-49 所示的"筋"窗口，在系统的提示下，选择右视基准面作为筋的草图基准面，进入草图绘制环境。
- 绘制横断面的几何图形（即图 5-50 所示直线）。

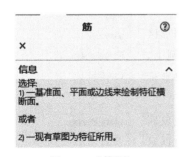

图 5-49　"筋"窗口

图 5-50　横断面草图

创建筋特征

153

- 建立几何约束和尺寸约束,并将尺寸修改为设计要求的尺寸,如图 5-50 所示。
- 单击"退出草图"按钮 ,退出草图绘制环境。

③定义筋(肋)特征的参数。

- 定义筋(肋)的生成方向。图 5-52 所示的箭头指示的是筋(肋)的正确生成方向,若方向与之相反,可选中图 5-51 所示的"筋"属性设置窗口中"参数"区域的"反转材料方向"复选框。

图 5-51 "筋"属性设置窗口

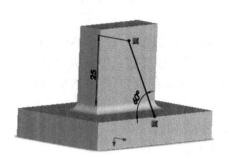

图 5-52 定义筋(肋)的生成方向

- 定义筋(肋)的厚度。在"参数"区域中单击"两侧"按钮 ▤,然后在"筋厚度"文本框 ⟳ 中输入 5.00mm。

④单击窗口中的"确定"按钮 ✔,完成筋(肋)特征的创建。

5.3.6 阵列特征

特征的阵列功能是按线性或圆周形式复制源特征,阵列的方式包括线性阵列、圆周阵列、草图(或曲线、曲线)驱动的阵列及填充阵列。以下将详细介绍四种阵列的方式以及删除特征实例的方法。

1. 阵列特征的属性设置

(1) 单击"特征"工具栏中的"线性阵列"按钮或者选择"插入"→"阵列/镜像"→"线性阵列"菜单命令,弹出"线性阵列"属性管理器,如图 5-53 所示。

- "要阵列的实体":可以在多实体零件中选择实体生成阵列。

- "可跳过的实例":表示在生成阵列时可以跳过图形区域选择的阵列实例。先将鼠标指针移动到每个阵列实例上,当鼠标指针变化时,单击以选择阵列实例,阵列实例的坐标出现在图形区域即可跳过实例。

- "随形变化":表示允许重复时阵列更改。延伸视象属性可用来将 SOLIDWORKS 的颜色、纹理和装饰螺纹数据延伸给所有阵列实例。

另外,圆周阵列原理与线性阵列基本相同,这里不再赘述。

图 5-53 "线性阵列"属性管理器

（2）单击"特征"工具栏中的"线性阵列"→"曲线驱动阵列"按钮或者选择"插入"→"阵列/镜像"→"曲线驱动阵列"菜单命令，弹出"曲线驱动的阵列"属性管理器，如图 5-54 所示。

对于"曲线驱动的阵列"属性管理器中选项说明如下。

①曲线方法：通过选择定义的曲线来设定阵列的方向，其中包括如下选项。

● "转换曲线"：表示从所选曲线原点到源特征的 X 轴和 Y 轴的距离均为每个实例保留。

● "等距曲线"：表示从所选曲线原点到源特征的垂直距离均为每个实例保留。

②对齐方法，其中包括如下选项。

● "与曲线相切"：表示对齐为阵列方向所选择的与曲线相切的每个实例。

图 5-54 "曲线驱动的阵列"
属性管理器

● "对齐到源"：表示对齐每个实例与源特征的原有对齐匹配。

③"选项"：包括如下选项。

● "随形变化"：允许阵列在复制时更改其尺寸。

● "几何体阵列"：可以加速阵列的生成及重建。对于与其他零件合并面的特征，则不能生成其几何体阵列。

● "延伸视象属性"：将 SOLIDWORKS 的颜色、纹理和装饰螺纹数据延伸给所有阵列实例。

2. 线性阵列特征的创建

线性阵列特征就是将源特征以线性排列方式进行复制，使源特征产生多个副本。

下面以图 5-55 所示的模型为例，说明线性阵列特征创建的一般过程。

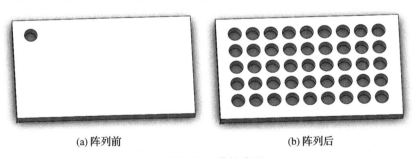

(a) 阵列前　　　　　　　(b) 阵列后

图 5-55 线性阵列

创建线性阵列特殊

①选择命令。选择下拉菜单"插入"→"阵列/镜像"→"线性阵列"命令（或单击"特征"工具栏中的"线性阵列"按钮 ），如图 5-56 中①所示，系统弹出"线性阵列"窗口。

②定义阵列源特征。单击"特征和面"区域中的 📷 文本框，选取"切除-拉伸"特征，作为阵列的源特征，如图 5-56 中②所示。

③定义阵列参数。

● 定义方向 1 参考边线。单击以激活"方向 1"区域中 ↗ 按钮后的文本框,选取边线 1 为方向 1 的参考边线,如图 5-56 中③所示。

● 定义方向 1 参数。在"方向 1"区域的 ⬟ 文本框中输入 20.00mm,在 ⬚ 文本框中输入数值 9,如图 5-56 中④所示。

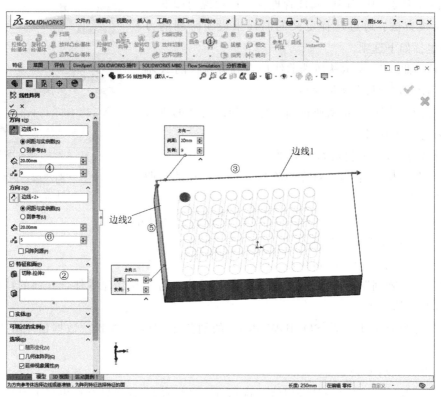

图 5-56　创建线性阵列特征

● 选择方向 2 参考边线。单击以激活"方向 2"区域中 ↗ 按钮后的文本框,选取边线 2 为方向 2 的参考边线,如图 5-56 中⑤所示。

● 定义方向 2 参数。在"方向 2"区域的 ⬟ 文本框中输入 20.00mm,在 ⬚ 文本框中输入数值 5,如图 5-56 中⑥所示。

④单击窗口中的 ✔ 按钮,完成线性阵列的创建,如图 5-56 中⑦所示。

3. 圆周阵列特征的创建

圆周阵列特征就是将源特征以周向排列方式进行复制,使源特征产生多个副本。

下面以图 5-57 所示的模型为例,说明圆周阵列特征创建的一般过程。

创建圆周阵列
特征

(a) 阵列前　　　　　　(b) 阵列后

图 5-57　圆周阵列

①打开文件：打开零件 5 − 57.SLDPRT。

②选择命令。选择下拉菜单"插入"→"阵列/镜像"→"圆周阵列"命令（或单击"特征"工具栏中的"圆周阵列"按钮 ），如图 5-58 中①所示，系统弹出"圆周阵列"窗口。

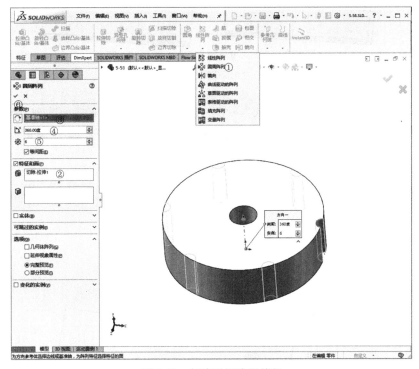

图 5-58　创建圆周阵列特征

③定义阵列源特征。单击以激活"特征和面"区域中的 文本框，选择"切除−拉伸"特征作为阵列的源特征，如图 5-58 中②所示。

④定义阵列参数。

● 定义阵列轴。选择下拉菜单"视图"→"临时轴"命令，即显示临时轴，选取图 5-58 所示的临时轴为圆周阵列，如图 5-58 中③所示。

● 定义阵列间距。在"参数"区域的 按钮后的文本框中输入 360.00 度，如图5-58中④所示。

● 定义阵列实例数。在"参数"区域的 按钮后的文本框中输入数值 6，如图 5-58 中⑤所示。

⑤单击窗口中的 按钮，完成圆周阵列的创建，如图 5-58 中⑥所示。

4. 草图驱动的阵列特征的创建

草图驱动的阵列就是将源特征复制到用户指定的位置（指定位置一般以草绘点的形式表示），使源特征产生多个副本。下面以图 5-59 所示的模型为例，说明草图驱动的阵列特征创建的一般过程。

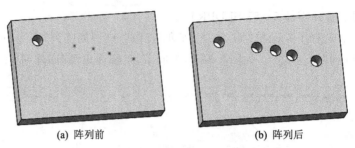

(a) 阵列前　　　　　　　　　　　(b) 阵列后

图 5-59　草图驱动阵列

①选择命令。选择下拉菜单"插入"→"阵列/镜像"→"草图驱动的阵列"命令(或单击"特征"工具栏中的"草图驱动的阵列"按钮 ），如图 5-60 中①所示，系统弹出"由草图驱动的阵列"窗口。

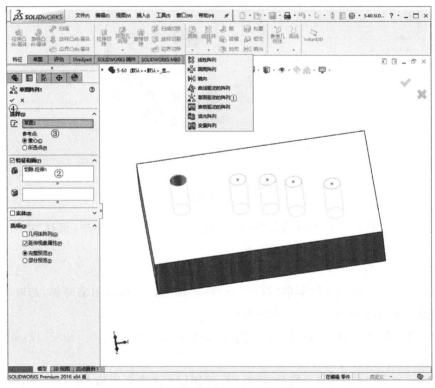

图 5-60　创建草图驱动的阵列特征

②定义阵列源特征。选择"切除–拉伸"特征作为阵列的源特征，如图 5-60 中②所示。

③定义阵列的参考草图。选择特征树中的草图 3 作为阵列的参考草图，如图 5-61 中③所示。

④单击窗口中的 按钮，完成草图驱动的阵列的创建，如图 5-60 中④所示。

5.填充阵列特征的创建

填充阵列就是将源特征填充到指定的位置(指定位置一般为一片草图区域)，使源特征产生多个副本。下面以图 5-61 所示的模型为例，说明填充阵列特征创建的一般过程。

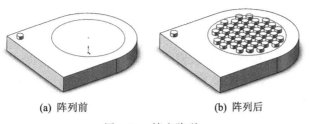

创建填充阵列
特征

| (a) 阵列前 | (b) 阵列后 |

图 5-61　填充阵列

①选择命令。选择下拉菜单"插入"→"阵列/镜像"→"填充阵列"命令(或单击"特征"工具栏中的"填充阵列"按钮 🔳)，如图 5-62 中①所示，系统弹出"填充阵列"属性设置窗口。

②定义阵列源特征。单击以激活"填充阵列"窗口"特征和面"区域中的文本框，选择"凸台-拉伸 2"特征作为阵列的源特征，如图 5-62 中②所示。

③定义阵列参数。

● 定义阵列的填充边界。激活区域中的"填充边界"文本框，选择特征树中的草图 2 为阵列的填充边界，如图 5-62 中③所示。

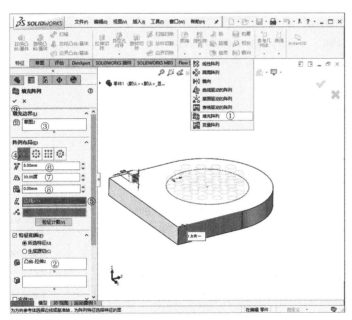

图 5-62　创建填充阵列特征

④定义阵列布局。

● 定义阵列模式。在窗口的"阵列布局"区域中单击 🔳 按钮，如图 5-62 中④所示。

● 定义阵列方向。激活"阵列布局"区域的 🔳 按钮后的文本框，选择边线作为阵列方向，如图 5-62 中⑤所示。

注意：线性尺寸也可以作为阵列方向。

● 定义阵列尺寸。在"阵列布局"区域的 🔳 按钮后的文本框中输入 8.00mm，在 🔳 按钮后的文本框中输入 30.00 度，在 🔳 按钮后的文本框中输入 0.00mm，如图 5-62 中⑥⑦⑧所示。

⑤单击窗口中的 ✔ 按钮,完成填充阵列的创建,如图 5-62 中⑨所示。

6. 删除阵列

下面以图 5-63 所示的模型为例,说明删除阵列实例的一般过程。

①选择命令。在图形区右击要删除的阵列实例,从弹出的快捷菜单中选择"删除"命令(或单击选中该阵列实例,然后按 Delete 键),系统弹出如图 5-64 所示"阵列删除"对话框。

"阵列删除"对话框中各选项的说明如下:

● "删除阵列实例"选项:选中此选项,系统仅删除所选的实例,用户选择的实例将显示在下方"删除的实例"文本框中。

● "删除阵列特征"选项:选中此选项,系统将删除所有阵列实例,但不包括源特征。

②单击该对话框中的"确定"按钮,完成阵列实例的删除。

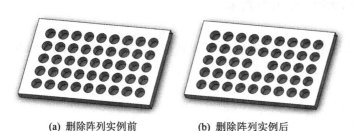

(a) 删除阵列实例前　　(b) 删除阵列实例后

图 5-63　删除阵列

图 5-64　"阵列删除"对话框

5.3.7　镜像特征

镜像特征即沿着镜像平面,生成一个特征(或多个特征)的复制。镜像平面可以是基准面也可以是实体平面。

1. 镜像特征的属性设置

单击"特征"工具栏中的"镜像"按钮或者选择"插入"→"阵列/镜像"→"镜像"菜单命令,弹出"镜像"属性管理器,如图 5-65所示。

"镜像"属性管理器中有如下参数。

● "镜像面/基准面":选择一个平面作为镜像基准面。

● "要镜像的特征":选择一个特征或多个特征。

● "要镜像的面":定义要镜像的面。

● "要镜像的实体":定义要镜像的实体。

● "选项":定义特征的求解方式和延伸视象属性。

2. 创建镜像特征的一般过程

下面以图 5-66 所示的模型为例,说明镜像特征创建的一般过程。

图 5-65　"镜像"属性管理器

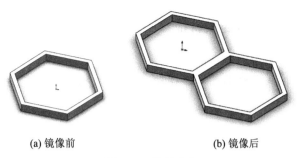

(a) 镜像前　　　　　　　　　(b) 镜像后

图 5-66　镜像特征

①选择命令。选择下拉菜单"插入"→"阵列/镜像"→"镜像"
命令(或单击"特征"工具栏中的"镜像"按钮 ![按钮]),如图 5-67 中①所示,系统弹出"镜向"
窗口。

②选择镜像基准面。选取右视基准面作为镜像基准面,如图 5-67 中②所示。

③选择要镜像的特征。选取"凸台-拉伸"特征作为要镜像的特征,如图 5-67 中③所示。

④单击窗口中的"确定"按钮 ✔,完成特征的镜像操作,如图 5-67 中④所示。

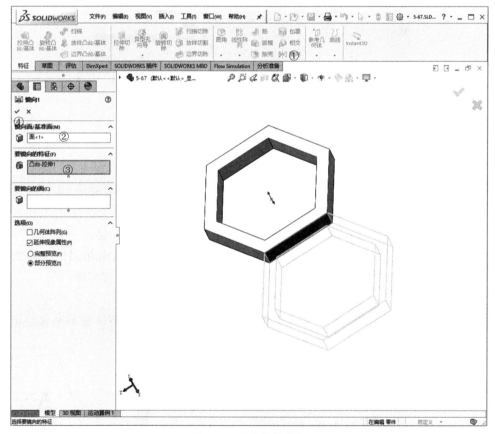

图 5-67　创建镜像特征

5.3.8　实体的平移旋转变换特征

1. "移动/复制实体"的属性设置

选择菜单栏中的"插入"→"曲面"→"移动/复制"命令，这时会出现如图 5-68 所示的"移动/复制实体"属性管理器。

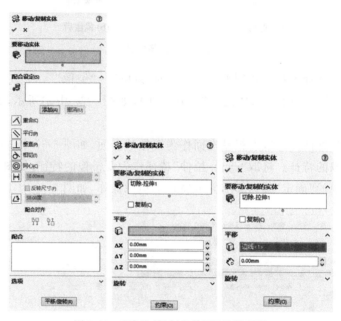

图 5-68　"移动/复制实体"属性管理器

选项说明：

● "要移动/复制的实体"：在图形区域选择实体，以在应用配合时移动，选定的实体作为单一的实体一起移动，未选定的实体将被视为固定实体。

● "配合设定"：用于选择两个实体（面、边线、基准面等）配合在一起。

● "配合对齐"：在"同向对齐"中表示以所选面的法向或轴向指向相同的方向放置实体；在"反向对齐"中表示以所选面的法向或轴向指向相反的方向来放置实体。

2. 模型的平移

平移命令的功能是将模型沿着指定方向移动到指定距离的新位置。模型平移是相对于坐标系移动，而视图平移则是模型和坐标系同时移动，模型的坐标没有改变。下面将对图 5-69 所示的模型进行平移，操作步骤如下：

① 选择命令。选择下拉菜单"插入"→"特征"→"移动/复制"命令，系统弹出图 5-70（a）所示的"移动/复制实体"窗口。

② 定义平移实体。选取图形区的整个模

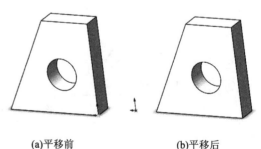

(a)平移前　　　　　(b)平移后

图 5-69　模型的平移

型为平移的实体。

③定义平移参考体。单击"平移/旋转"按钮,系统弹出图 5-70(b)所示的"移动/复制实体"窗口,单击"平移"区域的 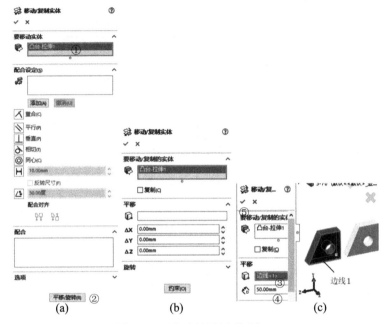 文本框,选择边线 1,此时系统弹出图 5-70(c)所示的"移动/复制实体"窗口。

④定义平移距离。在"平移"区域的 文本框中输入 50.00mm。

⑤单击窗口中的 按钮,完成模型的平移操作。

图 5-70 "移动/复制实体"窗口

同理在"移动/复制实体"窗口的"要移动/复制的实体"区域中选中"复制"选项,即可在平移的同时复制实体。在 按钮后的文本框中输入复制实体的数值 2(图 5-71),完成平移复制后的模型如图 5-72 所示。

图 5-71 "移动/复制实体"窗口

图 5-72 模型的平移复制

在图 5-71 所示的窗口中单击"约束"按钮,将展开窗口中的约束部分。在此窗口中可以定义实体之间的配合关系。完成约束之后,可以单击窗口底部的"平移/旋转"按钮,切换到参数设置的界面。

3. 模型的旋转

"旋转"命令的功能是将模型绕轴线旋转到新位置。模型旋转是相对于坐标系旋转,而视图旋转则是模型和坐标系同时旋转,模型的坐标没有改变。

下面将对图 5-73 所示的模型进行旋转,操作步骤如下:

①选择命令。选择下拉菜单"插入"→"特征"→"移动/复制"命令,如图 5-74 中①所示,系统弹出"移动/复制实体"窗口。

图 5-73　模型的旋转

②定义旋转实体。选取图形区的整个模型为旋转的实体,如图 5-74 中②所示。

③定义旋转参考体。选择边线为旋转参考体,如图 5-74 中③所示。

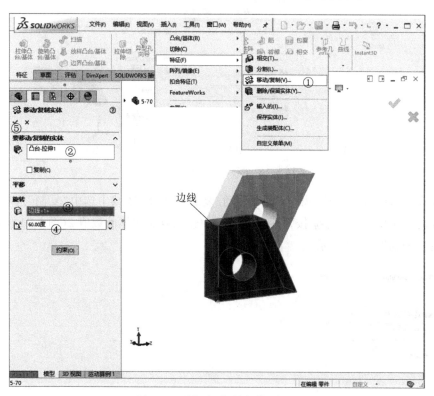

图 5-74　"移动/复制实体"窗口

📝 注意

　　定义的旋转参考不同,所需定义旋转参数的方式也不同。如选择一个顶点,则需定义实体在 X、Y、Z 三个轴上的旋转角度。

④定义旋转角度。在"旋转"区域的 ↻ 文本框中输入 60.00 度,如图 5-74 中④所示。

⑤单击窗口中的 ✔ 按钮,完成模型的旋转操作,如图 5-74 中⑤所示。

5.3.9　圆顶特征

圆顶是指将模型平面拉伸成一个曲面,曲面可以是椭圆面、圆面等。

1. 圆顶特征的属性设置

在菜单中选择"插入"→"特征"→"圆顶"命令,弹出"圆顶"属性管理器,如图 5-75 所示。

● ⬛ "到圆顶的面":选择一个或多个平面或非平面。如果将圆顶应用到重心位于面外的面,则允许将圆顶应用到不规则的特型圆顶。

图 5-75　"圆顶"属性管理器

● "距离":设定圆顶扩展的距离。

● ↗ "反向":单击该按钮,可以生成一凹陷圆顶(默认为凸起)。

● 🔲 "约束点或草图":通过选择一草图来约束草图的形状,以控制圆顶。当使用一草图为约束时,"距离"选项被禁用。

● ↗ "方向":单击方向按钮,然后从图形区域选择一方向向量,以垂直于面以外的方向拉伸圆顶。在 SOLIDWORKS 中,可使用线性边线或由两个草图点所生成的向量作为方向向量。

● "椭圆圆顶":勾选该复选框,将为圆柱或圆锥模型指定一椭圆圆顶。椭圆圆顶的形状为一半椭圆,其高度等于椭面的半径之一。

● "连续圆顶":勾选该复选框,将为多边形模型指定一连续圆顶。连续圆顶的形状周边均匀向上倾斜。如果取消勾选"连续圆顶"复选框,形状将与多边形的边线正交而上升。

● "显示预览":勾选该复选框,可以检查预览。

2. 创建圆顶特征的一般步骤

下面以图 5-76(a)所示的一个简单模型为例,说明创建圆顶特征的步骤。

①在菜单中选择"插入"→"特征"→"圆顶"命令,系统弹出"圆顶"属性管理器,在"参数"栏的"到圆顶的面" ⬛ 选择框中单击,然后在绘图区选择要创建圆顶的面,在"距离"文本框中输入 40.00mm,其他采用默认设置。

②单击"确定"按钮 ✔ 完成向外凸圆顶操作,结果如图 5-76(b)所示。

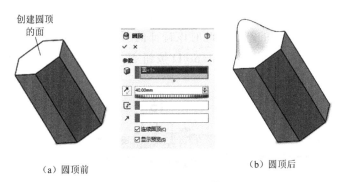

(a) 圆顶前　　　　　　　　　　(b) 圆顶后

图 5-76　"圆顶"属性管理器

3.编辑圆顶参数

连续圆顶：为多边形模型指定连续圆顶，其形状在所有边均匀向上倾斜。如果取消连续圆顶选项，圆顶形状将垂直于多边形的边线而上升。

①在特征管理器中选择"圆顶1"，从弹出的快捷菜单中选择"编辑特征"命令，系统进入编辑特征界面，取消选中"连续圆顶"复选框，单击"确定"按钮 ✔ 完成圆顶操作，结果如图 5-77 所示。

②在特征管理器中用鼠标选择"圆顶1"，从弹出的快捷菜单中选择"编辑特征"命令，系统进入编辑特征界面，单击"反向"按钮 ↗ ，单击"确定"按钮 ✔ 完成向内凹圆顶操作，结果如图 5-78 所示。

图 5-77　编辑圆顶参数

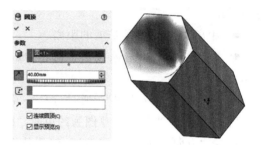

图 5-78　编辑圆顶参数

5.4　特征的编辑与分析

正如装配体是由许多单独的零件组成的一样，零件模型是由许多独立的三维元素组成的，这些元素被称为特征。特征对应于零件上的一个或多个功能，能被固定的方法加工成型。零件建模时，常用的特征包括凸台、切除、孔、筋、圆角、倒角、拔模等。

5.4.1　特征编辑

特征尺寸的编辑是指对特征的尺寸和相关修饰元素进行修改，以下将举例说明其操作方法。

1.显示特征尺寸值

①打开文件：零件 5 - 80.SLDPRT。

②在图 5-79 所示的模型(slide)的特征树中双击要编辑的特征(或直接在图形区双击要编辑的特征)，此时该特征的所有尺寸都显示出来(图 5-80)，以便进行编辑(若 Instant3D 按钮 🖳 处于按下状态，只需单击即可显示尺寸)。

图 5-79　特征树

图 5-80　编辑零件模型的尺寸

2. 修改特征尺寸值

通过上述方法进入尺寸的编辑状态后,如果要修改特征的某个尺寸值,方法如下:

①在模型中双击要修改的某个尺寸,系统弹出如图 5-81 所示的"修改"对话框。

②在"修改"对话框的文本框中输入新的尺寸值,并单击该对话框中的 ✔ 按钮。

③编辑特征的尺寸后,必须进行重建操作,重新生成模型,这样修改后的尺寸才会重新驱动模型。方法是选择下拉菜单"编辑"→"命令"(或单击"标准"工具条中的 **❽** 按钮)。

图 5-81 所示的"修改"对话框中各按钮的说明如下:

* ✔ 按钮:保存当前数值并退出"修改"对话框。

* ✕ 按钮:恢复原始数值并退出"修改"对话框。

* **❽** 按钮:以当前数值重建模型。

* **±↺** 按钮:重新设置数值框的增(减)量值。

* **▨** 按钮:标注要输送工程图中的尺寸。

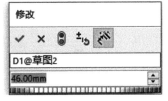

图 5-81　"修改"对话框

3. 修改特征尺寸的修饰

如果要修改特征的某个尺寸的修饰,其一般操作步骤如下:

①双击选中要修改尺寸的特征,在模型中单击要修改其修饰的某个尺寸,此时系统弹出图 5-82 所示的"尺寸"窗口。

②在"尺寸"窗口中可进行尺寸数值、字体、公差/精度和显示等相应修饰项的设置修改。

* 单击窗口中的"公差/精度",系统将展开图 5-83 所示的"公差/精度"区域,在此区域中可以进行尺寸公差/精度的设置。

* 单击窗口中的"引线"选项卡,系统将切换到图 5-84 所示的界面,在该界面中可对"尺寸界线/引线显示"进行设置。选中"自定义文字位置"复选框,可以对文字位置进行设置。

图 5-82　"尺寸"窗口

图 5-83　"公差/精度"区域

图 5-84　"引线"选项卡

* 单击"尺寸"窗口中的"标注尺寸文字",系统将展开图 5-85 所示的"标注尺寸文字"区域,在该区域中可进行尺寸文字的修改。

● 单击"尺寸"窗口中的"其他"选项卡,系统切换到图 5-86 所示的界面,在该界面中可进行单位和文本字体的设置。

图 5-85 "标注尺寸文字"区域

图 5-86 "其他"选项卡

5.4.2 特征分析

在创建或重定义特征时,若给定的数据不当或参照丢失,就会出现特征生成失败的警告。以下将说明特征生成失败的情况及其解决方法。

1. 特征生成失败的出现

这里以一个如图 5-87 所示简单模型为例,说明特征生成失败的出现。在进行下列不当的编辑定义操作时,将会产生特征生成失败的情况。

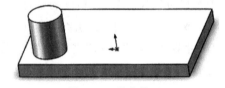

图 5-87 凸台模型

①在图 5-88 所示的特征树中单击"凸台-拉伸 1"节点前的 ▶ 按钮展开"凸台-拉伸 1"特征,右击截面草图标识"草图 1",从弹出的快捷菜单中单击 🖉 按钮,进入草图绘制环境。

②修改截面草图。将截面草图尺寸约束改为图 5-89 所示的尺寸,单击按钮 🖉 完成截面草图的修改。

图 5-88 特征树

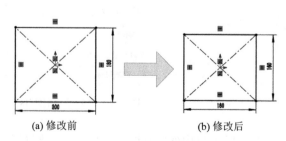

(a) 修改前   (b) 修改后

图 5-89 修改截面草图

③退出草图工作台后,系统弹出图 5-90 所示的"什么错"对话框,提示"凸台-拉伸 2"有问题,这是因为"凸台-拉伸 2"采用的是"成形到一面"的终止条件,重定义"凸台-拉伸 1"后,新的终止条件无法完全覆盖"凸台-拉伸 2"的截面草图,造成特征的终止条件丢失,所以出现特征生成失败。

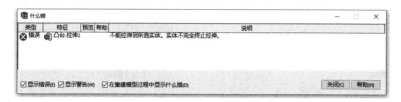

图 5-90　"什么错"对话框

2. 特征生成失败的解决方法

下面以图 5-91 为例,说明两个特征生成失败的解决方法。

(a) 编辑特征前　　　　　(b) 解决方法一　　　　　(c) 解决方法二

图 5-91　特征的编辑定义

(1) 解决方法一:删除第二个拉伸特征。

在系统弹出的"什么错"对话框中单击"关闭"按钮,然后右击特征树中的"凸台-拉伸 2",从系统弹出的快捷菜单中选择"删除"命令,在系统弹出的"确认删除"对话框中选中"删除内含特征"复选框,单击"是"按钮,删除第二个拉伸特征及其草图。

(2) 解决方法二:更改第二个拉伸特征的草图基准面。

在"什么错"对话框中单击"关闭"按钮,然后右击特征树中的"草图 2",从系统弹出的快捷菜单中选择 ☑ 命令,修改成图 5-92 所示的截面草图。

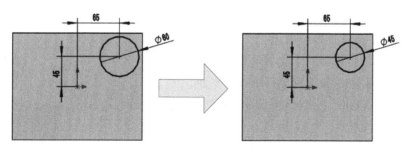

图 5-92　修改截面草图

5.5　模型的测量与分析

5.5.1　模型的测量

选择下拉菜单"工具"→"评估"→"测量"命令(或单击"评估"工具栏中的按钮),系统弹出图 5-93(a)所示的"测量"窗口。单击其中的  按钮后,"测量"窗口如图 5-93(b)所示。模型的基本测量都可以使用该窗口来操作。

(a) 展开前   (b) 展开后

图 5-93   "测量"窗口

"测量"窗口中各选项按钮的说明如下:

● "圆弧/圆测量":选择测量圆弧或圆时的方式。

● "中心到中心":测量圆弧或圆的距离时,以中心到中心显示。

● "最小距离":测量圆弧或圆的距离时,以最小距离显示。

● "最大距离":测量圆弧或圆的距离时,以最大距离显示。

● "自定义距离":测量圆弧或圆的距离时,自定义各测量对象的条件。

● "单位/精度":单击此按钮,系统弹出如图 5-94 所示的"测量单位/精度"对话框,利用该对话框可设置测量时显示的单位及精度。

图 5-94   "测量单位/精度"对话框

● "显示 XYZ 测量":控制是否在所选实体之间显示 dX、dY 和 dZ 的测量。

● "点到点":用于点到点距离测量。

● "投影于":用于选择投影面。

● "无":测量时,投影和正交不计算。

● "屏幕":测量时,投影到屏幕所在的平面。

● "选择面/基准面":测量时,投影到所选的面或基准面。

1. 测量面积及周长

下面以图 5-95 为例,说明测量面积及周长的一般操作方法。

①选择命令。选择下拉菜单"工具"→"测量"命令(或单击"工具"工具栏中的 按钮),系统弹出"测量-measure_area"窗口。

②定义要测量的面。选取图 5-95 所示的模型表面为要测量的表面。

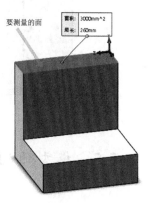

图 5-95 选取指示测量的模型表面

③查看测量结果。完成上步操作后,在图形区和图 5-96 所示的"测量－measure_area"窗口中均会显示测量的结果。

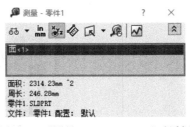

图 5-96 "测量－measure_area"对话框

2. 测量距离

下面以一个简单模型为例,说明测量距离的一般操作步骤。

①选择命令。选择下拉菜单"工具"→"测量"命令(或单击"工具"工具栏中的 按钮),系统弹出"测量－measure_distance"窗口。

②在"测量"对话框中单击 按钮,使之处于弹起状态。

③测量面到面的距离。选取图 5-97 所示的模型表面为要测量其距离的面,在图形区和图 5-98 所示的"测量－measure_distance"窗口中均会显示测量的结果。

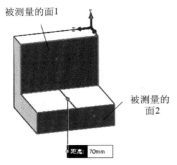

图 5-97 选取要测量的面

图 5-98 "测量－measure_distance"窗口

其他距离的测量如表 5-3 所示。

表 5-3 其他距离测量的操作

测量内容	测量图示操作
测量点到面的距离	

续　表

测量内容	测量图示操作
测量点到线的距离	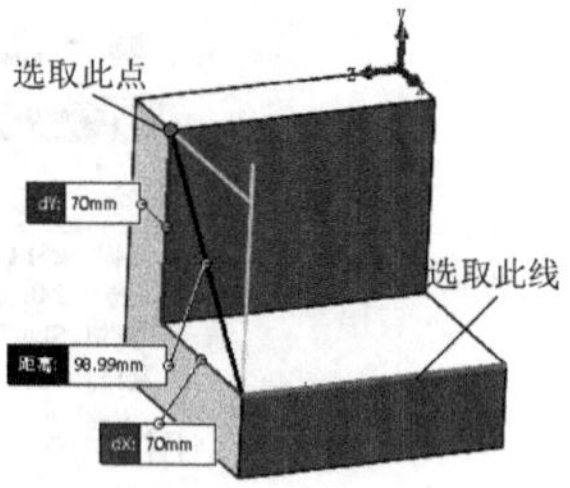
测量点到点的距离	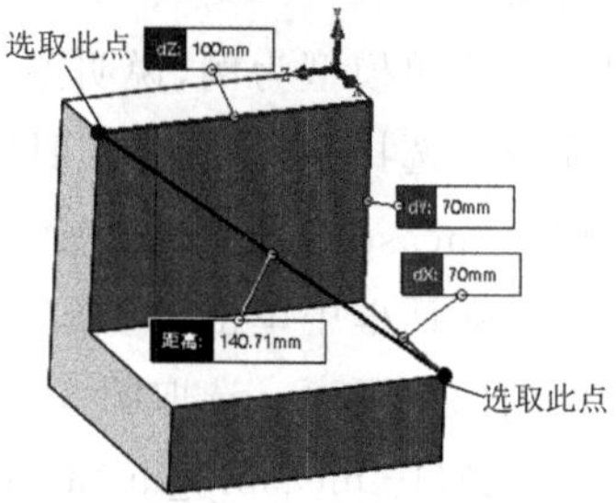
测量线到线的距离	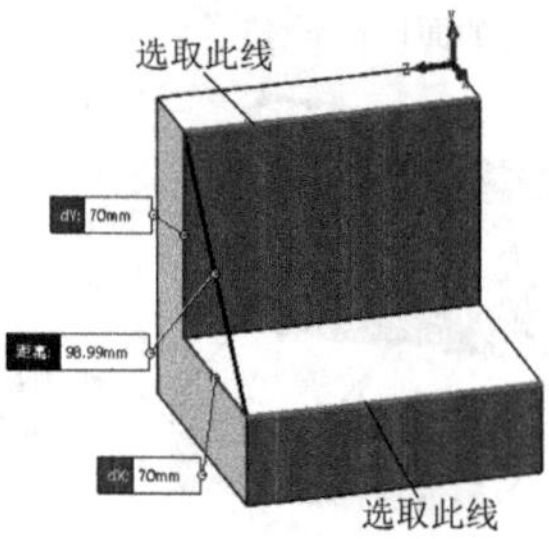
测量点到曲线的距离	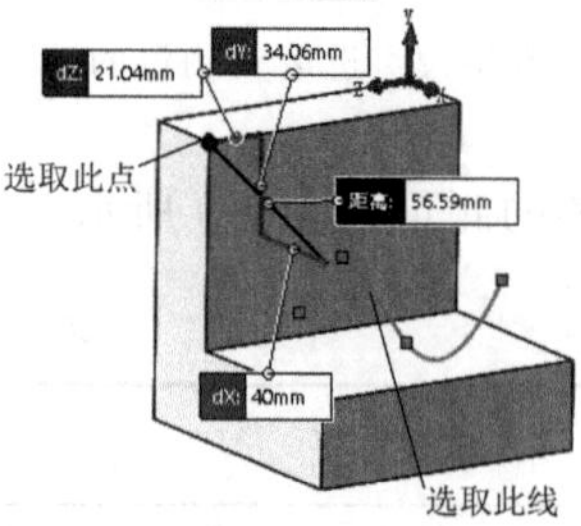
测量线到面的距离	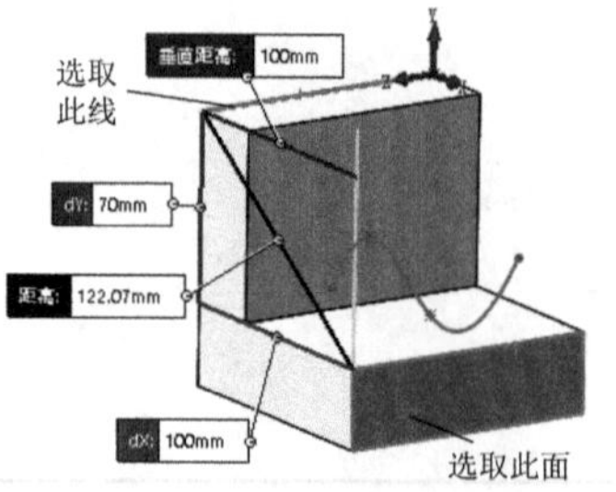

④测量点到点之间的投影距离,如图 5-99 所示。

● 选取图 5-99 所示的点 1 和点 2。

● 在"测量－measure_distance"窗口中单击 ▢▾ 按钮,在弹出的下拉列表中选择 ▢ 选择面/基准面 命令。

● 定义投影面。在"测量－measure_distance"窗口的"投影于"文本框中单击,然后选取图5-99所示的模型表面作为投影面。此时选取的两点的投影距离在窗口中显示(图 5-100)。

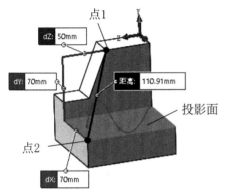

图 5-99 选取点和面

图 5-100 "测量－measure_angle"窗口

3. 测量角度

下面以一个简单模型为例,说明测量角度的一般操作方法。

①选择下拉菜单"工具"→"测量"命令,系统弹出"测量－measure_angle"窗口。

②在"测量－measure_angle"窗口中单击 ▦ 按钮,使之处于弹起状态。

③测量面与面间的角度。选取图 5-101 所示的模型表面 1 和模型表面 2 为要测量的两个面。完成选取后,在图 5-102 所示的"测量－measure_angle"窗口中可看到测量的结果。

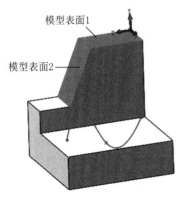

图 5-101 测量面与面之间角度

图 5-102 "测量－measure_angle"窗口

④测量线与面间的角度。如图 5-103 所示选取模型面 1 和边线 1 为要测量的两个对象。完成选取后,在图 5-104 所示的"测量-measure_angle"窗口中可看到测量的结果。

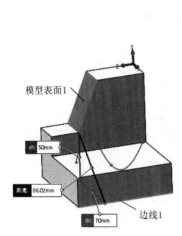

图 5-103　测量线与面间角度

图 5-104　"测量-measure_angle"窗口

⑤测量线与线间的角度。如图 5-105 所示选取边线 1 和边线 2 为要测量的两个对象。完成选取后,在图 5-106 所示的"测量-measure_angle"窗口中可看到测量的结果。

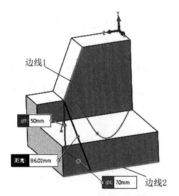

图 5-105　测量线与线间角度

图 5-106　"测量-measure_angle"窗口

4. 测量曲线长度

下面以图 5-107 为例,说明测量曲线长度的一般操作步骤。

①选择命令。选择下拉菜单"工具"→"测量"命令(或单击"工具"工具栏中的 📏 按钮),系统弹出"测量-measure_curve_length"窗口,如图 5-108 所示。

②在"测量-measur_curve_length"窗口中单击 ▦ 按钮,使之处于弹起状态。

③测量曲线的长度。选取图 5-107 所示的样条曲线为要测量的曲线。完成选取后,在图形区和图 5-108 所示的"测量-measure_curve_length"窗口中均可看到测量的结果。

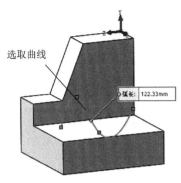

图 5-107 选取曲线

图 5-108 "测量－measure_curve_length"窗口

5.5.2 模型的分析

1. 模型的质量属性分析

通过质量属性的分析,可以获得模型的体积、总的表面积、质量、密度、重心位置、惯性力矩和惯性张量等数据,对产品设计有很大参考价值。下面以两个简单模型为例,说明质量属性分析的一般操作步骤。

①选择命令。选择"工具"→"评估"→"质量属性"命令,系统弹出"质量属性"对话框。

②选取项目。在图形区选取图 5-109 所示的模型。

说明:如果图形区只有一个实体,则系统将自动选取该实体作为要分析的项目。

③在"质量属性"对话框中选中单击"选项"按钮,系统弹出如图 5-110 所示的"质量/剖面属性选项"对话框。

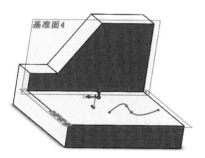

图 5-109 选取模型

图 5-110 "质量/剖面属性选项"对话框

④设置单位。在"质量/剖面属性选项"对话框中选中"使用自定义设定"单选项,然后在"质量"下拉列表中选择"千克"选项,在"单位体积"下拉列表中选择 米^3 选项,单击"确定"

按钮完成设置。

⑤在"质量属性"对话框中单击"重算"按钮,其列表框中将会显示模型的质量属性,如图 5-111 所示。

对图 5-111 所示的"质量属性"对话框的说明如下:

● "选项"按钮:用于打开"质量/剖面属性选项"对话框,利用此对话框可设置质量属性数据的单位以及查看材料属性等。

● "覆盖质量属性"按钮:单击此按钮后,可以手动设置一组值覆盖质量、质量中心和惯性惯量。

● "重算"按钮:用于计算所选项目的质量属性。

● "打印"按钮:该按钮用于打印分析的质量属性数据。

● "包括隐藏的实体/零部件"复选框:选中该复选框,则在进行质量属性的计算中包括隐藏的实体和零部件。

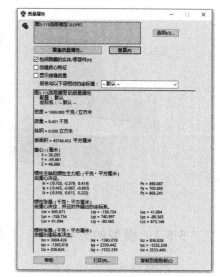

图 5-111 "质量属性"对话框

● "创建质心特征"复选框:选中该复选框,则在模型中添加质量中心特征。

● "显示焊缝质量"复选框:选中该复选框,则显示模型中焊缝等质量。

2. 模型的截面属性分析

通过截面属性分析,可以获得模型截面的面积、重心位置、惯性矩和惯性二次矩等数据。下面以一个简单模型为例,说明截面属性分析的一般操作过程。

①选择命令。选择"工具"→"评估"→"截面属性"命令,系统弹出"截面属性"对话框。

②选取项目。在图形区选取图 5-112 所示的模型表面。

说明:选取的模型表面必须是一个平面。

③在"截面属性"对话框中单击"重算"按钮,其列表框中将会显示所选面的截面属性,如图 5-113所示。

选取此模型表面

图 5-112 选取模型表面

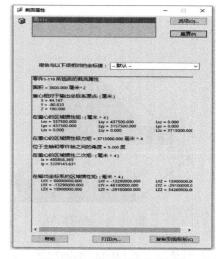

图 5-113 "截面属性"对话框

5.6　零件设计综合案例

完成如图 5-114 所示的上箱体模型,主要步骤如下:

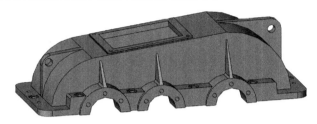

图 5-114　上箱体模型

上箱体设计

1. 新建文件

①选择"文件"→"新建"命令,在弹出的"新建文件"对话框中选择"零件"文件。

②单击"确定"按钮。

2. 绘制"草图 1"

①从特征管理器中选择"前视基准面",单击"正视于"按钮 ↥,单击"草图"切换到草图绘制面板。

②使用"圆弧"、"直线"和"智能尺寸"命令创建草图形状,如图 5-115 所示。

③单击按钮 ▩ 退出绘制草图。

3. 建立"凸台-拉伸 1"

①选择菜单"插入"→"凸台/基体"→"拉伸"命令,系统弹出"凸台-拉伸"提示信息栏,选择"草图 1",弹出"凸台-拉伸"属性管理器,在"深度"文本框 ✿ 中输入 201.00mm。

②单击"确定"按钮 ✔ 完成"凸台-拉伸 1"创建操作,结果如图 5-116 所示。

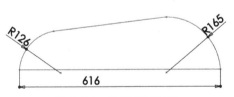

图 5-115　绘制截面草图

图 5-116　创建"凸台-拉伸 1"

4. 建立"抽壳 1"

①选择菜单"插入"→"特征"→"抽壳"命令,系统弹出"抽壳"属性管理器,在"移除的面"文本框 ▣ 中填入"面 1",在"深度"文本框 ✿ 中填入 10.00mm。

②单击"确定"按钮 ✔ 完成"抽壳 1"的创建操作,如图 5-117 所示。

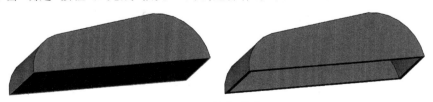

图 5-117　创建"抽壳 1"

5. 建立"基准面 1"

①选择菜单"插入"→"参考几何体"→"基准面"命令,系统弹出"基准面"属性管理器,选择"前视基准面"为第一参考,"偏移距离" 为 100.50mm。

②单击"确定"按钮 ✔ 完成基准面的创建操作。

6. 绘制"草图 2"

①从特征管理器中选择"基准面 1",单击"正视于"按钮 ↥ ,单击"草图"切换到草图绘制面板,使用"圆弧"、"直线"命令创建草图形状,如图 5-118 所示。

②单击按钮 退出绘制草图。

7. 建立"凸台-拉伸 2"

①选择菜单"插入"→"凸台/基体"→"拉伸"命令,系统弹出"凸台-拉伸"提示信息栏,选择"草图 2",弹出"凸台-拉伸"属性管理器,在终止条件栏中选择"两侧对称",在"深度"文本框 中输入 20.00mm。

②单击"确定"按钮 ✔ 完成"凸台-拉伸 2"创建操作,如图 5-119 所示。

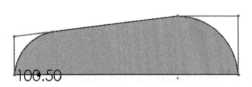 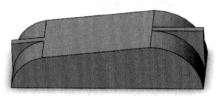

图 5-118　绘制"草图 2"　　　　　　　　　图 5-119　建立"凸台-拉伸 2"

8. 建立"圆角 1"。

①选择菜单"插入"→"特征"→"圆角"命令,系统弹出"圆角"属性管理器,选择需要圆角的线条,在"半径"文本框 中输入 25.00mm。

②单击"确定"按钮 ✔ 完成"圆角"的创建操作,如图 5-120 所示。

图 5-120　建立"圆角 1"

9. 绘制"草图 3"

①从特征管理器中选择"基准面 1",单击"正视于"按钮 ↥ ,单击"草图"切换到草图绘制面板,使用"圆"、"智能尺寸"命令创建草图形状,如图 5-121 所示。

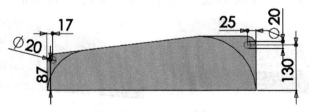

图 5-121　绘制"草图 3"

②单击按钮 ▣ 退出绘制草图。

10. 建立"切除-拉伸 1"

①选择菜单"插入"→"切除"→"拉伸"命令,系统弹出"切除-拉伸"提示信息栏,选择"草图 3",弹出"切除-拉伸"属性管理器,在终止条件栏中选择"给定深度",在"深度"文本框 ◈ 中输入 20.00mm。

②单击"确定"按钮 ✔ 完成"切除-拉伸 1"创建操作,如图 5-122 所示。

11. 绘制"草图 4"

①从特征管理器中选择"下视基准面",单击"正视于"按钮 ↥ ,单击"草图"切换到草图绘制面板,使用"矩形"、"智能尺寸"命令绘制草图,如图 5-123 所示。

②单击按钮 ▣ 退出绘制草图。

图 5-122　建立"切除-拉伸 1"

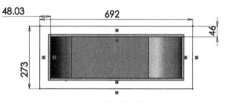

图 5-123　绘制"草图 4"

12. 建立"凸台-拉伸 3"

①选择菜单"插入"→"凸台/基体"→"拉伸"命令,系统弹出"凸台-拉伸"提示信息栏,选择"草图 4",弹出"凸台-拉伸"属性管理器,在终止条件栏中选择"给定深度",在"深度"文本框 ◈ 中输入 15.00mm。

②单击"确定"按钮 ✔ 完成"凸台-拉伸"创建操作,如图 5-124 所示。

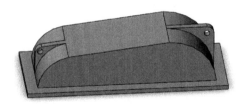

图 5-124　建立"凸台-拉伸 3"

13. 建立"圆角 2"

①选择菜单"插入"→"特征"→"圆角"命令,系统弹出"圆角"属性管理器,选择需要圆角的线条,在"半径"文本框 ◠ 中输入 30.00mm。

②单击"确定"按钮 ✔ 完成"圆角 2"的创建操作,结果如图 5-125 所示。

图 5-125　建立"圆角 2"

14. 绘制"草图 5"

①从特征管理器中选择"凸台-拉伸 3"上表面，单击"正视于"按钮 ⬆，单击"草图"切换到草图绘制面板，使用"圆"、"智能尺寸"命令绘制草图，如图 5-126 所示。

②单击按钮 ▣ 退出绘制草图。

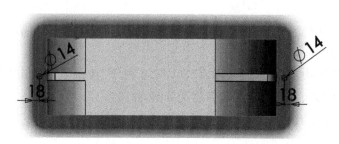

图 5-126　绘制"草图 5"

15. 建立"切除-拉伸 2"

①选择菜单"插入"→"切除"→"拉伸"命令，系统弹出"切除-拉伸"提示信息栏，选择"草图 5"，弹出"切除-拉伸"属性管理器，在终止条件栏中选择"给定深度"，在"深度"文本框 ⬧ 中输入 15.00mm。

②单击"确定"按钮 ✔ 完成"切除-拉伸 2"创建操作，如图 5-127 所示。

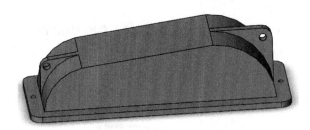

图 5-127　建立"切除-拉伸 2"

16. 绘制"草图 6"

①选择"凸台-拉伸 3"上表面，单击"正视于"按钮 ⬆，单击"草图"切换到草图绘制面板，使用"圆"、"智能尺寸"命令绘制草图，如图 5-128 所示。

②单击按钮 ▣ 退出绘制草图。

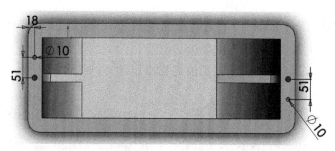

图 5-128　绘制"草图 6"

17. 建立"切除-拉伸 3"

①选择菜单"插入"→"切除"→"拉伸"命令,系统弹出"切除-拉伸"提示信息栏,选择"草图 6",弹出"切除-拉伸"属性管理器,在终止条件栏中选择"给定深度",在"深度"文本框 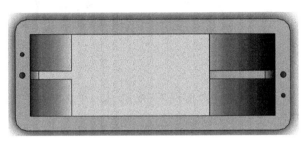 中输入 15.00mm。

②单击"确定"按钮 ✔ 完成"切除-拉伸 3"创建操作,如图 5-129 所示。

图 5-129　建立"切除-拉伸 3"

18. 建立"M10 螺旋的螺纹孔钻头 1"

①选择菜单"插入"→"特征"→"孔向导"命令,系统弹出"孔规格"属性管理器,选择"孔类型"为"孔",在"大小"文本框中选择"M10×1.5";单击"位置",系统弹出"孔位置"提示信息栏,选择"凸台-拉伸 3"上表面,再设置孔的大概位置之后用"智能尺寸"对孔定位,如图 5-130所示。

②单击"确定"按钮 ✔ 完成"M10 螺旋的螺纹孔钻头 1"的创建操作,结果如图 5-131 所示。

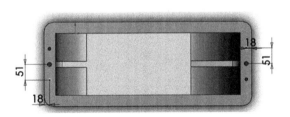

图 5-130　"智能尺寸"对孔定位

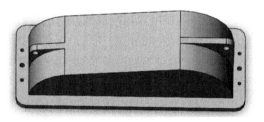

图 5-131　建立"M10 螺旋的螺纹孔钻头 1"

19. 绘制"草图 9"

①选择"凸台-拉伸 1"一端面,单击"正视于"按钮 ⬆,单击"草图"切换到草图绘制面板,使用"直线"、"倒角"、"圆弧"、"智能尺寸"等命令绘制草图,如图 5-132 所示。

②单击按钮 ▦ 退出绘制草图。

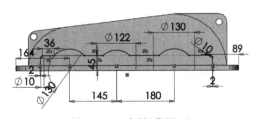

图 5-132　绘制"草图 9"

20. 建立"凸台-拉伸 4"

①选择菜单"插入"→"凸台/基体"→"拉伸"命令,系统弹出"凸台-拉伸"提示信息栏,选择"草图 9",弹出"凸台-拉伸"属性管理器,在终止条件栏中选择"给定深度",在"深度"文本框 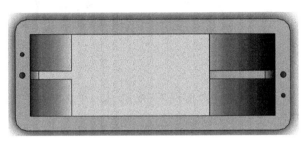 中输入 36.00mm。

②单击"确定"按钮 ✔ 完成"凸台-拉伸 4"创建操作，如图 5-133 所示。

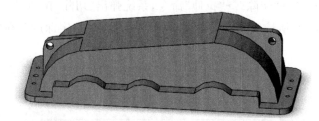

图 5-133　建立"凸台-拉伸 4"

21. 绘制"草图 10"

①选择"凸台-拉伸 4"端面，单击"正视于"按钮 ↥，单击"草图"切换到草图绘制面板，使用"直线"、"圆弧"等命令绘制草图，如图 5-134 所示。

②单击按钮 ▦ 退出绘制草图。

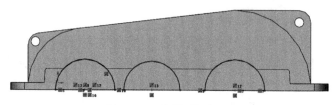

图 5-134　绘制"草图 10"

22. 建立"凸台-拉伸 5"

①选择菜单"插入"→"凸台/基体"→"拉伸"命令，系统弹出"凸台-拉伸"提示信息栏，选择"草图 10"，弹出"凸台-拉伸"属性管理器，在终止条件栏中选择"给定深度"，在"深度"文本框 ⇕ 中输入 8.00mm。

②单击"确定"按钮 ✔ 完成"凸台-拉伸 5"创建操作，如图 5-135 所示。

23. 绘制"草图 11"

①选择"凸台-拉伸 4"侧面，单击"正视于"按钮 ↥，单击"草图"切换到草图绘制面板，使用"圆"、"智能尺寸"等命令绘制草图，如图 5-136 所示。

②单击按钮 ▦ 退出绘制草图。

图 5-135　建立"凸台-拉伸 5"

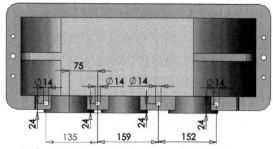

图 5-136　绘制"草图 11"

24．建立"切除-拉伸 4"

①选择菜单"插入"→"切除"→"拉伸"命令，系统弹出"切除-拉伸"提示信息栏，选择"草图 11"，弹出"切除-拉伸"属性管理器，在终止条件栏中选择"成形到一面"。

②单击"确定"按钮 ✔ 完成"切除-拉伸 4"创建操作，如图 5-137 所示。

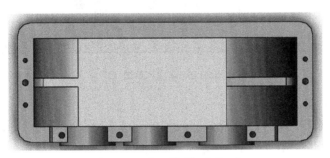

图 5-137　建立"切除-拉伸 4"

25．绘制"草图 12"

①选择"凸台-拉伸 5"端面，单击"正视于"按钮 ⬇，单击"草图"切换到草图绘制面板，使用"圆"、"直线"、"智能尺寸"、"剪裁实体"等命令绘制草图，如图 5-138 所示。

②单击按钮 📋 退出绘制草图。

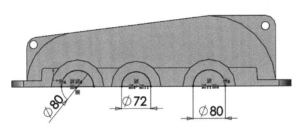

图 5-138　绘制"草图 12"

26．建立"切除-拉伸 5"

①选择菜单"插入"→"切除"→"拉伸"命令，系统弹出"切除-拉伸"提示信息栏，选择"草图 12"，弹出"切除-拉伸"属性管理器，在终止条件栏中选择"成形到一面"。

②单击"确定"按钮 ✔ 完成"切除-拉伸 5"创建操作，如图 5-139 所示。

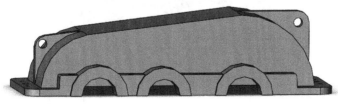

图 5-139　建立"切除-拉伸 5"

27．绘制"草图 13"

①选择"凸台-拉伸 1"端面，单击"正视于"按钮 ⬇，单击"草图"切换到草图绘制面板，使用"圆"、"直线"、"智能尺寸"、"剪裁实体"等命令绘制草图，如图 5-140 所示。

②单击按钮 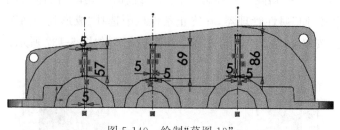 退出绘制草图。

图 5-140　绘制"草图 13"

28.建立"凸台-拉伸 6"

①选择菜单"插入"→"凸台/基体"→"拉伸"命令,系统弹出"凸台-拉伸"提示信息栏,选择"草图 13",弹出"凸台-拉伸"属性管理器,在终止条件栏中选择"成形到一面",在"面"文本框 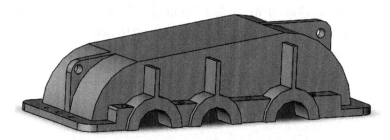 中输入"凸台-拉伸 5"端面。

②单击"确定"按钮 ✔ 完成"凸台-拉伸"创建操作,如图 5-141 所示。

图 5-141　建立"凸台-拉伸 6"

29.绘制"草图 14"

①选择"凸台-拉伸 6"侧面,单击"正视于"按钮 ↕ ,单击"草图"切换到草图绘制面板,使用"直线"命令绘制草图,如图 5-142 所示。

②单击按钮 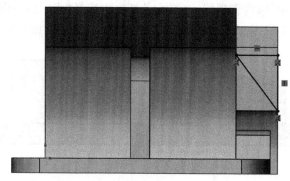 退出绘制草图。

图 5-142　绘制"草图 14"

30.建立"切除-拉伸 6"

①选择菜单"插入"→"切除"→"拉伸"命令,系统弹出"切除-拉伸"提示信息栏,选择"草

图 14",弹出"切除-拉伸"属性管理器,在终止条件栏中选择"成形到一面"。

②单击"确定"按钮 ✔ 完成"切除-拉伸"创建操作,如图 5-143 所示。

重复 29、30 两步经制"草图 15"、"草图 16",创建"切除-拉伸 7"和"切除-拉伸 8",如图 5-144 所示。

图 5-143　建立"切除-拉伸 6"　　　　　图 5-144　创建"切除-拉伸 7"和"切除-拉伸 8"

31. 建立"M10 螺旋的螺纹孔钻头 2"

①选择菜单"插入"→"特征"→"孔向导"命令,系统弹出"孔规格"属性管理器,选择"孔类型"为"孔",在"大小"文本框中选择"M10×1.5"。

②单击"位置",系统弹出"孔位置"提示信息栏,选择"凸台-拉伸 5"端面,再设置孔的大概位置之后用"圆"、"直线"、"智能尺寸"等命令对孔位置定位,如图 5-145 所示。

③单击"确定"按钮 ✔ 完成"M10 螺旋的螺纹孔钻头 2"的创建操作,结果如图 5-146 所示。

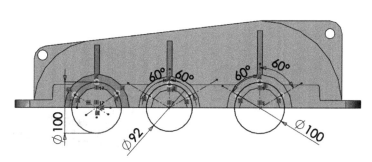

图 5-145　"孔位置"定位

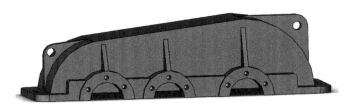

图 5-146　建立"M10 螺旋的螺纹孔钻头 2"

32. 建立"拔模 1"

①选择菜单"插入"→"特征"→"拔模"命令,系统弹出"拔模"属性管理器,在"拔模角度"文本框 🖳 中输入 2.00 度,在"中性面"文本框中选择"凸台-拉伸 4"侧面,在"拔模面"文本框中选择"凸台-拉伸 6"中的 6 个侧面,如图 5-147 所示。

②单击"确定"按钮 ✅ 完成"拔模 1"的创建操作,结果如图 5-148 所示。

图 5-147　选择需要拔模的侧面

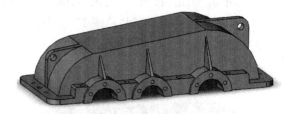

图 5-148　建立"拔模 1"

33. 建立"圆角 3"

①选择菜单"插入"→"特征"→"圆角"命令,系统弹出"圆角"属性管理器,选择需要圆角的线条,在"半径"文本框 ⋀ 中输入 5.00mm。

②单击"确定"按钮 ✅ 完成"圆角 3"的创建操作,结果如图 5-149 所示。

34. 建立"镜像 1"

①选择菜单"插入"→"阵列/镜像"→"镜像"命令,系统弹出"镜像"属性管理器,在"镜像面/基准面"文本框中填入"基准面 1"。

②在"要镜像的特征"文本框中填入"圆角 3"、"拔模 1"、"M10 螺旋的螺纹孔钻头 5"、"凸台-拉伸 4"、"凸台-拉伸 5"、"凸台-拉伸 6"、"切除-拉伸 4"、"切除-拉伸 5"、"切除-拉伸 6"、"切除-拉伸 7"、"切除-拉伸 8",结果如图 5-150 所示。

图 5-149　建立"圆角 3"

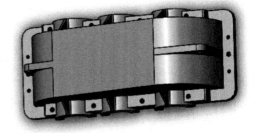

图 5-150　建立"镜像 1"

35. 绘制"草图 19"

①选择"凸台-拉伸 1"侧面,单击"正视于"按钮 ⬇,单击"草图"切换到草图绘制面板,使用"矩形"、"智能尺寸"命令绘制草图,如图 5-151 所示。

②单击按钮 ▨ 退出绘制草图。

36. 建立"凸台-拉伸 7"

①选择菜单"插入"→"凸台/基体"→"拉伸"命令,系统弹出"凸台-拉伸"提示信息栏,选择"草图 20",弹出"凸台-拉伸"属性管理器,在终止条件栏中选择"给定深度",在"深度"文本框 🔽 中输入 4.00mm。

②单击"确定"按钮 ✅ 完成"凸台-拉伸 7"创建操作,如图 5-152 所示。

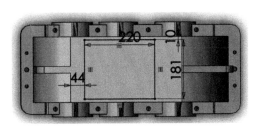

图 5-151 绘制"草图 19"

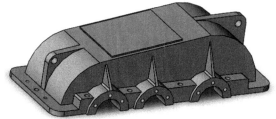

图 5-152 建立"凸台-拉伸 7"

37. 建立"圆角 4"

①选择菜单"插入"→"特征"→"圆角"命令,系统弹出"圆角"属性管理器,选择需要圆角的线条,在"半径"文本框  中输入 1.00mm。

②单击"确定"按钮 ✔ 完成"圆角 4"的创建操作,结果如图 5-153 所示。

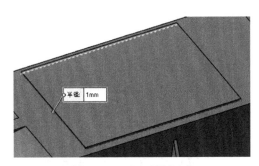

图 5-153 建立"圆角 4"

38. 绘制"草图 20"

①选择"凸台-拉伸 4"侧面,单击"正视于"按钮，单击"草图"切换到草图绘制面板,使用"圆"、"智能尺寸"命令绘制草图,如图 5-154 所示。

②单击按钮 退出绘制草图。

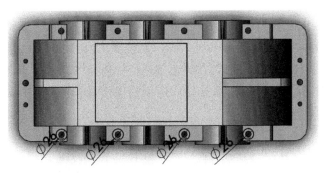

图 5-154 绘制"草图 20"

39. 建立"切除-拉伸 9"

①选择菜单"插入"→"切除"→"拉伸"命令,系统弹出"切除-拉伸"提示信息栏,选择"草图 21",弹出"切除-拉伸"属性管理器,在终止条件栏中选择"给定深度",在"深度"文本框

中输入 2.00mm。

②单击"确定"按钮 ✔ 完成"切除-拉伸 9"创建操作。

40. 建立"镜像 2"

①选择菜单"插入"→"阵列/镜像"→"镜像"命令，系统弹出"镜像"属性管理器。

②在"镜像面/基准面"文本框中填入"基准面 1"，在"要镜像的特征"文本框中填入"切除-拉伸 9"，结果如图 5-155 所示。

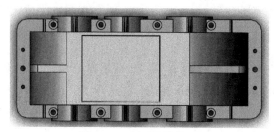

图 5-155　建立"镜像 2"

41. 绘制"草图 21"

①选择"凸台-拉伸 7"端面，单击"正视于"按钮 ⬆，单击"草图"切换到草图绘制面板，使用"矩形"、"智能尺寸"命令绘制草图，如图 5-156 所示。

②单击按钮 🔲 退出绘制草图。

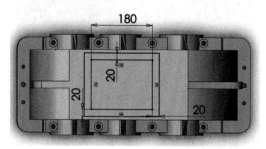

图 5-156　绘制"草图 21"

42. 建立"切除-拉伸 10"

①选择菜单"插入"→"切除"→"拉伸"命令，系统弹出"切除-拉伸"提示信息栏，选择"草图 22"，弹出"切除-拉伸"属性管理器，在终止条件栏中选择"成形到一面"。

②单击"确定"按钮 ✔ 完成"切除-拉伸 10"创建操作，如图 5-157 所示。

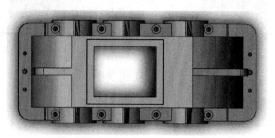

图 5-157　建立"切除-拉伸 10"

43. 建立"M10 螺旋的螺纹孔钻头 1"

①选择菜单"插入"→"特征"→"孔向导"命令,系统弹出"孔规格"属性管理器,选择"孔类型"为"孔",在"大小"文本框中选择"M10×1.5"。

②单击"位置",系统弹出"孔位置"提示信息栏,选择"凸台-拉伸 5"端面,在设置孔的大概位置之后用"智能尺寸"等命令对孔位置规定,如图 5-158 所示。

③单击"确定"按钮 ✔ 完成"M10 螺旋的螺纹孔钻头 1"的创建操作,结果如图 5-159 所示。

图 5-158　对孔位置定位

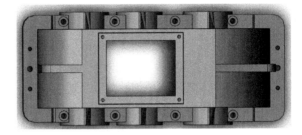

图 5-159　建立"M10 螺旋的螺纹孔钻头 1"

44. 绘制"草图 24"

①选择"凸台-拉伸 3"端面,单击"正视于"按钮 ↥,单击"草图"切换到草图绘制面板,使用"圆"、"智能尺寸"命令绘制草图,如图 5-160 所示。

②单击按钮 🔳 退出绘制草图。

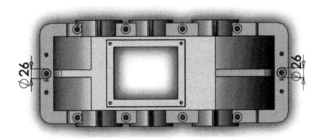

图 5-160　绘制"草图 24"

45. 建立"切除-拉伸 11"

①选择菜单"插入"→"切除"→"拉伸"命令,系统弹出"切除-拉伸"提示信息栏,选择"草图 25",弹出"切除-拉伸"属性管理器,在终止条件栏中选择"给定深度",在"深度"文本框中输入 2.00mm。

②单击"确定"按钮 ✔ 完成"切除-拉伸 11"创建操作,如图 5-161 所示。

图 5-161　建立"切除-拉伸 11"

本章案例素材文件可通过扫描以下二维码获取：

案例素材文件

5.7　思考与练习

1. 填空题

（1）拉伸特征是生成三维模型时最常用的一种方法，其原理是将一个_____形成特征。

（2）拉伸基体就是拉伸出实体，而拉伸凸台则是_____。

（3）使用_____按钮可以创建切除拉伸特征，即以拉伸体作为"刀具"在原有实体上去除材料。

（4）旋转特征是将_____绕_____旋转一定角度而生成的特征。

（5）_____可以将两个或两个以上的不同截面进行连接，从而形成特征。

（6）筋特征是用来增加零件强度的结构，它是由_____生成的特殊类型的拉伸特征。

（7）简单直孔是具有统一半径的圆孔，它的_____和_____不发生变化。

（8）利用异型孔向导，可在模型上生成_____、_____、_____等多功能孔。

（9）当产品周围的棱角过于尖锐时，为避免割伤使用者，可以使用_____或_____特征令其变得圆滑。

（10）圆角操作时，选中_____复选框，圆角边线将调整为连续和平滑，而模型边线将被更改以与圆角边线相匹配。

（11）在拔模特征中，_____决定了拔模方向，_____的 Z 轴方向为零件从铸型中弹出的方向。

2. 选择题

（1）如图 5-162 所示的拉伸凸台不能以_____指令生成。

A. 成形到实体　　　　　　　　　　B. 成形到一面

C. 给定深度　　　　　　　　　　　D. 成修到一顶点

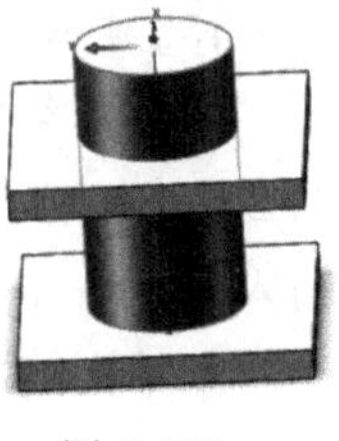

（2）旋转特征的旋转轴线不能是_____。

A. 用"中心线"命令绘制的一条中心线

B. 用"直线"命令绘制的一条直线

C. 草图轮廓的一条直线边

D. 3D 特征的一条直线边

（3）若要在圆角类型中选择面圆角，应选择以下图标中的_____。

图 5-162

 A. 　 B. 　 C. 　 D.　

（4）在拔模类型中选择中性面，需要指定的条件不包括_____。

A. 拔模角度　　　　B. 中性面　　　　C. 拔模面　　　　D. 分型线

（5）2016 版的 SOLIDWORKS 中阵列特征中没有_____选项。

A. 线性阵列　　　　B. 移动　　　　C. 圆周阵列　　　　D. 镜像

3. 简答题

（1）有哪几种拉伸特征？分别通过哪些按钮实现这些拉伸特征？

（2）可以使用哪个特征创建螺纹？简单叙述其操作。

（3）孔特征包括哪些类型？简述其不同。

（4）在创建倒角时，保持特征的作用是什么？

（5）有哪几种圆角类型？简述其不同。

（6）创建拔模特征的目的是什么？

（7）简述创建拔模特征的一般步骤。

（8）如果模型中包括圆角、壳和拔模特征，三者的创建顺序是什么？

4. 上机操作

（1）创建下列模型。

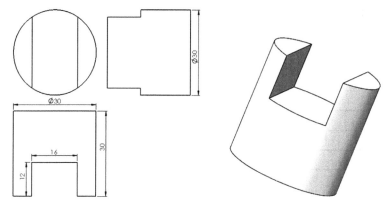

图 5-163　圆柱两边切口

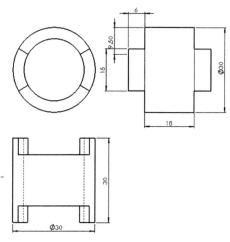
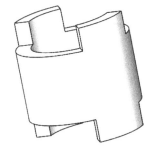

图 5-164　圆筒两边切口

（2）创建下列组合体模型。

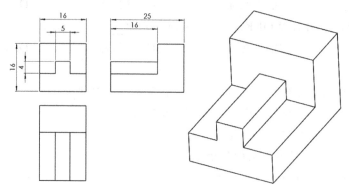

图 5-165　组合体 1

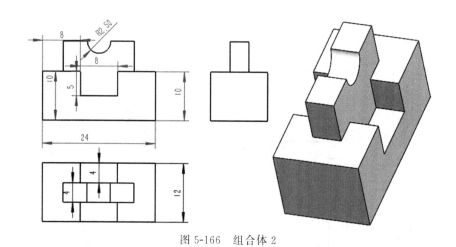

图 5-166　组合体 2

图 5-167　组合体 3

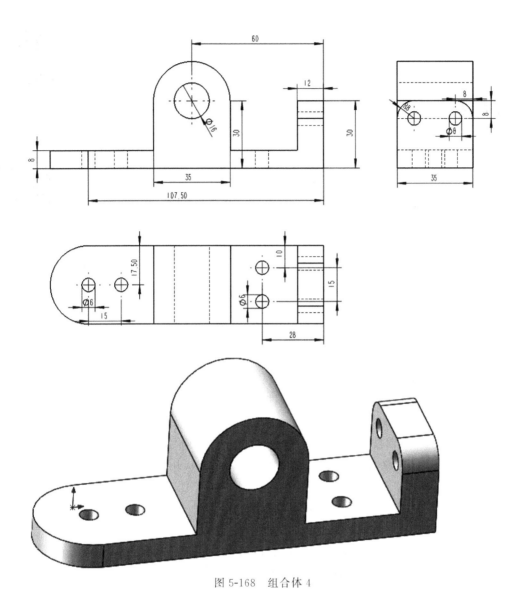

图 5-168　组合体 4

装配体设计
（授课视频）

第 6 章

装配体设计

第 6 章课件

本章主要介绍装配体基本操作，装配体配合方式，干涉检查，装配体文件中零件的阵列和镜像，以及爆炸视图制作方法等内容。

6.1 装配的基本知识概述

1. 装配的基本概念

（1）装配。按规定的技术要求，将零部件进行配合和连接，使之成为半成品或成品的工艺过程称为装配。

装配是三维 CAD 软件的三大基本功能单元之一，在现代设计中，装配已不再局限于单纯表达产品零件之间的配合关系，已经拓展到更多的工程应用领域，如运动分析、干涉检查、自顶向下设计等诸多方面。

（2）部件装配。把零件装配成半成品的过程。

（3）总装配。把零件和部件装配成产品的过程。

（4）虚拟装配设计。在零件造型完成之后，根据设计意图将不同零件组织在一起，形成与实际产品装配相一致的装配结构，并进行相应的分析评价过程。

虚拟装配是三维设计的最终目的。一个产品通常都是由多个零件组成，各个零件之间需要正确装配在一起才能正常使用。在传统的设计过程中，无法通过计算机来完成虚拟装配，从而增大了设计出错的可能性。

对于机械设计而言，单纯的零件没有实际意义，一个运动机构和一个整体才有意义。将已经设计完成的各个独立的零件，根据实际需要装配成一个完整的实体。在此基础上对装配体进行运动测试，检查是否完成整机的设计功能，才是整个设计的关键，这也是 SOLIDWORKS 的优点之一。

（5）"地"零件。装配既然表达产品零部件之间的配合关系，必然存在着参照与被参照的关系。在装配设计中有一个基本概念"地"（ground），即相对于环境（基准）坐标系而言静态不动的零部件，这样的就是所谓的"地"零件，一般将产品中的支撑部分作为装配中的"地"零件。

（6）全约束与欠约束，静装配与动配合。当零部件的装配关系还不足以固定零部件时，

194

装配体处于欠约束状态,或者称为动配合,此时尚未完全固定的零部件(称为浮动的零部件)可以在装配环境中运动。当施加的装配关系完全限制了零部件的运动自由时,称为全约束或者静装配,该零部件都被固定在其装配位置,无法运动。

2. 虚拟装配设计过程

虚拟装配设计的大致过程如图 6-1 所示。

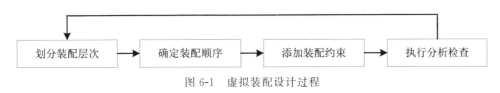

图 6-1　虚拟装配设计过程

(1) 划分装配层次。机器是人们为满足某种使用要求而设计的,通过执行确定的机械运动来完成包括机械力、运动和能量转换等动力学任务的一种装置。

从运动学的角度看,机器都是由若干个机构组成的,如机床就包含了用于从发动机或电动机接受动力并将它传给其他机件的主轴机构。机构是由两个及以上具有相对运动的构件所组成,构件是机器中不能有相对运动的运动单元。每一个构件,可以是不能拆开的单一的零件,也可以是由若干个不同零件装配起来的刚性体,如机床中的主轴,是由主轴体、轴承、垫圈等零件装配成的刚性体。

从制造的角度看,机器是由若干个机械零件(简称零件)装配而成的,零件是机器中不可拆卸的制造单元,如主轴体、齿轮、键、螺钉等。

从装配的角度来看,机器是由若干个部件装配而成的,部件是机器中独立装配的装配单元。为了装配方便,应先完成部件装配,然后再装配整机。部件是在基准件上装上若干个零件构成的,零件是机器的最小组成单元。

由此可见,构件、部件与零件的区别在于:构件是运动单元,部件是装配单元,零件则是加工制造单元和最小组成单元。

划分装配层次是指确定装配体(产品)中零部件的组成。将产品划分为能进行独立装配的装配单元(部件),并确定各装配单元的基准零件及各零件之间的配合关系。一般先按照运动关系划分成固定部件和运动部件两大类。然后,再按照拆卸运动部件的顺序进行细分。

最后,再按安装顺序将各级部件依次拆分为零件。无论是哪一级装配单元,基准件通常应是与其他装配单元有运动关系的零部件,如减速箱的基体或高速轴组件的轴。

按照上述原则分析可得减速器高速轴组件的装配层次关系,如图 6-2 所示。

(2) 确定装配顺序。在划分装配单元和确定装配基准件之后,即可根据装配体的结构形式和各零部件的相互约束关系,确定各组成零部件的装配顺序。首先要确定基准件作为其他零部件的约束基准,然后将其他组件按配合约束关系依次装配成一个装配体。编排装配顺序的原则是:先基准件,后其他件;先下后上,先内后外;先固定件,后运动件。

(3) 添加装配约束。装配约束是限制零件自由度及各零件相对位置的配合关系。配合关系包括面约束、线约束、点约束等几大类。每种约束所限制的自由度数目不同,具体的知识可以参照"机械原理"方面的书籍。确定两个部件的相对位置,主要是依据部件上的表面、边线、角点、轴线、中心点、对称面进行定位,这些定位要素之间的约束关系如表 6-1 所示。

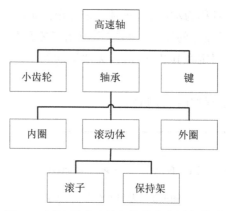

图 6-2 减速器高速轴组件的装配层次关系

表 6-1 几何特征间的约束类型

	点	直线	圆弧	平面或基准面	圆柱与圆锥
点	重合、距离	重合、距离	○	重合、距离	重合、同轴心、距离
直线	√	重合、平行、垂直距离、角度	同轴心	重合、平行、垂直、距离	重合、平行、垂直、相切、同轴心、距离、角度
圆弧	√	√	同轴心	重合	同轴心
平面或基准面	√	√	√	重合、平行、垂直、距离、角度	相切、距离
圆柱与圆锥	√	√	√	√	平行、垂直、相切、同轴心、距离、角度

注：○表示两种几何实体之间无法建立配合；√表示为对称(相同)的内容。

每个零件在空间中具有 6 个自由度(3 个平移自由度和 3 个旋转自由度)，通过对某个自由度的约束，可以控制零件的相对位置，根据约束的多少，零件处于不同的约束状态。通常包括 3 种约束状态：当零部件的装配关系还不足以限制零部件的运动自由度时，就是零部件处于欠约束状态(或者动配合状态)；当施加的装配关系完全限制了运动自由度时，就是零部件处于全约束状态(或者静装配状态)；当施加的装配关系比全约束多时，就是零部件处于过约束状态。

(4) 执行分析检查。装配体分析检查包括质量特性计算、零件相互间隙分析和零件干涉检查。通过分析检查可以发现所设计的零件在装配体中不正确的结构部分，然后根据装配体的结构和零部件的干涉情况修改零件的原设计模型。

装配体的干涉检查分为静态干涉检查和动态干涉检查。静态干涉检查是指在特定装配结构形式下，检查装配体的各个零部件之间的相对位置关系是否存在干涉，而动态干涉检查是检查在运动过程中是否存在零部件之间的运动干涉。

3. SOLIDWORKS 的装配步骤

装配是定义零件之间几何运动关系和空间位置关系的过程。SOLIDWORKS 装配体由子装配(即部件)、零件和配合(装配约束)组成。SOLIDWORKS 装配设计步骤可概括为"地基"→"定位置"→"添零件"→"选对象"→"设配合"→"装机械"。

(1) 地基:建立一个新的装配体,向装配体中添加第一个"地"零件。

(2) 定位置:设定"地"零件与装配环境坐标系的关系。"地"零件自动设为固定状态。为了确保该零件与装配环境坐标系有确定的关系,需要先将其更改为浮动状态,然后进行必要的定位后,再还原为固定状态。

(3) 添零件:向装配体中加入其他的零部件,方法与插入"地"零件相同,但零件默认为浮动状态。

(4) 选对象:在相配合的两个零件上选取配合对。

(5) 设配合:设定配合对的配合关系。

(6) 装机械:放置其他零部件并设置配合关系,完成虚拟装配。

4. SOLIDWORKS 添加零件的方法

在打开的装配体中,选择"插入"→"零部件"→"已有零部件"命令或单击"装配工具管理器"上的"插入零部件"后(图 6-3),在对话框中双击所需零部件文件,在装配体窗口中放置零部件的区域单击。

插入了所需要的零部件后,对于欠定义的零部件,可以通过"装配体"工具栏中的"移动零部件"或"旋转零部件"工具来独立改变零部件的位置和方向,而不影响其他零部件。

5. SOLIDWORKS 的配合关系

(1) 约束类型。与工程中经常使用的定位方式和零件关系相对应,SOILDWORKS 主要提供了平面重合、平面平行、平面之间成角度、曲面相切、直线重合、同轴心和点重合等配合关系,分为标准配合、高级配合与机械配合 3 大类,如图 6-4 所示。

图 6-3　插入零部件

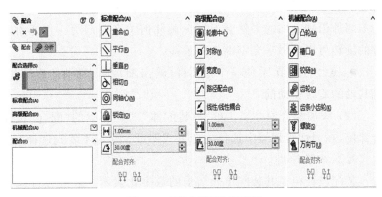

图 6-4　"配合"属性管理器

①标准配合。

- ⬭ "重合"：所选项共享同一个无限基准面。
- ⬭ "平行"：所选项等间距。
- ⬭ "垂直"：所选项成 90°角。
- ⬭ "相切"：将所选项以相切放置(至少有一选项为圆柱面、圆锥面或者球面)。
- ⬭ "同轴心"：所选项共享一条中心线。
- ⬭ "锁定"：使所选对象固定。
- ⬭ "距离"：所选项以指定的距离放置。
- ⬭ "角度"：所选项以指定的角度放置。

②高级配合。

- ⬭ "轮廓中心"：会自动将几何轮廓的中心相互对齐并完全定义零部件。
- ⬭ "对称"：两个相同的零部件相对于零部件的基准面或平面或者装配体的基准面对称。
- ⬭ "宽度"：宽度配合可以使目标零件以指定的角度配合。
- ⬭ "路径配合"：将零部件所选的点约束到路径。可以在装配中选择一个或多个对象来定义路径，也可以定义零部件在沿路径经过时的纵倾、偏转和摇摆。
- ⬭ "线性/线性耦合"：此配合在一个零部件的平移和另一个零部件的平移之间建立几何关系。

③机械配合。

- ⬭ "凸轮"：圆柱、基准面或点与一系列相切的拉伸面重合或相切。
- ⬭ "槽口"：将螺栓或槽口运动限制在槽口孔内。
- ⬭ "铰链"：铰链配合将两个零部件之间的移动限制在一定的旋转范围内，其效果相当于同时添加同心配合和重合配合。
- ⬭ "齿轮"：将两个零部件绕所选轴相对而旋转。
- ⬭ "齿条小齿轮"：一个零件(齿条)的线性平移引起另一个零件(齿轮)的周转，反之亦然。
- ⬭ "螺旋"：使两个零部件的旋转和另一个零部件的平移之间添加纵倾几何关系。一零部件沿轴方向的平移会根据纵倾几何关系引起另一个零部件的旋转。同样，一个零部件的旋转可引起另一个零部件的平移。
- ⬭ "万向节"：使一个零部件(输出轴)绕自身轴的旋转是由另一个零部件(输入轴)绕其轴的旋转驱动的。

(2)添加配合的办法。单击"装配体"工具栏中的"配合"按钮后，在配合零件上选择配合部位，在属性管理器中选择配合方式即可。建议不要先选择配合类型再选择配合部位。

6. 装配设计树

装配设计树是其装配单元结构的数字化表示。装配设计树是三维 CAD 软件用来记录和管理零部件之间的装配约束关系的树状结构，由零件名称、零件组成、约束定义状态、配合方式组成。

装配设计树中显示了零部件的约束情况和现实状态,除了位置已完全定义的零部件之外,其余装配体零部件都有一个前缀。

"＋":表示零部件的位置存在过定义。

"－":表示装配体零部件的位置欠定义。

"固定":表示装配体零部件的位置锁定于某个位置。

"?":表示无法解除的装配配合。

在装配体中,可以多次使用某些零部件。因此,每个零部件都有一个后缀$<n>$,表示同一零部件的生产序号。

7. 装配体编辑

与零件编辑一样,装配体编辑也有特殊的命令来修改错误和问题,用户可以从装配树中选择装配部件,编辑装配部件之间的关系。

如果要编辑装配体中的某项配合,只要在设计树中右击该配合名称,系统就会弹出快捷菜单,选择相应的菜单项即可进行相应的编辑操作。常用的装配体编辑操作如表 6-2 所示。

表 6-2　常用的装配体编辑操作

名称	功能
编辑配合	修改或删除已经设定的配合关系
固定/浮动	强制零部件相对装配环境不能运动/恢复零部件装配约束状态
替换零部件	用不同的零部件替换所选零件的所有实例
重新排序	在设计树中拖动定位零部件名称实现顺序重排,以控制其在明细表中的顺序
压缩/设定还原	零部件压缩时,暂时从内存中移除,而不会删除,以提高操作速度
轻化/还原	零部件轻化时,只有部分模型数据装入内存,其余的模型数据将根据需要载入
生成/解散子装配体	将设计树中选中的多个零部件/子装配体生成/解散子装配体
弹性/刚性属性	右击子装配体,编辑零部件属性,选弹性/刚性(按子装配配合关系定义机构)

8. 干涉检查

在 SOLIDWORKS 中,可以检查装配体中任意两个零部件是否占有相同的空间,即干涉检查。在一个大型设计完成的过程中,经常要注意零部件在静止和运动状态下是否存在干涉现象。而对一个复杂的装配体而言,仅通过肉眼观察来检查零部件之间是否存在干涉是非常不可靠的,而利用干涉检查则可以轻松实现如下功能。

(1)确定零部件之间是否干涉。

(2)显示干涉的真实体积是否为上色体积。

(3)更改干涉和不干涉零部件的显示设定,以看到更好的干涉。

(4)选择忽略想排除的干涉,如紧密配合、螺纹扣件的干涉等。

(5)选择将实体之间的干涉,包括在多实体零件内。

(6)选择将子装配体看作单一零部件,这样子装配体零部件之间的干涉将不被报出。

(7)将重合干涉和标准干涉区分开来。

选择"工具"→"评估"→"干涉检查"命令，如图 6-5(a)中①②③所示，出现"干涉检查"对话框。选择两个或多个零部件，如图 6-5(b)所示。"所选零部件"文本框中列出所选零部件的名称。单击"计算"按钮。如果其中有干涉的情况，干涉信息方框会列出发生的干涉（每对干涉的零部件会列出一次干涉的报告）。当单击清单中的一个项目时，相关的干涉体积会在绘图区中被高亮显示，还会列出相关零部件的名称，如图 6-5(c)所示。

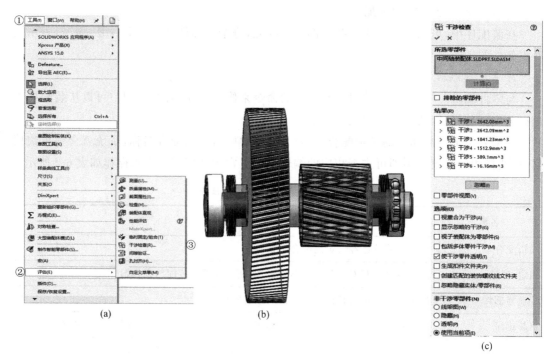

图 6-5　装配体干涉检查

（1）"所选零部件"选项组。用于显示为干涉检查所选择的零部件。根据系统默认，除非预选了其他零部件，否则出现顶层装配体。当检查装配体的干涉情况时，所有零部件都将被检查。

● "计算"按钮可以检查零件之间是否发生干涉。

（2）"结果"选项组。用于显示检测到的干涉。每个干涉的体积出现在每个列举项的右边，当在结果中选择一干涉时，干涉将在图形区域以红色高亮显示。

● "忽略"/"解除忽略"：单击为所选干涉在忽略和解除忽略模式之间转换。如果干涉设定为忽略，则会在以后的干涉计算中保持忽略。

● "零部件视图"：勾选该复选框后，将按零部件名称而不按干涉号显示干涉。

（3）"选项"选项组。其各选项的含义如下所述：

● "视重合为干涉"：勾选该复选框，可将重合实体报告为干涉。

● "显示忽略的干涉"：勾选该复选框，在结果清单中以灰色图标显示忽略的干涉。当此选项被消除选择时，忽略的干涉将不列举。

● "视子装配体为零部件"：当勾选时，子装配体被看作单一零部件，这样子装配体零部件之间的干涉将不报出。

●"包括多体零件干涉":勾选该复选框,以报告多实体零件中实体之间的干涉。

●"使干涉零件透明":勾选该复选框,以透明模式显示所选干涉的零部件。

●"生成扣件文件夹":勾选该复选框,可将扣件(如螺母和螺栓)之间的干涉隔离在结果下的单独文件夹。

●"创建匹配装饰螺纹线文件夹":勾选该复选框,可将带有适当匹配装饰螺旋纹线的零部件之间的干涉隔离至命名为匹配装饰螺纹线的单独文件夹。由于螺纹线不匹配、螺纹线未对齐或其他干涉几何体造成的干涉仍然将会列出。

●"忽略隐藏实体/零部件":如果装配体包括含有隐藏实体的多实体零件,勾选该复选框,可忽略隐藏实体与其他零部件之间的干涉。

(4)"非干涉零部件"选项组。用于设置所选模式显示非干涉的零部件,包括"线架图"、"隐藏"、"透明"、"使用当前项"四个选项。

9. 碰撞检查

在 SOLIDWORKS 中,可以检查与整个装配体或所选的零部件组之间的碰撞。发现对所选的零部件的碰撞,或对由于与所选的零部件有配合关系而移动的所有零部件的碰撞。

选择工具栏上的"移动零部件"(或者"旋转零部件")命令,出现"移动零部件"对话框。如果移动的零部件接触到装配体中任何其他的零部件,会检查出碰撞。如果勾选对话框中的"高亮显示面"和"声音"选项之后(图 6-6),当发生碰撞时,接触移动的零部件的面被高亮显示,同时发现碰撞时电脑会发出声音。

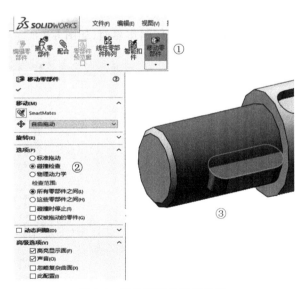

图 6-6　移动零部件碰撞检查

6.2　装配体的操作

装配体设计是将各种零件模型插入到装配体文件中,利用配合关系来限制各个零件的相对位置,使其构成一个整体。下面来介绍装配体设计的各个具体步骤。

6.2.1 创建装配体文件

下面介绍创建装配体文件的操作步骤。

①打开 SOLIDWORKS,选择下拉菜单"文件"→"新建"→"装配体",如图 6-7 所示。

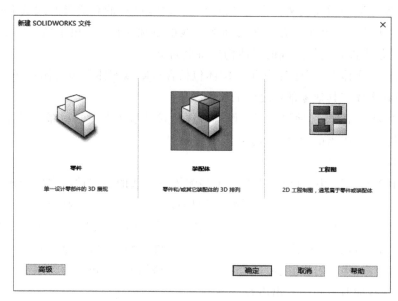

图 6-7 新建"装配体"对话框

②在对话框中选择"装配体",进入装配体制作界面,如图 6-8 所示。

图 6-8 装配体制作界面

装配体制作界面与零件的制作界面基本相同,特征管理器中出现一个配合组,在装配体制作界面中出现的"装配体"工具栏,对"装配体"工具栏的操作与"工具栏"操作相同。

将一个零部件(单个零件或子装配体)放入装配体中时,这个零部件文件会与装配体文件链接。此时零部件出现在装配体中,零部件的数据还保存在原零部件文件中。

6.2.2　插入装配零件

制作装配体需要按照装配的过程,依次插入相关零件,有多种方法可以将零部件添加到一个新的或现有的装配体中。

下面介绍插入装配零件的步骤。

①选择命令。选择"插入零部件"→"浏览",选择所需要装配的零件。

②选择一个零件作为装配体的基准零件,单击"打开",然后在图形区合适位置单击以放置零件,如图6-9所示。

6.2.3　删除装配零件

下面介绍删除装配零件的操作步骤。

①在图形区或特征管理器设计树中单击零部件。

②按 Delete 键删除或单击菜单栏中的"编辑"→"删除"命令,或右击,在弹出的快捷菜单中单击"删除"命令,此时会弹出"确认删除"对话框。

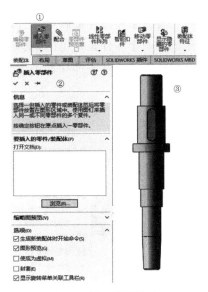

图 6-9　插入装配零件

③单击"是"按钮以确认删除,此零部件及其所有相关项目(配合、零部件阵列、爆炸步骤等)都会被删除,如图6-10所示。

6.2.4　定位零部件

在零部件放入装配体中后,用户可以移动、旋转零部件或固定它的位置,用这些方法可以大致确定零部件的位置,然后再使用配合关系来精确地定位零部件,如图6-11所示。

图 6-10　删除装配零件

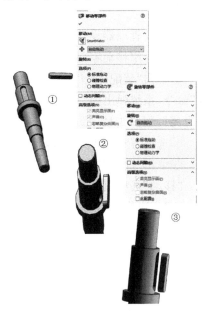

图 6-11　定位零部件

6.2.5 固定零部件

当一个零部件被固定之后,它就不能相对于装配体原点移动了。默认情况下,装配体中的第一个零件是固定的,就是"地"零件。如果装配体中至少有一个零部件被固定下来,它就可以为其余零部件提供参考,防止其他零部件在添加配合关系时意外移动,如图 6-12 所示。

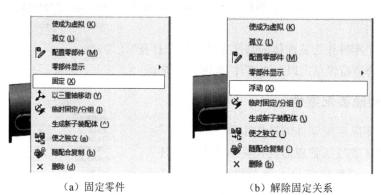

（a）固定零件　　　　　　　（b）解除固定关系

图 6-12　固定零部件

要固定零部件,只要在特征管理器设计树或图形区中右击要固定的零部件,在弹出的快捷菜单中单击"固定"命令即可,如图 6-12(a)所示。如果要解除固定关系,只要在快捷菜单中单击"浮动"命令即可,如图 6-12(b)所示。

当一个零部件被固定之后,在特征管理器设计树中,该零部件名称的左侧出现文字"固定",表明该零部件已被固定。

6.2.6 移动零部件

在特征管理器设计树中,只要前面有"一"符号的,该零件即可被移动。

下面介绍移动零部件的操作步骤。

①单击"装配体"工具栏中的"移动零部件",或者执行"工具"→"零部件"→"移动零部件"命令,系统弹出的"移动零部件"属性管理器,指针形状变为 ✛ ,如图 6-13 所示。

②选择需要移动的类型,然后将其拖动到需要的位置。

③单击"确定"按钮 ✔ ,或者按 Esc 键取消命令操作。

"移动"选项组各选项的作用如下:

● "自由拖动":系统默认选项,可以在视图中把选中的文件拖动到任意位置。

● "沿装配体 XYZ":选择零部件并沿装配体的 X、Y或 Z 方向拖动。视图中显示的装配体坐标系可以确定移动的方向,在移动前要在欲移动方向的轴附近单击。

● "沿实体":首先选择实体,然后选择零部件并沿该实体拖动。如果选择的实体是一条直线、边线或轴,所移

图 6-13　"移动零部件"属性管理器

动的零部件具有一个自由度。如果选择的实体是一个基准面或平面,所移动的零部件具有两个自由度。

● "由三角 XYZ":在属性管理器中键入移动三角 XYZ 的范围,然后单击"应用"按钮,零部件按照指定的数值移动。

● "到 XYZ 位置":选择零部件的一点,在属性管理中键入 X、Y 或 Z 坐标,然后单击"应用"按钮,所选零部件的点移动到指定的坐标位置。如果选择的项目不是顶点或点,则零部件的原点会移动到指定的坐标处。

6.2.7 旋转零部件

在特征管理器设计树中,只要前面有"－"符号,该零件即可被旋转。

下面介绍旋转零部件的操作步骤。

①单击"装配体"工具栏中的"旋转零部件"按钮 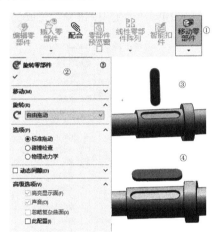 ,或者执行"工具"→"零部件"→"旋转"命令,系统弹出的"旋转零部件"属性管理器,指针形状变为 C,如图 6-14 所示。

②选择需要旋转的零件,然后根据需要确定零部件的旋转角度。

③单击"确定"按钮 ✔ ,或者按 Esc 键取消命令操作。

"旋转"选项组各选项的作用如下:

● "自由拖动":系统默认选项,可以在视图中把选中的文件拖动到任意位置。

图 6-14 旋转零部件

● "绕实体":选择一条直线、边线或轴,然后围绕所选实体拖动零部件。

● "由三角形 XYZ":选择零部件,在"旋转零部件"属性管理器中输入 X、Y 或 Z 值,然后单击"应用",零部件按照指定角度绕装配体的轴绕动。

6.2.8 删除配合关系

如果装配体中的某个配合关系有误,用户可以随时将它从装配体中删除。

下面介绍删除配合关系的操作步骤。

①在特征管理器设计树中,右击想要删除的配合关系,如删除图 6-15 中面④和面⑤的配合关系。

②在弹出的快捷菜单中单击"删除"命令或按 Delete 键。

③弹出"确认删除"对话框,单击"是"按钮,以确认删除,如图 6-15 中③所示。

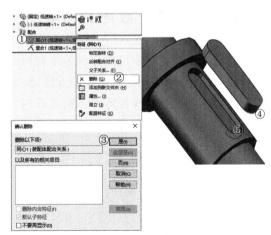

图 6-15 删除配合关系

6.2.9 修改配合关系

用户可以像重新定义特征一样,对已经存在的配合关系进行修改。

下面介绍修改配合关系的操作步骤。

①在特征管理器设计树中,右击要修改的配合关系,如修改图 6-16 中面④和面⑤的配合关系。

②在弹出的快捷菜单中单击"编辑特征"按钮 。

③在弹出的属性管理器中改变所需选项。

④如果要替换配合实体,在 (要配合实体)列表框中删除原来的实体后,重新选择实体,如图 6-16 中③所示。

⑤单击"确定"按钮 ✔ ,完成配合关系的重新定义。

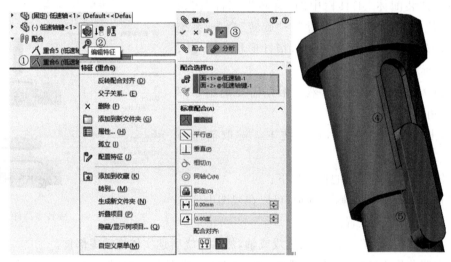

图 6-16 修改配合关系

6.3 零部件的阵列与镜像

在同一个装配体中可能存在多个相同的零件,在装配时用户可以不必重复地插入相同的零件,而是利用阵列或者镜像的方法,快速完成具有规律性零件的插入和装配。

零件的阵列分为线性阵列和圆周阵列。如果装配体中具有相同的零件,并且这些零件按照线性或者圆周的方式排列,可以使用"线性阵列"和"圆周阵列"命令进行操作。

6.3.1 线性阵列

选择"插入"→"零部件阵列"→"线性阵列"菜单命令,出现"线性阵列"属性管理器,如图 6-17所示。

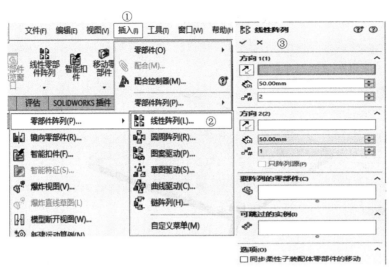

图 6-17　"线性阵列"属性管理器

（1）"方向 1"选项组。用于一个零件在一个方向上阵列的相关设置。

● ⬈ "反向"：可以使阵列方向相反。该按钮后面的文本框中显示阵列的参考方向，可以通过单击来激活此文本框。

● ⬢ "间距"：通过在文本框中输入数值，可以设置阵列后零件的间距。

● ⬡ "实例数"：通过在文本框输入数值，可以设置阵列零件的总个数（包括源零件）。

（2）"方向 2"选项组。具体设置同"方向 1"选项组。

（3） ⬢ "要阵列的零部件"选项组。用来选择用于阵列的源部件。

（4） ⬥ "可跳过的实例"选项组。在该选项组区域中选择了零件，则在阵列时跳过所选的零件后继续阵列。

下面以如图 6-18 所示的模型为例，说明线性阵列的一般过程。

①单击"装配体"工具栏中的"线性零部件阵列"，弹出"线性阵列"属性管理器。在"要阵列的零部件"选项框中，选择螺栓和垫片，在"方向 1"选项框中选择边线 1、2，如图 6-19 所示。

图 6-18　线性阵列模型

图 6-19　线性阵列模型方向选择

②在"间距"中输入两孔之间的距离，在"实例数"中输入想要的个数。在"方向 2"的选项框中选择另一条边线，在"间距"中输入两孔之间的距离，在"实例数"中输入想要阵列的个数，如图 6-20 所示。

③单击"确定"按钮 ✔，完成线性阵列的操作，结果如图 6-21 所示。

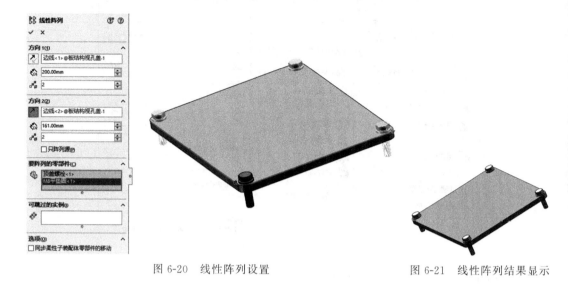

图 6-20　线性阵列设置　　　　　　　　　　图 6-21　线性阵列结果显示

6.3.2　圆周阵列

选择"插入"→"零部件阵列"→"圆周阵列"菜单命令，出现"圆周阵列"属性管理器，如图 6-22所示。

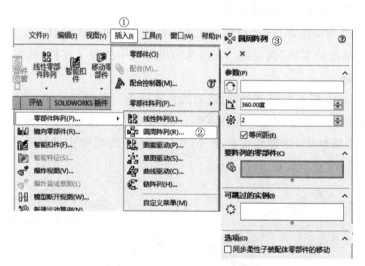

图 6-22　"圆周阵列"属性管理器

（1）"参数"选项组。用于零件圆周阵列的相关设置。

● ⟳ "反向"：可以使阵列方向相反。该按钮后面的文本框中需要选取一条基准轴或线性边线，阵列绕此轴进行旋转，可以通过单击激活此文本框。

● ⟲ "间距"：在文本框中输入数值，可以设置阵列后零件的角度间距。

● ❀ "实例数"：在文本框中输入数值，可以设置阵列后零件的总个数（包括源零件）。

●"等间距"：选中此复选框，系统默认将零件按相应的个数在 360°内等间距阵列。

(2)"要阵列的零部件"选项组。用来选择用于阵列的源零件。

(3)"可跳过的实例"选项组。"可跳过的实例" ⚙ 区域中选择了零件,则在阵列时跳过所选的零件后继续阵列。

下面以如图 6-23 所示的模型为例,说明圆周阵列的一般过程。

①单击"装配体"工具栏中的"圆周零部件阵列",弹出"圆周阵列"属性管理器。在"参数"选项组中,选择基准轴 1,角度设置为 360°,实例数设置为 6,在"要阵列的零部件"选项框中,选择螺栓,如图 6-24 所示。

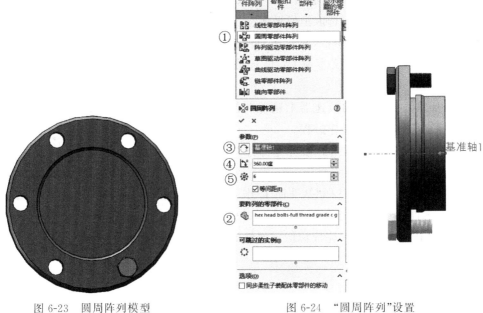

图 6-23 圆周阵列模型　　　　　　图 6-24 "圆周阵列"设置

②单击"确定"按钮 ✔,完成圆周阵列的操作,结果如图 6-25 所示。

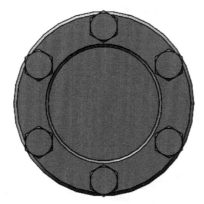

图 6-25 "圆周阵列"结果

6.3.3 零件的镜像

在装配体中,经常会出现两个部件关于某一平面对称的情况,这时不需要再次为装配体添加相同的部件,只需要将原部件进行镜像复制即可。装配体环境下的镜像操作与零件设计环境下的镜像操作类似。

选择"插入"→"镜像零部件"菜单命令,出现"镜像零部件"属性管理器,如图 6-26 所示。

● "镜像基准面"文本框,显示用户所选取的镜像平面,可以单击激活此文本框后,再选取镜像平面。

● "要镜像的零部件"文本框,显示用户所选取的要镜像的零部件,可以单击激活此文本框后,再选取要镜像的零部件。

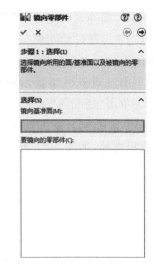

图 6-26 "镜像零部件"属性管理器

下面以如图 6-27 所示的减速器上箱盖两侧装配螺栓为例,说明镜像零部件的一般操作过程。

(1)单击"装配体"工具栏的"镜像零部件",系统弹出"镜像零部件"属性管理器。

(2)在"镜像基准面"中选择"基准面 1"作为镜像基准面,在"要镜像的零部件"中选择四个螺栓,如图 6-28 所示。

图 6-27 镜像零部件模型

(3)单击"确定"按钮 ✓,完成镜像零部件的操作,结果如图 6-29 所示。

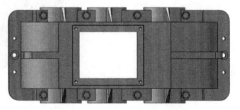

图 6-28 "镜像零部件"设置　　　　　　图 6-29 镜像零部件结果

6.4 装配设计综合案例

本例讲解二级减速器中间轴的装配过程,其模型如图 6-30 所示。

图 6-30 二级减速器中间轴装配体

具体装配设计步骤主要如下:

1. 插入零件

①启动 SOLIDWORKS 2016 中文版,单击"文件"工具栏中的"新建"按钮,弹出"新建 SOLIDWORKS 文件"对话框,单击"装配体"按钮,如图 6-31 所示,单击"确定"按钮。

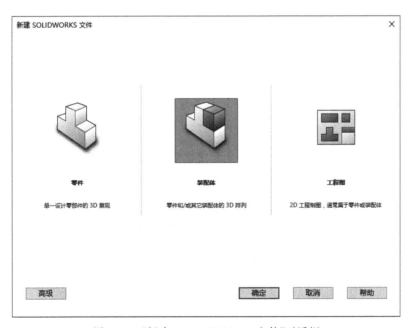

图 6-31 "新建 SOLIDWORKS 文件"对话框

②弹出"开始装配体"属性管理器,单击"浏览"按钮,选择文件"中间轴.SLDPRT"为基准零件,单击"打开"按钮,如图 6-32 所示。

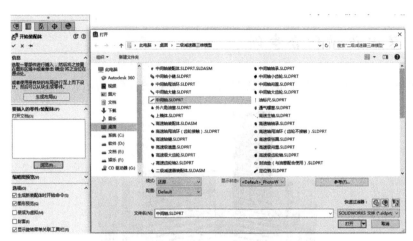

图 6-32　插入零件

③在图形区域中单击以放置零件,如图 6-33 所示,插入中间轴作为"地"零件。

图 6-33　放置中间轴

2．设置配合

(1) 中间轴大、小键配合。

①单击"装配体"工具栏中的"配合"按钮,弹出"配合"属性管理器。在"要配合的实体"选项框中,选择小键的侧面①和键槽的侧面②,在"标准配合"选项组中选择"重合"按钮(选择两个平面,系统自动选择"重合"配合关系),其他保持默认,单击"确定"按钮 ✔,完成一次"配合"添加,如图 6-34 所示。

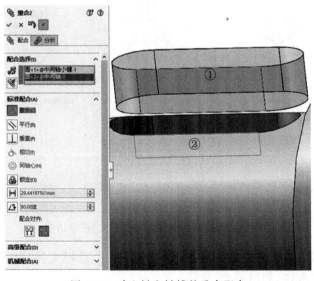

图 6-34　建立键和键槽的重合配合

②继续进行配合,选择键的端面③和键槽的半圆面④,在"标准配合"选项组中选择"同轴心"按钮,其他保持默认,单击"确定"按钮 ✔ ,完成配合,如图 6-35 所示。

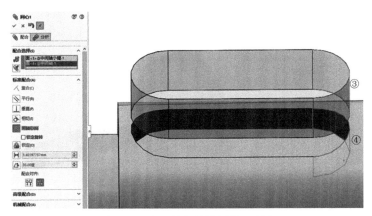

图 6-35　建立键和键槽同轴心配合

③继续进行配合,选择小键的底面①和键槽的底面②,在"标准配合"选项组选择"重合"按钮,其他保持默认,单击"确定"按钮 ✔ ,完成配合,如图 6-36 所示。

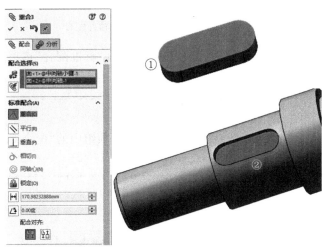

图 6-36　建立键和键槽底面重合配合

④按照上述步骤的方法,即可完成中间轴大、小键的配合,结果如图 6-37 所示。

图 6-37　中间轴大、小键的装配

（2）中间轴大、小齿轮的配合。

①插入大齿轮后,单击"装配体"工具栏中的"配合"按钮,弹出"配合"属性管理器。在"要配合的实体"选项框中,选择面①和面②,在"标准配合"选项组选择"同轴心"按钮,其他

保持默认,单击"确定"按钮 ✔ ,完成一次配合,如图 6-38 所示。

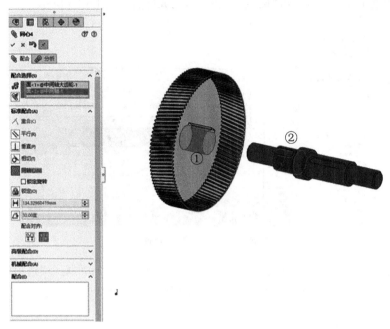

图 6-38　建立中间轴大齿轮同轴心配合

②继续进行配合,选择齿轮键槽①和小键顶面②,在"标准配合"选项组中选择"平行"按钮,其他保持默认,单击"确定"按钮 ✔ ,完成配合,如图 6-39 所示。

> **✍注意**
>
> 　　如果中间轴大键是倒过来的,可在"标准配合"选项组中的"配合对齐"中选择"反向对齐" ⊞ 。

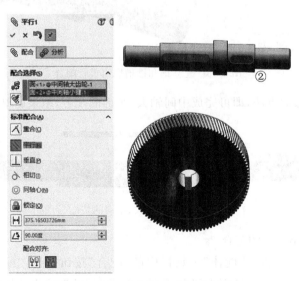

图 6-39　建立中间轴大齿轮平行配合

③继续进行配合,选择面①和面②,在"标准配合"选项组选择"重合"按钮,其他保持默认,单击"确定"按钮 ✔ ,完成配合,如图 6-40 所示。

④按照上述步骤的方法,即可完成中间轴大、小齿轮的配合,结果如图 6-41 所示。

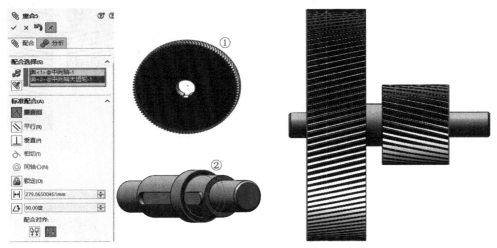

图 6-40　建立中间轴大齿轮重合配合　　　　图 6-41　中间轴大、小齿轮装配

(3) 中间轴挡油环的配合。

①插入挡油环零件,单击"装配体"工具栏中的"配合"按钮,弹出"配合"属性管理器。在"要配合的实体"选项框中,选择挡油环内表面①和低速轴外表面②。在"标准配合"选项组选择"同轴心"按钮,其他保持默认,单击"确定"按钮 ✔ ,完成一次配合,如图 6-42 所示。

②继续进行配合,选择大齿轮的面①和挡油环的面②,在"标准配合"选项组选择"重合"按钮,其他保持默认,单击"确定"按钮 ✔ ,完成配合,如图 6-43 所示。

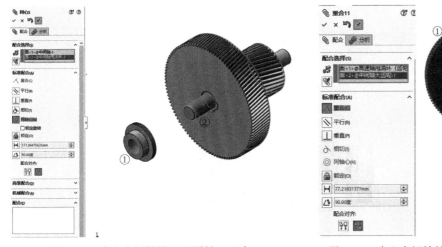

图 6-42　建立中间轴挡油环同轴心配合　　　　图 6-43　建立中间轴挡油环重合配合

③按照上述步骤的方法，即可完成两边中间轴挡油环的配合，如图 6-44 所示。

（4）中间轴轴承之间的配合。

①插入中间轴轴承零件，单击"装配体"工具栏中的"配合"按钮，弹出"配合"属性管理器。在"要配合的实体"选项框中，选择轴承内圈面①和中间轴外表面②，在"标准配合"选项组中选择"同轴心"按钮，其他保持默认，单击"确定"按钮 ✔，完成一次配合，如图 6-45 所示。

②继续进行配合，选择轴承的面①和挡油环的面②，在"标准配合"选项组选择"重合"按钮，其他保持默认，单击"确定"按钮 ✔，完成配合，如图 6-46 所示。

图 6-44　中间轴挡油环

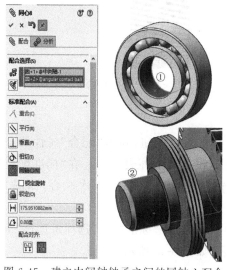

图 6-45　建立中间轴轴承之间的同轴心配合

图 6-46　建立轴承和挡油环的重合配合

③重复上述的方法，即可完成两边中间轴轴承的配合，如图 6-47 所示。

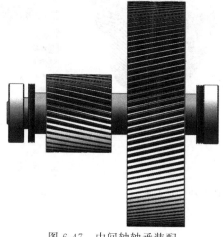

图 6-47　中间轴轴承装配

6.5 装配体爆炸视图

为了便于直观地观察装配体之间零件与零件的关系,经常需要分离装配体中的零部件,以形象地分析它们之间的相互关系。装配体的爆炸视图可以分离其中的零部件,以便用户查看这个装配体。

装配体爆炸后,不能给装配体添加配合。一个爆炸视图包括一个或者多个爆炸步骤,每一个爆炸视图保存在所生成的装配体配置中,每一个配置都可以有一个爆炸视图。

6.5.1 爆炸视图的属性设置

单击"装配体"工具栏中的"爆炸视图"按钮,会出现如图 6-48 所示的"爆炸"属性管理器。"爆炸"属性管理器中各选项的含义说明如下:

1. "爆炸步骤类型"选项组

● ᠗ "常规步骤":通过平移和旋转零件对其进行爆炸。

● ❀ "径向步骤":围绕一个轴,按径向对齐或圆周对齐爆炸零部件。

2. "爆炸步骤"选项组

该选项组中会显示现有的爆炸步骤,其内容包括如下两项。

● ⤵ "爆炸步骤":该内容是对于常规步骤而言的,爆炸到单一位置的一个或多个所选零部件。

● ◉ "爆炸步骤":该内容是对于径向步骤而言的,一个或更多已选零部件将径向爆炸。

3. "常规爆炸的设定"选项组

● ● "爆炸步骤的零部件":显示当前爆炸步骤所选的零部件。

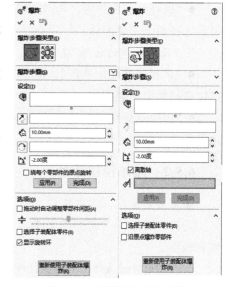

图 6-48 "爆炸"属性管理器

● ↗ "爆炸方向":显示当前爆炸步骤所选的方向。如有必要,可以单击"反向"按钮 ↗ 。

● ⬥ "爆炸距离":显示当前爆炸步骤零部件移动的距离。

● ↻ "反向":反转平移方向。

● ⤴ "旋转角度":设置绕零部件原点转动的零部件旋转程度。

● "绕每个零部件的原点旋转":将零部件设置为绕零部件原点旋转。选定时,将自动增添旋转轴选项。

● "应用":单击该按钮,可以预览对爆炸步骤的更改。

● "完成":单击该按钮,可以完成新的或已更改的爆炸步骤。

4. "径向爆炸的设定"选项组

● ● "爆炸步骤的零部件":显示当前爆炸步骤所选的零部件。

- ↗ "反向"：反转径向方向。
- ⬙ "爆炸距离"：显示当前爆炸步骤零部件移动的距离。
- ⥮ "旋转角度"：设置绕零部件原点转动的零部件旋转程度。
- "离散轴"：通过沿角度远离轴来爆炸零部件。
- ⬙ "径向爆炸步骤的离散方向"：设置发散的角度、圆柱面、圆锥面、线性边线或轴。
已选实体必须利用爆炸轴来创建角度。
- "应用"：单击该按钮，可以预览对爆炸步骤的更改。
- "完成"：单击该按钮，可以完成新的或已更改的爆炸步骤。

5. "常规爆炸的选项"选项组

- "拖动时自动调整零部件间距"：勾选该复选框，将沿轴心自动均匀地分布零部件组的间距。
- ⥮ "调整零部件链之间的间距"：拖动后自动调整放置的零部件之间的间距。
- "选择子装配体零件"：勾选该复选框，可以选择子装配体的单个零部件。取消勾选，可以选择整个子装配体。

6. "径向爆炸的选项"选项组

- "选择子装配体零件"：勾选该复选框，可以选择子装配体的单个零部件。取消勾选，可以选择整个子装配体。
- "沿原点爆炸零部件"：勾选该复选框，沿零部件原点爆炸零部件。清除勾选时，零部件沿其边界框中心爆炸。

6.5.2　爆炸视图添加

如果要对装配体添加爆炸，可以采用如下的操作步骤。

①打开要爆炸的装配体文件，单击"装配体"工具栏中的"爆炸视图"按钮，出现"爆炸"属性管理器。

②在图形区域或弹出的特征管理器中选择一个或多个零部件，将其包含在第一个爆炸步骤中。此时操纵杆出现在图形区域，在属性管理器中，零部件出现在设定爆炸步骤下的文本框中。

③将鼠标指针移到指向零部件爆炸方向的操纵杆控标上，鼠标指针形状变为 ↳ 。

④拖动操纵杆中心的黄色球体，可以将操纵杆移至其他位置。如果在特征上拖动操纵杆，则操纵杆的轴会对齐该特征。

⑤完成设定后，单击"完成"按钮，清除属性管理器中的内容，并为下一步骤作准备。根据需要生成更多爆炸步骤，为每一个零部件或一组零部件重复这些步骤，在定义每一步骤后，单击"完成"按钮。

⑥对此爆炸视图满意时，单击"确定"按钮 ✓ ，生成爆炸视图。

6.5.3　爆炸视图编辑

如果对生成的爆炸视图并不满意，可以对其进行修改，具体的操作步骤如下：

①在属性管理器中，选择所要编辑的爆炸步骤，右击，在弹出的快捷菜单中选择"编辑步骤"命令。

提示：此时在视图中，爆炸步骤中要爆炸的零部件为绿色高亮显示，爆炸方向及拖动控标绿色三角形出现。

②在属性管理器中编辑相应的参数，或拖动绿色控标来改变距离参数，直到零部件达到所想要的位置为止。

③改变要爆炸的零部件，或要爆炸的方向，单击相对应的选项框，然后选择或取消选择所要的项目，如图 6-49 所示。

④清除所爆炸的零部件并重新选择，在图形区域选择该零件后右击，在快捷菜单中选择"清除选项"命令。

⑤要撤销对上一个步骤的编辑，单击"撤销"按钮即可。

⑥编辑每一个步骤之后，单击"应用"按钮。

⑦要删除一个爆炸视图，在爆炸步骤下右击，然后在弹出的快捷菜单中选择"删除"命令即可。

⑧单击"确定"按钮 ✔ ，完成爆炸视图的修改。

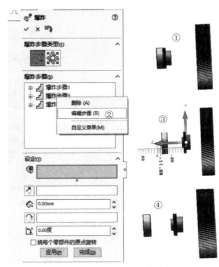

图 6-49　爆炸视图的编辑

6.5.4　爆炸视图的解除

爆炸视图保存在生成它的装配体配置中，每一个装配体配置中可以有一个爆炸视图。如果要解除爆炸视图，可采用如下步骤进行操作：

①单击 ConfigurationManager 标签。

②在爆炸视图特征旁单击以查看爆炸步骤。

③双击爆炸视图特征或右击爆炸视图特征，在快捷菜单中选择"爆炸"命令。

④右击爆炸视图特征，然后在快捷菜单中选择"动画爆炸"命令，在装配体爆炸时将显示动画控制器弹出工具栏。

⑤想解除爆炸，可采用下面的任意一种方法来解除爆炸状态，恢复装配体原来的状态：双击爆炸视图特征；右击爆炸视图特征，然后在快捷菜单中选择"解除爆炸"命令，如图 6-50 所示。

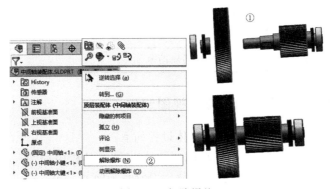

图 6-50　解除爆炸

⑥右击爆炸视图特征,然后在快捷菜单选择"动画解除爆炸"命令,在装配体解除爆炸时将显示动画控制器弹出工具栏,如图 6-51 所示。

图 6-51 动画解除爆炸

动画控制器各按钮功能如表 6-3 所示。

表 6-3 动画控制器各按钮的功能

图标	名称	功能
◄◄	开始	在播放过程中单击此按钮,动画跳到开始位置
◄◄	倒回	也叫快退,单击此按钮,画面快速退回
►	播放	单击此按钮,开始播放动画
►►	快进	单击此按钮,画面快进
►►|	结束	在播放过程中单击此按钮,动画跳到结束位置
‖	暂停	单击此按钮,动画暂停
■	停止	单击此按钮,动画停止
▦	保存动画	单击此按钮,保存已播放的动画内容
→	正常播放模式	动画从开始播放到结束停止
↻	循环播放模式	动画从开始到结束后跳到开始位置继续播放,依此不断循环
↔	往复播放模式	动画从开始播放到结束后再从结束位置倒转播放到开始位置
►×$\frac{1}{2}$	慢速播放	以 1/2 的速度播放动画
►×2	快速播放	以 2 倍的速度播放动画

二级减速器中间轴的爆炸视图

6.5.5 二级减速器中间轴的爆炸视图制作

二级减速器中间轴的爆炸视图制作具体过程如下。

①启动 SOLIDWORKS 2016 中文版,单击"文件"工具栏中的"打开"按钮,打开"中间轴装配体文件",单击"确定"按钮,如图 6-52 所示。

图 6-52 中间轴装配体

②单击"装配体"工具栏中的"爆炸视图"按钮,弹出"爆炸"属性管理器。在"爆炸步骤类型"中选择"常规步骤(平移和旋转)" ☜ ,然后选择需要爆炸的零部件,如图 6-53 所示。

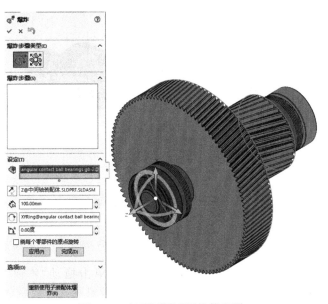

图 6-53　打开"爆炸"属性管理器

③单击"中间轴轴承零部件",会出现"三重轴",单击拖动"Z 轴"到适当的位置,如图 6-54所示。

图 6-54　爆炸轴承

④单击"中间轴挡油环零部件",出现"三重轴",单击拖动"Z轴"到适当的位置,如图 6-55所示。

图 6-55　爆炸挡油环

⑤单击"中间轴大齿轮零部件",出现"三重轴",单击拖动"Z轴"到适当的位置,如图 6-56所示。

图 6-56　爆炸大齿轮

⑥单击"中间轴轴承零部件",出现"三重轴",单击拖动右侧"Z轴"到适当的位置,如图 6-57 所示。

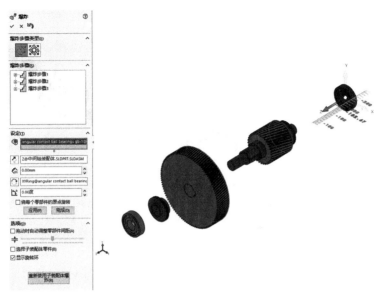

图 6-57 爆炸轴承

⑦单击"中间轴挡油环零部件",出现"三重轴",单击拖动"Z 轴"到适当的位置,如图 6-58所示。

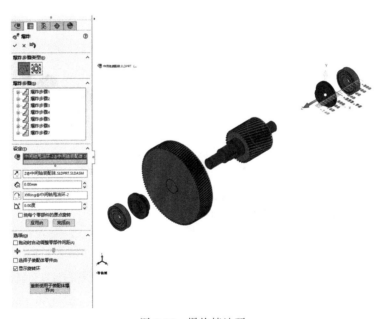

图 6-58 爆炸挡油环

⑧单击"中间轴小齿轮零部件",出现"三重轴",单击拖动"Z 轴"到适当的位置,如图 6-59所示。

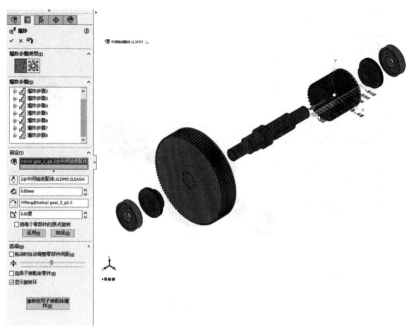

图 6-59　爆炸小齿轮

⑨单击"中间轴大键零部件",出现"三重轴",单击拖动"X 轴"到适当的位置,如图 6-60 所示。

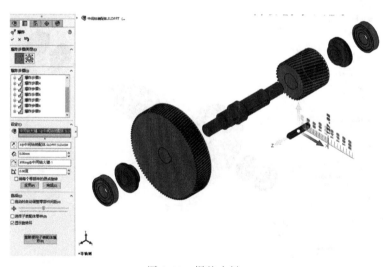

图 6-60　爆炸大键

⑩单击"中间轴小键零部件",出现"三重轴",单击拖动"X 轴"到适当的位置,如图 6-61 所示。

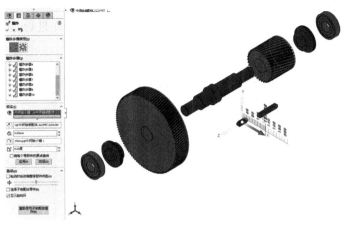

图 6-61 爆炸小键

⑪单击"确定"按钮 ✔,完成中间轴装配体的爆炸,结果如图 6-62 所示。

图 6-62 最终爆炸视图

⑫解除爆炸。在特征管理器中右击"中间轴装配体",在弹出的快捷菜单中选择"解除爆炸"命令,如图 6-63 所示。

图 6-63 解除爆炸

⑬创建动画解除爆炸。在特征管理器中右击"中间轴装配体",在弹出的快捷菜单中选择"动画解除爆炸"命令,系统以动画形式显示最终爆炸视图的爆炸过程,系统在显实动画的同时显示"动画控制器",如图 6-64 所示。

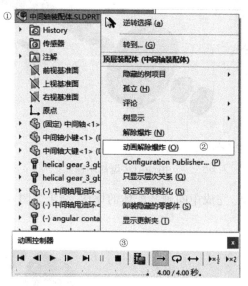

图 6-64　动画解除爆炸

本章案例素材文件可通过扫描以下二维码获取：

案例素材文件

6.6　思考与练习

根据下列零件图,先完成建模,再完成装配造型,要求提交装配造型文件。

1. 根据下列机械手的零件图,先完成零件建模,再完成装配造型。根据前面生成的装配造型,生成爆炸视图的动画,要求每个零件在运动路径上不能出现干涉。

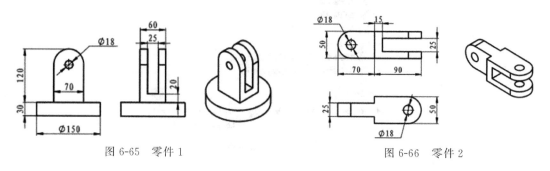

图 6-65　零件 1　　　　　　　　　　　　　　　　图 6-66　零件 2

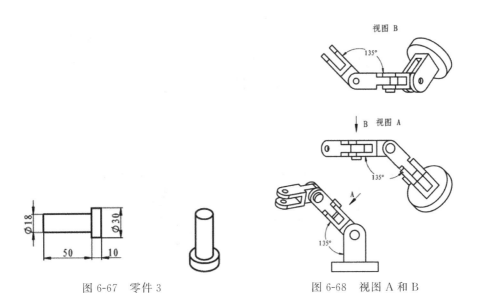

图 6-67　零件 3

图 6-68　视图 A 和 B

2. 根据下列轮子的零件图,先完成零件建模(未注倒角为 C0.5),再完成装配造型。根据前面生成的装配造型,生成爆炸视图的动画,要求每个零件在运动路径上不能出现干涉。

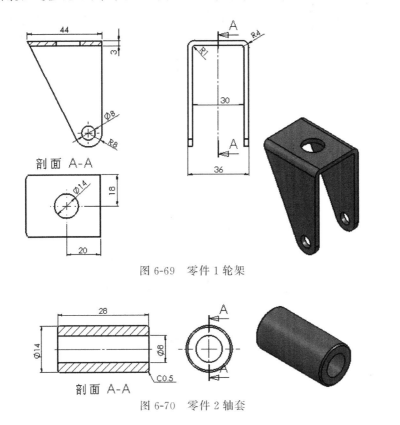

图 6-69　零件 1 轮架

图 6-70　零件 2 轴套

图 6-71　零件 3 轮轴

图 6-72　零件 4 接杆

剖面 A-A

图 6-73　零件 5 轮子

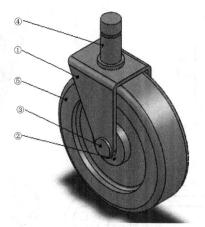

图 6-74　小轮组装配体

工程图设计
（授课视频）

第7章

工程图设计

第7章课件

本章主要介绍如何从实际零件直接转换为二维工程图的基本过程，要求：了解工程图的基本设置；掌握基本视图，如标准三视图、剖视图、辅助视图、局部视图等的创建；掌握工程图详图，如尺寸标注、注解及明细栏等内容的添加。

7.1 工程图概述

在日常生活中，人们大部分是通过语言和文字来交流思想的，但在工程上仅靠语言来描述是很困难的。例如，端盖是一个简单的零件，可以试着用语言来描述它的形状和大小，即使表达得很清楚，听的人也不一定能完全正确理解。可以想象在机器的制造或建筑物的建造中，仅靠语言和文字是不能完全表达清楚的。因此，在工程上常常将物体按一定的投影方法和技术规定表达在图纸上，用以表达机件的结构形状、大小，以及制造、检验中所必需的技术要求，这种图样称为工程图。

工程图是表达设计者思想以及加工和制造零部件的依据。工程图由一组视图、尺寸、技术要求、标题栏及明细表等内容组成。

产品工程图需要全面描述产品的工程属性：产品形状、加工要求（形位公差、尺寸公差、粗糙度等）、零件配置和构成（零件明细表）、产品说明信息（图号、比例、设计人员、设计时间等）。

SOLIDWORKS 的工程图文件由相对独立的两部分组成，即图纸格式文件和工程图内容。图纸格式文件包括工程图的图幅大小、标题栏设置、零件明细表定位点等。这些内容在工程图中保持相对稳定。建立工程图文件时首先要指定图纸格式。工程图内容是表达机械结构形状的图形，常用的有视图、剖视图和剖面图等。

7.1.1 建立工程图文件

新建工程图和建立零件相同，首先需要选择工程图模板文件。

①单击"工具栏"上的"新建"按钮 ，出现"新建 SOLIDWORKS 文件"对话框，选择"工程图" ，单击"确定"按钮，进入工程图窗口，如图 7-1 所示。

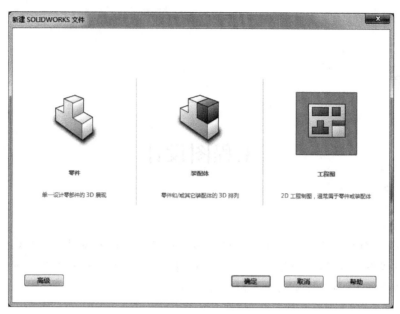

图 7-1　新建工程图对话框

或者进入高级模式,单击相应的图纸格式大小,如图 7-2 所示。

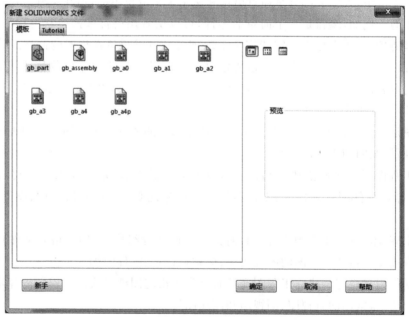

图 7-2　高级模式界面

两种方法均能进入工程图窗口,当前图纸的比例显示在窗口底部的状态栏中,如图 7-3
所示为其中的 A3 格式图纸。

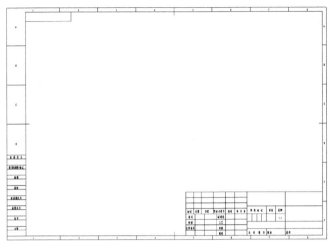

图 7-3　A3 格式图纸

②在"模型视图"→"要插入的零件/装配体"中,单击"浏览"按钮,选择需要插入的文件,如"低速级闷盖",在工程图界面任意处单击,出现相应的视图,如图 7-4、图 7-5 所示。

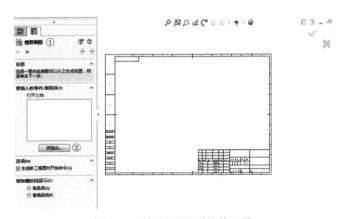

图 7-4　"模型视图"属性管理器

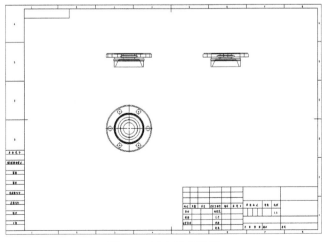

图 7-5　插入模型视图

7.1.2 建立多张工程图

在需要的情况下,可以在一个工程图文件中包含多张工程图纸。

在图纸的空白处右击,在快捷菜单中选择"添加图纸"命令,在文件中新增加一张图纸,如图 7-6 所示。新添的图纸可以默认,也可以选择其他比例的图纸。

7.1.3 建立工程图图纸格式文件

工程图图纸格式文件,包括工程图的图幅大小、标题栏设置、零件明细表定位点在内的在工程图中保持相对不变的文件。

建立工程图图纸格式文件的主要步骤如下:

①新建文件。单击"标准"工具栏上的"新建"按钮,出现"新建 SOLIDWORKS 文件"对话框,选择相应尺寸的工程图,单击"确定"按钮,进入工程图界面。

②设置属性。选择下拉菜单"工具"→"选项"命令,出现"系统选项"对话框,选择"文件属性"标签,单击需要修改和设定的选项,单击"确定",完成属性的设置,如图 7-7 所示。

图 7-6　添加图纸

图 7-7　"文档属性"设置

7.2　标准视图

标准视图是根据模型不同方向的视图建立的视图,它依赖于模型的放置位置。标准视图包括标准三视图、模型视图以及相对模型视图。

7.2.1　标准三视图

利用标准三视图可以为模型同时生成 3 个默认正交视图,即主视图、俯视图和左视图。主视图是模型的前视视图,俯视图和左视图分别是模型在相应位置的投影。

生成标准三视图的主要步骤如下:

①打开"7.2.1 标准三视图.slddrw",单击"工程图"工具栏上的"标准三视图"按钮,出现"标准三视图"属性管理器,如图 7-8 所示。单击"浏览"按钮,出现"打开"对话框,选择"低速级透盖"。

②单击"打开"按钮,建立标准三视图,如图 7-9 所示。

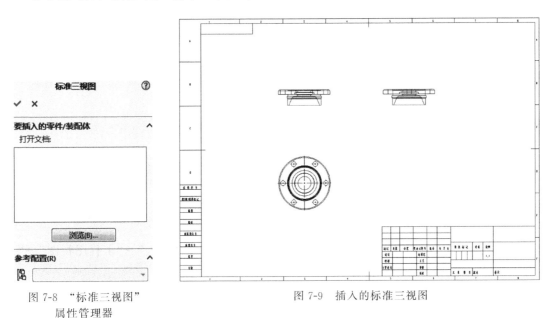

图 7-8　"标准三视图"　　　　　　　　　　图 7-9　插入的标准三视图
　　　属性管理器

7.2.2　模型视图

模型视图是从零件的不同视角方位为视图选择方位名称。

生成模型视图的主要步骤如下:

①打开"7.2.2 模型视图.slddrw",单击"工程图"工具栏上的"模型视图"按钮 ,在"模型视图"→"打开文档"中浏览模型文件,选择"低速级透盖"。

②在图纸区域任意位置单击,生成相应的模型视图,如图 7-10 所示。

233

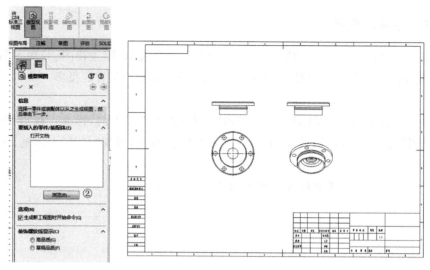

图 7-10 插入的模型视图

7.2.3 相对模型视图

相对模型视图是一个正交视图(前视、右视、左视、上视、下视以及后视),由模型中两个直交面或基准面及各自的具体方位的规格定义,解决了零件图视图定向与工程图投影方向的矛盾。

生成模型视图的主要步骤如下:

(1) 打开"7.2.3 相对模型视图.slddrw",单击工具栏上的"插入"→"工程图视图"→"相对于模型"按钮 ,如图 7-11 中①~③所示。

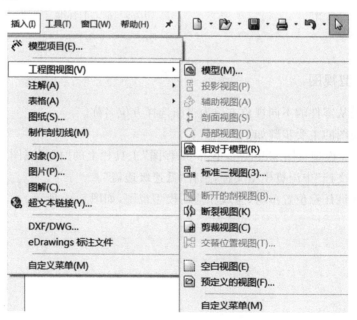

图 7-11 打开相对模型视图

（2）右击图形区域，选择"从文件中插入"→"7.2.3 相对模型视图.sldprt"，如图 7-12 所示。

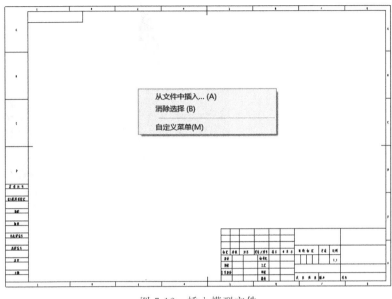

图 7-12　插入模型文件

（3）生成相对视图，选择"第一方向"→"前视"，单击"面 1"①，如图 7-13 所示。

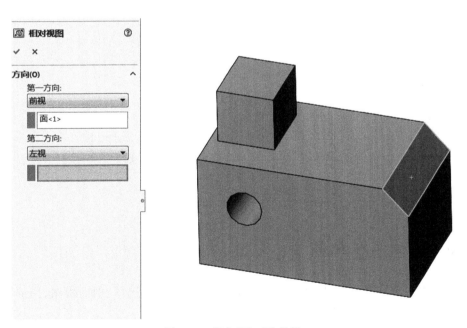

图 7-13　指定"面 1"为前视

（4）选择"第二方向"→"左视"，单击"面 2"②，如图 7-14 所示。

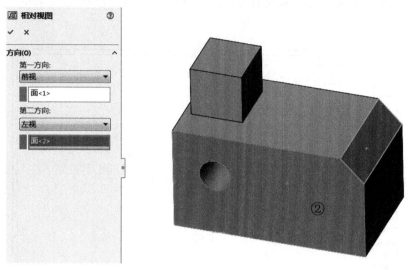

图 7-14　指定"面 2"为左视

（5）单击"确定"按钮 ✓ ，生成相应的放置结果视图，如图 7-15 所示。

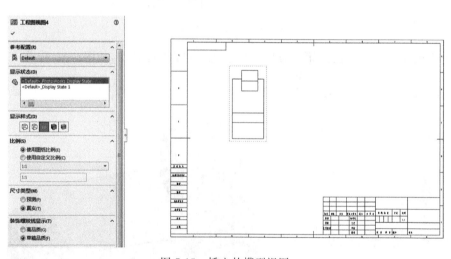

图 7-15　插入的模型视图

7.3　派生工程视图

派生工程视图是由其他视图派生的，包括投影视图、辅助视图、剖面视图、局部视图、断开的剖视图、断裂视图和剪裁视图等。

7.3.1　投影视图

投影视图是根据已有视图，通过正交投影生成的视图。如图7-16所示为"投影视图"属性设置对话框，各选项组介绍如下。

1.投影视图的属性设置

(1)"箭头"选项组

●"标号":表示按相应父视图的投影方向得到的投影视图的名称。

(2)"显示样式"选项组

●"使用父关系样式":取消选择此选项,可以选择与父视图不同的显示样式。

显示样式包括"线架图" 、"隐藏线可见" 、"消除隐藏线" 、"带边线上色" 和"上色" 。

(3)"比例"选项组

●"使用父关系比例"选项:可以应用为父视图所使用的相同比例。

●"使用图纸比例"选项:可以应用为工程图图纸所使用的相同比例。

●"使用自定义比例"选项:可以根据需要应用自定义的比例。

2.生成投影视图的操作方法

生成投影视图的主要步骤如下:

①打开"投影视图.slddrw",如图 7-17 所示。

图 7-16　"投影视图"属性设置对话框

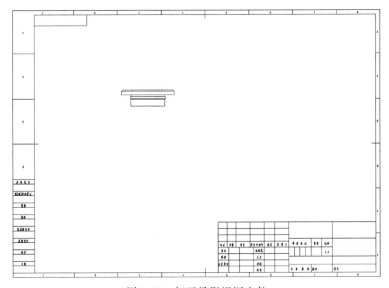

图 7-17　打开投影视图文件

生成投影视图

②单击"工程图"工具栏中的"投影视图" ,或单击"插入"→"工程图视图"→"投影视图",出现"投影视图"属性管理器,单击选择要投影的视图,移动鼠标指针到视图适当位置,然后单击放置。生成的投影视图界面如图 7-18 所示。

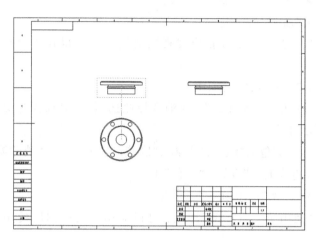

图 7-18 "投影视图"界面

7.3.2 辅助视图

辅助视图的用途相当于机械制图中的斜视图,用来表达机体倾斜结构。

生成辅助视图的主要步骤如下:

①打开一张带有模型的工程图"7.3.2 辅助视图.slddrw",如图 7-19 所示。

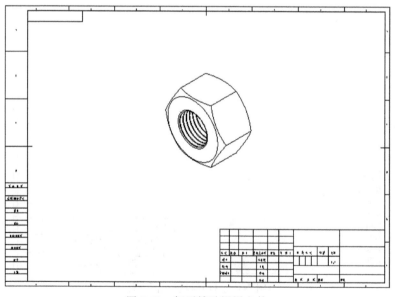

图 7-19 打开辅助视图文件

②单击"工程图"工具栏中的"辅助视图"按钮 ,或单击"插入"→"工程图视图"→"辅助视图",出现"辅助视图"属性管理器,然后单击参考视图的边线(参考边线不可以是水平或者垂直的边线,否则生成的就是标准投影视图),移动指针到视图适当位置,然后单击放置。生成的辅助视图界面如图 7-20 所示。

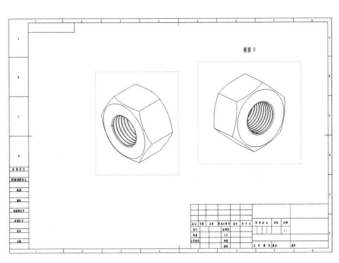

图 7-20　辅助视图界面

7.3.3　剖面视图

剖面视图用来表达机体的内部结构。生成剖面视图必须先在工程图中绘出适当的剖切路径,在执行剖面视图命令时,系统依照指定的剖切路径,产生对应的剖面视图。所绘制的路径可以是一条直线段、相互平行的线段,还可以是圆弧。

1. 剖面视图的属性设置

单击"草图"工具栏中的"中心线"按钮 ✓,在激活的视图中绘制单一或者相互平行的中心线。也可以单击"草图"工具栏中的"直线"按钮 ✓,在激活的视图中绘制单一或者相互平行的直线。选择绘制的中心线(或者直线段),单击"工程图"工具栏中的"剖面视图"按钮 ↕,弹出"剖面视图"("A－A"为生成的剖面视图按字母顺序排序后的编号)属性管理器,如图 7-21 所示。

图 7-21　"剖面视图"属性管理器

239

（1）"剖切线"选项组。

● "反转方向"：反转剖切的方向。

● "标号"：编辑与剖切线或者剖面视图相关的字母。

● "字体"：可以为剖切线或者剖面视图相关字母选择其他字体。

（2）"剖面视图"选项组。

● "部分剖面"：当剖切线没有完全切透视图中模型的边框线，会弹出剖切线小于视图几何体的提示信息，并询问是否生成局部剖视图。

● "横截剖面"：只有被剖切线切除的曲面出现在剖面视图中。

● "自动加剖面线"：勾选此选项，系统可以自动添加必要的剖面（切）线。

（3）"曲面实体"选项组。

● "显示曲面实体"：勾选此选项，系统将显示曲面实体。

（4）"剖面深度"选项组。

● "深度"：设置剖切深度数值。

● "深度参考"：为剖切深度选择的边线或基准轴。

（5）"从此处输入注解"选项组。

● "注解视图"：选择要输入注解的视图。

● "输入注解"：输入与模型有关尺寸注解。

2. 生成剖面视图的操作方法

生成剖面视图主要步骤如下：

①打开工程图文件"7.3.3 剖面视图.slddrw"。

②单击"工程图"工具栏中的"剖面视图"按钮，出现"剖面视图 A-A"属性管理器，在需要剖切的位置绘制一条直线。移动指针，放置视图到适当位置，得到剖面视图，如图 7-22 所示。

生成剖面视图

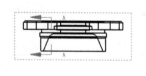
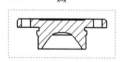

图 7-22 "剖面视图"界面

7.3.4 局部视图

局部视图可以用来显示父视图的某一局部形状，通常采用放大比例显示。局部视图的父视图可以是正交视图、空间（等轴测）视图、剖面视图、剪裁视图、爆炸装配体视图或者另一局部视图，但不能在透视图中生成模型的局部视图。

1．局部视图的属性设置

单击"工程图"工具栏中的"局部视图"按钮，或者选择"插入"→"工程图视图"→"局部视图"菜单命令，绘制一个圆后自动弹出"局部视图"属性管理器，如图 7-23 所示。

（1）"局部视图图标"选项组。

● "样式"：可以选择一种样式。

● "标号"：编辑与局部视图相关的字母。

● "字体"：如果要为局部视图标号选择文件字体以外的字体，取消选择"文件字体"选项，然后单击"字体"按钮。

（2）"局部视图"选项组。

● "完整外形"：局部视图轮廓外形全部显示。

● "钉住位置"：可以阻止父视图比例更改时局部视图发生移动。

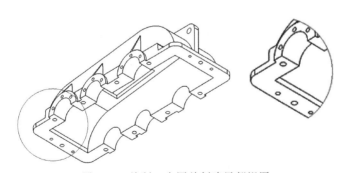

图 7-23　"局部视图"属性管理器

● "缩放剖面线图样比例"：可以根据局部视图的比例缩放剖面线图样比例。

2．生成局部视图的操作方法

生成局部视图主要步骤如下：

①打开工程图文件"7.3.4 局部视图.slddrw"。

②单击"工程图"工具栏中的"局部视图"按钮，在需要生成局部视图的位置上绘制一个圆，出现"局部视图"属性管理器，在"比例"选项组中可以选择不同的缩放比例，这里选择了"2∶5"放大比例。

③移动指针，放置视图到适当位置，得到局部视图，如图 7-24 所示。

生成局部视图

图 7-24　绘制一个圆并创建局部视图

7.3.5　断开的剖视图

断开的剖视图是在工程图中剖切装配体的某部分以显示内部的一种视图，会自动在所有零部件的剖切面上生成剖面线。断开的剖视图为现有工程图的一部分，而不是单独的视图。闭合的轮廓，通常是样条曲线，定义断开的剖视图。材料被移除到指定的深度以展现内部细节。通过设定一个数目或在工程图中选取几何体来指定深度。

生成断开的剖视图的主要步骤如下：

①打开"7.3.5 断开的剖视图.slddrw"，单击"工程图"工具栏中的"断开的剖视图"按钮 或单击"插入"→"工程图视图"→"断开的剖视图"，指针变为 。进入"草图"工具栏中绘制一轮廓，例如矩形，如图 7-25 所示。

②单击"断开的剖视图"，弹出属性管理器，首先勾选"预览"，其次选定相应的深度，例如 6.00mm，单击"确定"按钮 ，如图 7-26 所示。

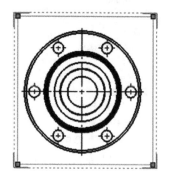

图 7-25　绘制一个矩形

 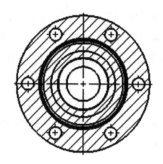

图 7-26　"断开的剖视图"属性管理器

7.3.6　断裂视图

对于较长的机件(如轴、杆、型材等)，沿长度方向的形状一致或按一定规律变化，可用断裂视图命令将其断开后缩短绘制，而与断裂区域相关的参考尺寸和模型尺寸反映实际的模型数值。

1. 断裂视图的属性设置

单击"工程图"工具栏中的"断裂视图"按钮，或者选择"插入"→"工程图视图"→"断裂视图"菜单命令，弹出"断裂视图"属性管理器，如图 7-27 所示。各参数介绍如下：

●"添加竖直折断线" ：生成断裂视图时，将视图沿水平方向断开。

●"添加水平折断线" ：生成断裂视图时，将视图沿竖直方向断开。

●"缝隙大小"：改变折断线缝隙之间的间距。

●"折断线样式"：定义折断线的类型。

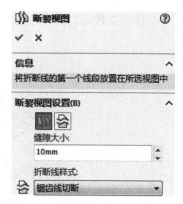

图 7-27　"断裂视图"属性管理器

2. 生成断裂视图的操作方法

生成断裂视图的主要步骤如下：

①打开"7.3.6 断裂视图.slddrw"，如图 7-28 所示。

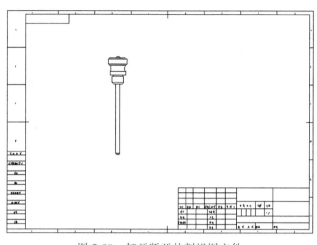

生成断裂视图

图 7-28　打开断开的剖视图文件

②单击"工程图"工具栏中的"断裂视图"按钮 ，或单击"插入"→"工程图视图"→"断裂视图"，显示"断裂视图"属性管理器。

③选择要断开的工程图视图，在"断裂视图设置"选项组中，选择"添加竖直折断线"选项，在"缝隙大小"文本框中输入"10mm"，"折断线样式"选择"锯齿线切断"，在图形区域中出现了折断线，如图 7-29 所示。

④移动指针，选择两个位置单击放置折断线，得到断裂视图，如图 7-30 所示。

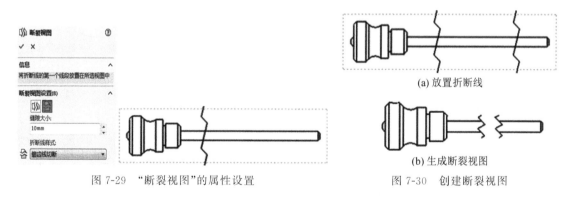

(a) 放置折断线

(b) 生成断裂视图

图 7-29　"断裂视图"的属性设置　　　　图 7-30　创建断裂视图

7.3.7　剪裁视图

剪裁视图是在现有视图中剪去不必要的部分，使得视图所表达的内容既简练又突出重点。

剪裁视图的主要步骤如下：

①打开"7.3.7 剪裁视图.slddrw"，双击辅助视图空白区域，激活该视图。单击"草图"工具栏上"圆"按钮 ，绘制封闭轮廓线，如图 7-31 所示。

②选择所绘制的封闭轮廓，单击"工程图"工具栏上的"剪裁视图"按钮，视图多余部分被剪掉，完成剪裁视图，如图 7-32 所示。

生成剪裁视图

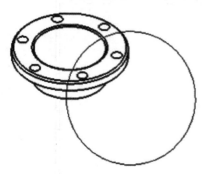

图 7-31　绘制一个圆

图 7-32　创建剪裁视图

③如果要取消剪裁，可右击剪裁视图边框或者特征管理器设计树中视图的名称，然后在快捷菜单中选择"剪裁视图"→"移除剪裁视图"命令，就可以取消剪裁操作，如图 7-33 所示。

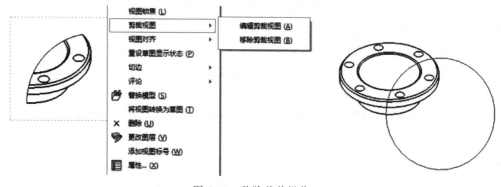

图 7-33　移除剪裁操作

7.4　标注尺寸

SOLIDWORKS 工程图中的尺寸标注是与模型相关联的，在模型中更改尺寸和在工程图中更改尺寸具有相同的效果。

建立特征时标注的尺寸和由特征定义的尺寸（如拉伸特征的深度尺寸，阵列特征的间距等）可以直接插入到工程图中。在工程图中可以使用标注尺寸工具添加其他尺寸，但这些尺寸是参考尺寸，是从动的。就是说，在工程图中标注的尺寸是受模型驱动的。

7.4.1　设置尺寸选项

工程视图中尺寸的规格尽量根据国标标注。

工程图尺寸的一般属性可以通过如下方式设置：

①选择下拉菜单"工具"→"选项"命令，出现"文档属性"对话框，打开"文档属性"选项卡，如图 7-34 所示。

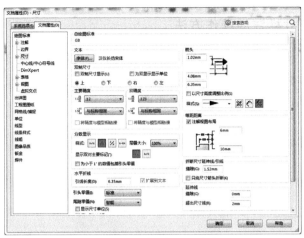

图 7-34　"文档属性"尺寸设置

②单击"尺寸"选项，可设置文本字体大小、箭头样式等，如图 7-35，图 7-36 所示。

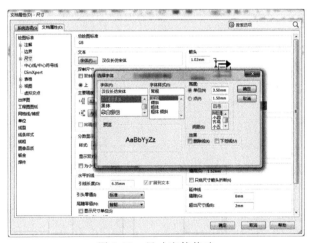

图 7-35　尺寸字体修改

图 7-36　箭头样式修改

7.4.2 添加尺寸标注的操作方法

在工程图中标注尺寸，一般先将生成每个零件特征时的尺寸插入到各个工程图中，然后通过编辑、添加尺寸，使标注的尺寸达到正确、完整、清晰和合理的要求。插入的模型尺寸属于驱动尺寸，能通过编辑参考尺寸的数值来更改模型。

添加尺寸标注的主要步骤如下：

①打开一张带有模型的工程图"7.4.2 添加尺寸标注.slddrw"，如图 7-37 所示。

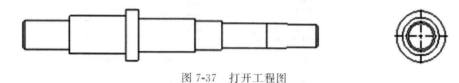

图 7-37　打开工程图

②单击"注解"工具栏中的"智能尺寸"按钮，出现"尺寸"属性管理器，属性管理器各选项保持默认设置，在绘图区单击图纸的边线，将自动生成直线标注尺寸，如图 7-38 所示。

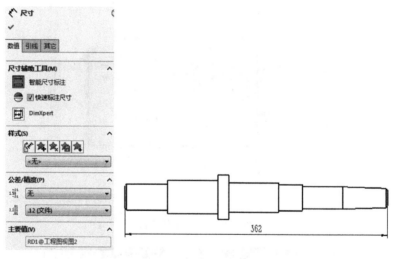

图 7-38　直线标注

③在绘图区继续单击圆形边线，将自动生成直径的标注线，如图 7-39 所示。

④单击尺寸，出现"尺寸"属性管理器，在"公差/精度"中的下拉列表框内选择"双边"选项，在"上限"文本框 ✚ 内输入"0.08mm"，在"下限"文本框 ➖ 内输入"－0.02mm"，如图 7-40 所示，其他公差标注操作方法相同。

如果需要调整尺寸，可以采取以下方法：

①在工程视图中拖动尺寸文本，可以移动尺寸位置，将其调整到合适位置。

②在拖动尺寸时按住 Shift 键，可将尺寸从一个视图移动到另一个视图中。

③在拖动尺寸时按住 Ctrl 键，可将尺寸从一个视图复制到另一个视图中。

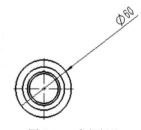

图 7-39　直径标注

④选择需要删除的尺寸,按 Delete 键即可删除指定尺寸。

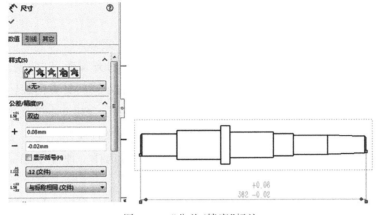

图 7-40　"公差/精度"标注

7.5　添加注释

利用注释工具可以在工程图中添加文字信息和一些特殊要求的标注形式。注释文字可以独立浮动,也可以指向某个对象(如面、边线或者顶点等)。注释中可以包含文字、符号、参数文字或者超文本链接。如果注释中包含引线,则引线可以是直线、折弯线或者多转折引线。

7.5.1　注释的属性设置

单击"注解"工具栏中的"注释"按钮,或者选择"插入"→"注解"→"注释"菜单命令,弹出"注释"属性管理器,如图 7-41 所示。各选项组参数说明如下:

1. "样式"选项组

● "将默认属性应用到所选注释"　　:将默认类型应用到所选注释中。

● "添加或更新常用类型"　　:单击该按钮,在弹出的对话框中输入新名称,然后单击"确定"按钮　　,即可将常用类型添加到文件中。

● "删除常用类型"　　:从"设定当前常用类型"下拉列表框中选择一种样式,单击该按钮,即可将常用类型删除。

● "保存常用类型"　　:在"设定当前常用类型"下拉列表框中选择一种常用类型,单击该按钮,在弹出的"另存为"对话框中,选择保存该文件的文件夹,编辑文件名,最后单击"保存"按钮。

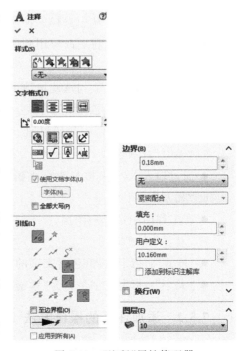

图 7-41　"注释"属性管理器

● "装入常用类型" ⬛ ：单击该按钮，在弹出的"打开"对话框中选择合适的文件夹，然后选择一个或者多个文件，单击"打开"按钮，装入的常用尺寸出现在"设定当前常用类型"列表中。

2."文字格式"选项组

● 文字对齐方式：包括"左对齐" ▤ 、"居中" ▤ 、"右对齐" ▤ 和"两端对齐" ▤ 。

● "角度" ⬛ ：设置注释文字的旋转角度(正角度值表示逆时针方向旋转)。

● "插入超文本链接" ⬛ ：单击该按钮，可以在注释中包含超文本链接。

● "链接到属性" ⬛ ：单击该按钮，可以将注释链接到文件属性。

● "添加符号" ⬛ ：单击该按钮，弹出"符号"对话框，选择一种符号，单击"确定"按钮，符号显示在注释中。

● "锁定/解除锁定注释" ⬛ ：将注释固定到位。当编辑注释时，可以调整边界框，但不能移动注释本身(只可用于工程图)。

● "插入形位公差" ⬛ ：可以在注释中插入形位公差符号。

● "插入表面粗糙度符号" ⬛ ：可以在注释中插入表面粗糙度符号。

● "插入基准特征" ⬛ ：可以在注释中插入基准特征符号。

● "使用文档文字"：勾选该选项，使用文件设置的字体。

3."引线"选项组

● "引线" ⬛ 、"多转折引线" ⬛ 、"无引线" ⬛ 或者"自动引线" ⬛ ：单击选择可确定是否选择引线。

● "引线靠左" ⬛ 、"引线靠右" ⬛ 、"引线最近" ⬛ ：单击选择可确定引线的位置。

● "直引线" ⬛ 、"折弯引线" ⬛ 、"下划线引线" ⬛ ：单击选择可确定引线样式。

● "箭头样式"：可从中选择一种箭头样式。

● "应用到所有"：将更改应用到所选注释的所有箭头。

4."引线样式"选项组

● "使用文档显示"：勾选此选项可使用文档注释中所配置的样式和线粗。

● "样式" ⬛ ：设定引线的样式。

● "线粗" ⬛ ：设定引线的粗细。

5."参数"选项组

● 通过输入 X 坐标和 Y 坐标来指定注释的中央位置。

6."图层"选项组

● 在工程图中选择一图层。

7."边界"选项组

● "样式"：指定边界(包含文字的几何形状)的形状或者无。

● "大小"：指定文字是否为"紧密配合"或者固定的字符数。

7.5.2 添加注释的操作方法

添加注释的主要步骤如下：

①打开一张带有模型的工程图"7.4.2 添加尺寸标注.slddrw",如图 7-42 所示。

②单击"注解"工具栏中的"注释"按钮,出现"注释"属性管理器,保持默认设置。

③移动指针,在绘图区空白处单击,出现文字输入框,在其内输入文字,形成注释,如图 7-42所示。

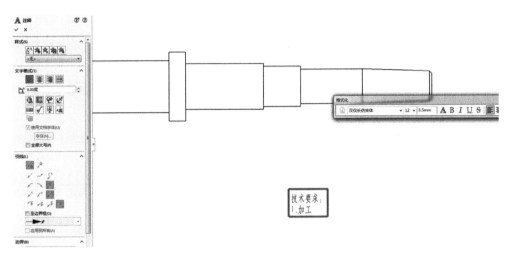

图 7-42 添加注释

7.6 中间轴零件图综合案例

7.6.1 绘制原则

工程图的绘制是有顺序的,下面提供一般绘制原则:

①新建文件(新建一张新工程图,决定图纸幅面)。

②选用模型视图,生成一个主视图。

③调整视图比例或调整图纸大小。

④分析零件,考虑表达零件外形和尺寸的方案。

⑤添加视图(如投影视图、辅助视图、剖视图)。

⑥添加中心线、插入模型尺寸、补充尺寸标注(插入尺寸)、添加公差、添加注解。

⑦加入总表面加工符号、技术要求。

⑧检查有无疏漏、多余的尺寸、符号等。

⑨完成一张工程图,保存。

本例将生成一个中间轴零件图,中间轴零件模型和零件图如图 7-43,图 7-44 所示。

图 7-43 中间轴零件模型

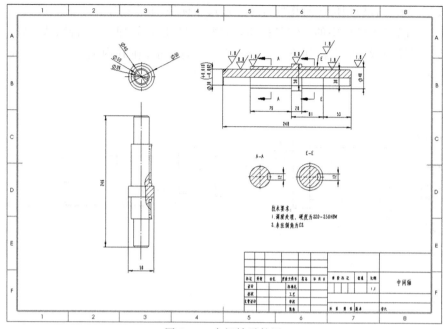

图 7-44　中间轴零件图

7.6.2　建立工程图前的准备工作

①新建工程图纸。选择下拉菜单"文件"→"新建"命令,在新建对话框中单击"工程图"图标,选择"gb_a3"图纸,单击"确定"按钮,进入工程图窗口。

②设置绘图标准。单击"工具"→"选项"按钮,弹出"文档属性"对话框,单击"文档属性"选项卡,如图 7-45 所示。按照图中所示将"总绘图标准"设为"GB"(国标),单击"确定"按钮结束。

图 7-45　文档属性

7.6.3　插入视图

①单击"插入"→"工程图视图"→"标准三视图"菜单命令,弹出"标准三视图"属性管理器,如图 7-46 所示。

②在"打开文档"一栏中选择"中间轴",单击"确定"按钮 ✔ 继续。

③插入标准三视图后,如图 7-47 所示。

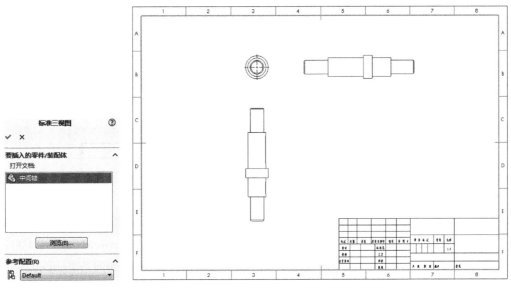

图 7-46　"标准三视图"
　　　　属性管理器

图 7-47　插入标准三视图

如果插入的零件大小不合适,可右击特征管理器设计树中的"图纸 1",在快捷菜单中单击"属性",设置图纸比例,如图 7-48 所示。

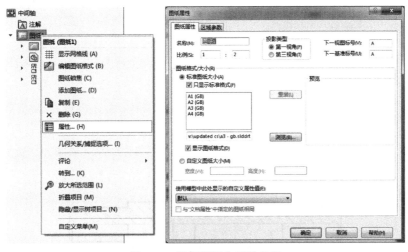

设置图纸和零
件比例

图 7-48　设置图纸和零件比例

7.6.4 绘制剖面图

1. 绘制左视图半剖视图

绘制左视图半剖视图

①单击"CommandManager"工具栏的"草图"选项卡,在矩形下拉菜单中选择"边角矩形"命令,然后用矩形框框选左视图的上半部,矩形的大小随意,如图 7-49 所示。

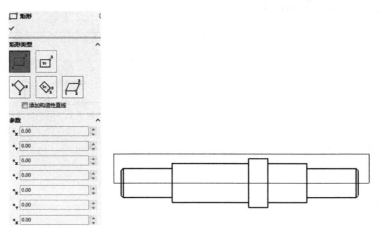

图 7-49 绘制矩形

②按住 Ctrl 键,选择刚刚绘制的矩形的四条边,然后单击"CommandManager"工具栏的"视图布局"选项卡,单击"断开的剖视图"按钮 ，弹出属性管理器,如图 7-50 所示。

③勾选"预览"选项框,单击主视图周长,如图 7-50 中①所示,设定深度,单击"确定"按钮 ，生成半剖视图,如图 7-51 所示。

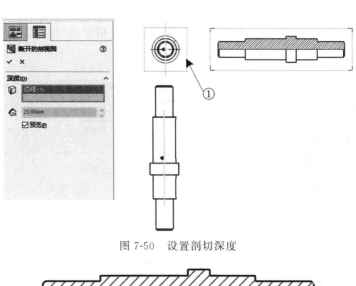

图 7-50 设置剖切深度

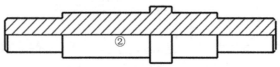

图 7-51 生成的剖面图

2.绘制左视图局部剖视图

①与绘制半剖图大同小异,单击"CommandManager"工具栏的"草图"选项卡,在"样条曲线" $\bigwedge$ · 的帮助下,将右视图进行局部剖切的部分框住,图框大小及形状如图7-52 所示。

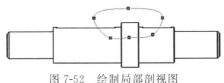

绘制局部剖视图

图 7-52　绘制局部剖视图

②按住 Ctrl 键,选择刚刚绘制的曲线,然后单击"CommandManager"工具栏的"视图布局"选项卡,单击"断开的剖视图" 按钮,弹出属性管理器,如图 7-53 所示

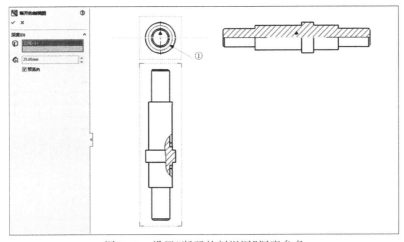

图 7-53　设置"断开的剖视图"深度参考

③勾选"预览"选项框,单击深度参考线,如图 7-53 中①所示,单击"确定"按钮 $\checkmark$,生成局部剖视图,如图 7-54 所示。

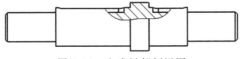
绘制剖视图
生成局部剖视图

图 7-54　生成局部剖视图

7.6.5　绘制剖切视图

1.绘制左视图的 A-A 剖切面

①单击"CommandManager"工具栏的"草图"选项卡,在"直线工具" $\diagup$ · 的帮助下绘制直线,视图效果如图 7-55 所示。

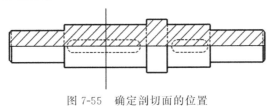

图 7-55　确定剖切面的位置

②按住 Ctrl 键，选择刚刚绘制的直线，然后单击"CommandManager"工具栏的"视图布局"选项卡，单击"剖面视图"按钮 ⇄ ，弹出属性管理器，移动剖切视图至图纸空白位置，单击"确定"按钮 ✔ ，完成 A-A 剖切图绘制。最终视图效果如图 7-56 所示。

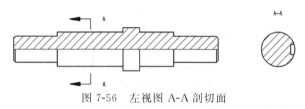

图 7-56　左视图 A-A 剖切面

③调整剖视图位置。右击所生成的剖视图，单击"视图对齐"→"解除对齐关系"，如图 7-57 所示。

④将剖视图移动至任意合适位置，如图 7-58 所示。

移动剖视图

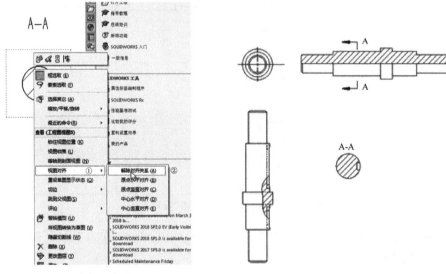

图 7-57　接触对齐关系设置　　　　　图 7-58　移动剖视图

2. 绘制左视图的 E-E 剖切面

①按照同样的方法，绘制另一剖切面，如图 7-59 所示。

绘制左视图的
E-E 剖切面

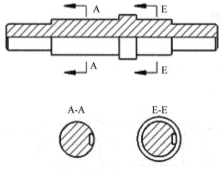

图 7-59　绘制剖视图

②最后剖切好后的工程图整体效果，如图 7-60 所示。

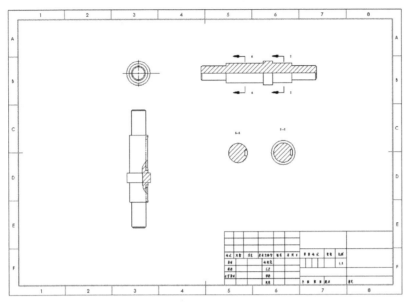

图 7-60　工程图视图效果

7.6.6　标注零件图尺寸

1. 标注中心线

①单击"CommandManager"工具栏"注解"选项卡中的"中心线"按钮 ，弹出"中心线"属性管理器，如图 7-61 所示。

②单击两条竖直的轮廓线，中心线自动生成，如图 7-62 所示。

绘制中心线

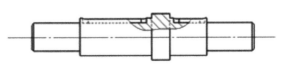

图 7-61　"中心线"属性管理器　　　图 7-62　绘制中心线

2. 标注中心符号线

①单击"CommandManager"工具栏"注解"选项卡中的"中心符号线"按钮 ⊕ ，弹出"中心符号线"属性管理器，如图 7-63 所示。单击"手工插入选项"选项组中的"单一中心符号线"按钮 ✛ 。

②单击圆的轮廓线，中心符号自动生成，如图 7-64 所示。

绘制中心符号线

图 7-63　"中心符号线"属性管理器

图 7-64　绘制中心符号线

标注尺寸

3. 手工为零件体标注线段尺寸

①单击"CommandManager"工具栏的"注解"选项卡，单击"智能尺寸"按钮 ◆ 。

②单击要标注的线段，出现标注的数值，选择合适位置放置，如图 7-65 所示。

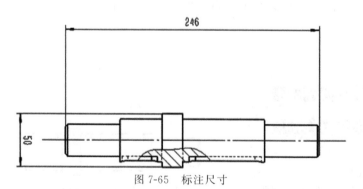

图 7-65　标注尺寸

③按照此方法，将图中需要标注长度的线段一一进行标注，完成的效果如图 7-66 所示。

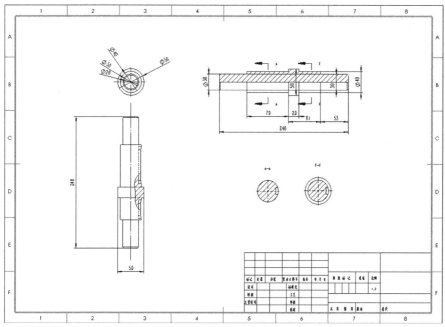

图 7-66　中间轴零件图

4. 手工为零件体标注带公差的线段尺寸

标注带公差的外形尺寸，同之前的标注一样，单击"CommandManager"工具栏的"注解"选项卡，单击"智能尺寸"按钮，单击要标注的图线，弹出"尺寸"属性管理器，将"公差/精度"选项组中的"公差类型"更改为"双边"，"上限"更改为"0.018mm"，"下限"更改为"一0.002mm"，勾选"显示括号"，单击"确定"按钮 ✔，如图 7-67 所示。

标注带公差的
线段尺寸

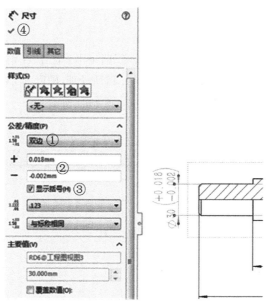

图 7-67　标注带公差的线段尺寸

标注粗糙度

7.6.7 标注零件的粗糙度

标注零件的粗糙度主要步骤如下：

①单击"CommandManager"工具栏的"注解"选项卡，单击"表面粗糙度符号"按钮 ✔ 。

②单击要标注的表面，确定粗糙度符号的位置，并设定粗糙度符号的标注参数。在"符号"选项组中选择"要求切削加工"选项，数值输入"0.8"，在"角度"选项组中选择"竖立"选项，在"引线"选项组中选择"无引线"选项，如图 7-68 中①～④所示。

③单击"确定"按钮 ✔ 继续。依照上述方法进行粗糙度标注，完成其余部分，如图 7-69 所示。

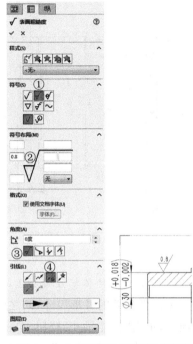

图 7-68　"表面粗糙度"属性管理器

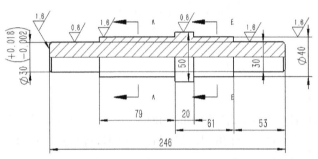

图 7-69　标注粗糙度

7.6.8 加注注释文字

加注注释文字

加注注释文字的主要步骤如下：

①单击"CommandManager"工具栏的"注解"选项卡，单击"注解"按钮。

②选择注释所添加的位置，输入"技术要求：1.调质处理，硬度为220－250HBW；2.未注倒角为C2"。单击"确定"按钮 ✔ ，完成注释文字标注，如图 7-70 所示。

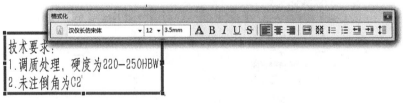

图 7-70　添加注释文字

7.6.9 更改标题栏

更改标题栏的主要步骤如下：

①右击图纸空白区域，选择"编辑图纸格式"，进入可编辑状态，如图 7-71 所示。

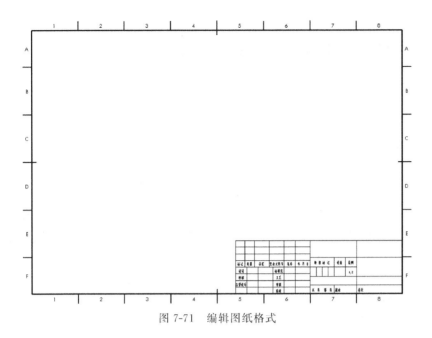

图 7-71 编辑图纸格式

②在右下角的标题栏中填入"中间轴",单击 ![icon] 退出标题栏可编辑状态。至此,工程图绘制完成,如图 7-72 所示。

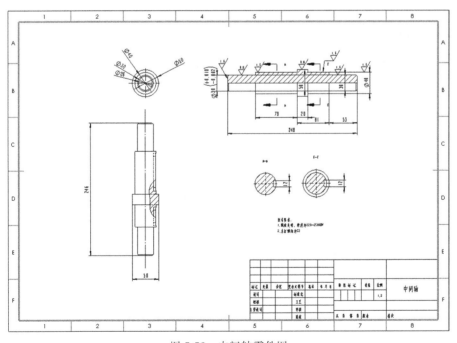

图 7-72 中间轴零件图

7.6.10 保存完成

和编辑其他文档一样,单击"标准"工具栏的"保存"按钮即可保存文件,在此不赘述。

7.7　二级减速器装配图综合案例

本例生成一个二级减速器装配图,二级减速器模型和装配图如图 7-73,图 7-74 所示。

图 7-73　二级减速器模型

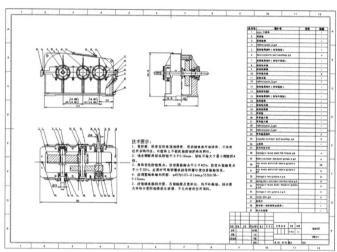

图 7-74　二级减速器装配图

7.7.1　新建工程图纸

选择下拉菜单"文件"→"新建"命令,在新建对话框中单击"工程图"图标,选择"gb_a3"图纸,单击"确定"按钮,进入工程图窗口,如图 7-75 所示。

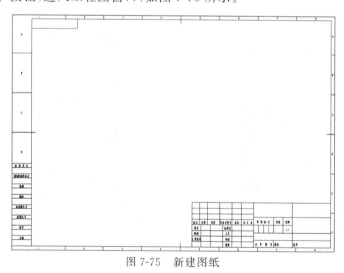

图 7-75　新建图纸

7.7.2　插入视图

单击"插入"→"工程图视图"→"标准三视图"菜单命令,弹出"标准三视图"属性管理器,浏览文件,插入"二级减速器装配体"文件,单击"确定"按钮 ✓,生成标准三视图,如图 7-76 所示。

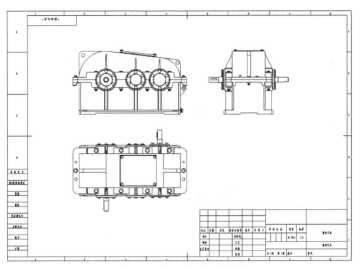

图 7-76　插入标准三视图

7.7.3　添加各视图中心线

①单击"CommandManager"工具栏的"注解"→"中心线",开始绘制模型的中心线,可自行调整中心线的长度,如图 7-77 所示。

②以同样的方式绘制其他中心线,绘制完成后如图 7-78 所示。

中间轴零件图

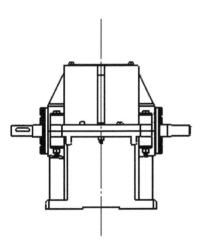

图 7-77　绘制中心线

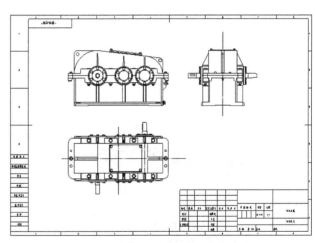

图 7-78　绘制中心线

③单击"CommandManager"工具栏的"注解"→"中心符号线" ,开始绘制模型的中心符号线,绘制完成后如图 7-79 所示。

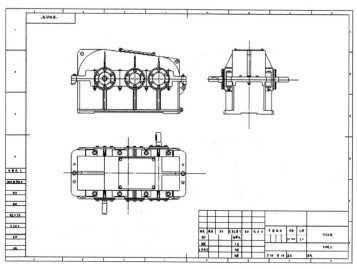

图 7-79　绘制中心符号线

7.7.4　添加断开的剖视图

1. 添加第一个断开的剖视图

①在"CommandManager"工具栏中,单击"视图布局"选项卡中的"断开的剖视图"按钮，出现"断开的剖视图"属性管理器。在俯视图中绘制一条闭环样条曲线来生成截面。绘制的闭环样条曲线如图 7-80 所示。

②绘制完闭环样条曲线后,单击样条曲线,出现"剖面视图"对话框,在"剖面视图"对话框中勾选"自动打剖面线"选项,在"不包括零部件/筋特征"中选择高速主轴和低速轴,如图 7-81所示。

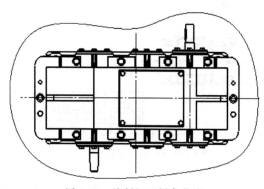

图 7-80　绘制闭环样条曲线

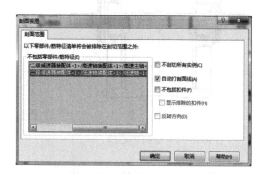

图 7-81　"剖面视图"剖面范围设置

③单击"确定"按钮,弹出"断开的剖视图"属性管理器,激活"预览",单击圆的周长作为深度参考,如图 7-82 中①②所示。

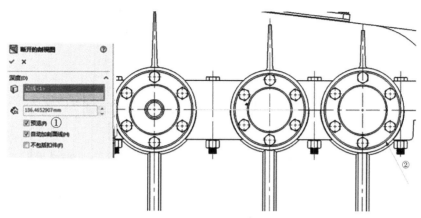

图 7-82　设置"断开剖视图"深度参考

④单击"确定"按钮 ✔，生成的视图为断开的剖视图，如图 7-83 所示。

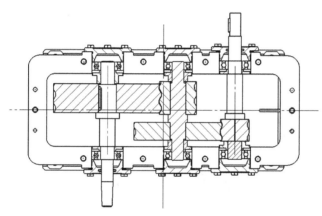

图 7-83　断开的剖视图

⑤由于中间轴可以不需要剖的，但是在进行断开的剖视图过程中，"不包括零部件/筋特征"中无法选择该部件，因此进一步处理。单击中间轴中的剖面线，如图 7-84 所示。

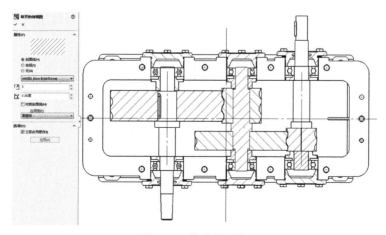

图 7-84　修改剖面线

⑥弹出"断开的剖视图"属性管理器。在"属性"选项组中，取消选择"材质剖面线"选项，此时该选项组中的其他选项激活，选择"无"选项，如图 7-85 中①②所示。

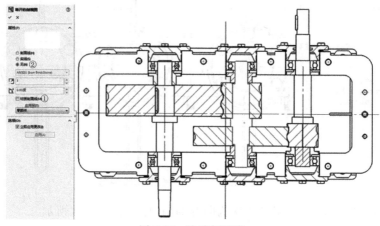

图 7-85 取消剖面线

⑦单击"确定"按钮 ✓，中间轴的剖面线被取消，如图 7-86 所示。

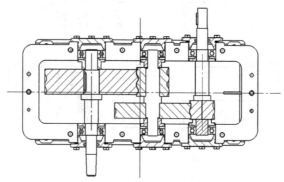

图 7-86 取消剖面线后的工程图

2. 添加第二个断开的剖视图

①在"CommandManager"工具栏中，单击"视图布局"选项卡中的"断开的剖视图"按钮 ，出现样条曲线符号，单击"草图"工具栏，在左视图右半部分中绘制矩形，如图 7-87 中①所示。

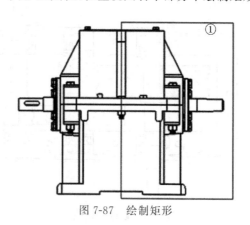

图 7-87 绘制矩形

②绘制完矩形后，单击矩形，出现"剖面视图"对话框，在"剖面视图"对话框中勾选"自动打剖面线"选项，在"不包括零部件/筋特征"中选择高速主轴和低速轴，如图 7-88 所示。

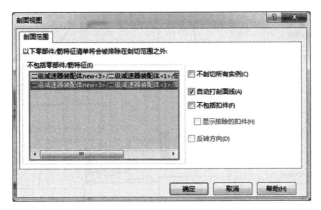

图 7-88　"剖面视图"剖面范围设置

③单击"确定"按钮，弹出"断开的剖视图"属性管理器，激活"预览"，单击圆的周长作为深度参考，如图 7-89 所示。

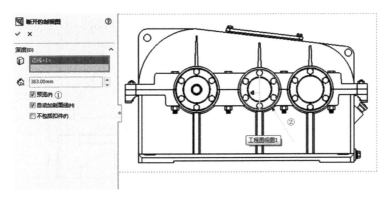

图 7-89　设置"断开的剖视图"深度参考

④单击"确定"按钮 ✔ ，生成的视图为断开的剖视图，如图 7-90 所示。

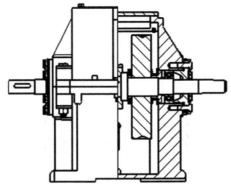

图 7-90　完成的断开剖视图

⑤由于固定螺钉是不需要剖切的,但是在进行断开的剖视图过程中,在"不包括零部件/筋特征"中无法选择该固定螺钉,因此需进一步处理。单击固定螺钉中的剖面线,如图 7-91 所示。

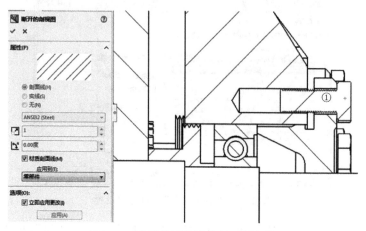

图 7-91　选择需要取消的剖面线部件

⑥弹出"断开的剖视图"属性管理器。在"属性"选项组中,取消选择"材质剖面线"选项,此时该选项组中的其他选项激活,选择"无"选项,如图 7-92 所示。

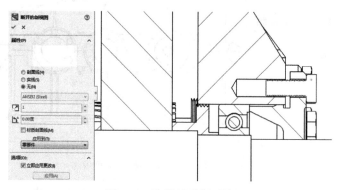

图 7-92　取消材质剖面线

⑦对该视图内的其他螺钉也采取同样的方法。

⑧单击"确定"按钮 ✓,固定螺钉的剖面线被取消,如图 7-93 所示。

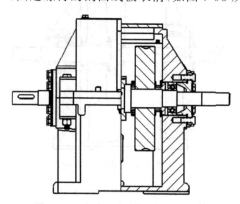

图 7-93　取消选定剖面线后的视图

3. 添加第三个断开的剖视图

①在"CommandManager"工具栏中,单击"草图"选项卡中的"样条曲线" $N \cdot$,在主视图绘制闭合曲线,如图 7-94 中①所示。

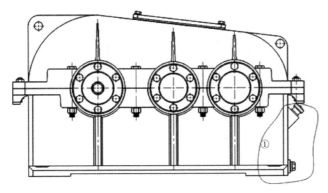

图 7-94　绘制样条曲线

②单击绘制出的样条曲线,单击"视图布局"→"断开的剖视图"按钮 ,出现"剖面视图"对话框,在"剖面视图"对话框中勾选"自动打剖面线"和"不包括扣件"选项,在"不包括零部件/筋特征"中选择油标尺和油塞,如图 7-95 所示。

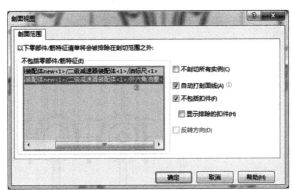

图 7-95　"剖面视图"剖面范围设置

③单击"确定"按钮 ,弹出"断开的剖视图"属性管理器,激活"预览",单击边线 1 作为深度参考,如图 7-96 中①②所示。

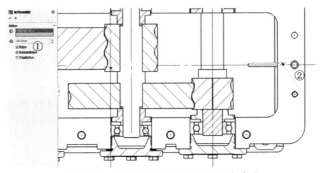

图 7-96　设置"断开的剖视图"深度参考

④单击"确定"按钮 ✔ ,生成的视图为断开的剖视图,如图 7-97 所示。

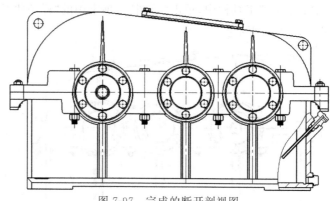

图 7-97　完成的断开剖视图

7.7.5　标注尺寸

①单击"CommandManager"工具栏的"注解"选项卡中的"智能尺寸"命令,如图 7-98 所示。

②选择要标注的两条线段,选择两条线段之后往外移动会自动出现尺寸,在屏幕左侧弹出"尺寸"属性管理器,单击"确定"按钮 ✔ 后,水平尺寸标注完成,如图 7-99 所示。

图 7-98　"智能尺寸"功能列表

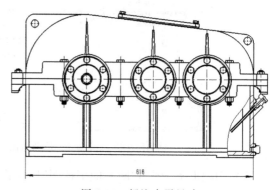

图 7-99　标注水平尺寸

③标注带公差的外形尺寸,同之前的标注一样,单击"CommandManager"工具栏的"注解"选项卡,单击"智能尺寸"按钮,单击要标注的图线,弹出"尺寸"属性管理器,将"公差/精度"选项组中的"公差类型"更改为"双边","上限"更改为"0.008mm","下限"更改为"-0.003mm",勾选"显示括号",如图 7-100 中①~③所示。

④其他尺寸的标注步骤与上述步骤类似,标注完成后如图 7-101 所示。

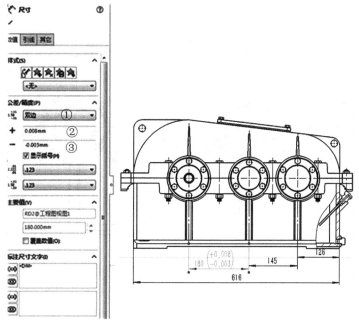

图 7-100　标注公差范围

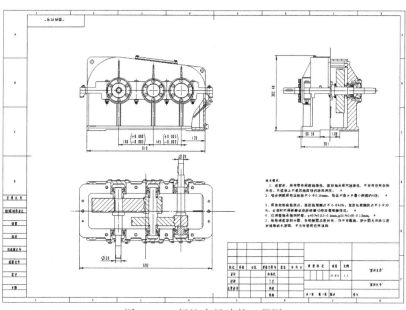

图 7-101　标注完尺寸的工程图

7.7.6　添加零件序号

①单击"注解"工具栏中的"零件序号"按钮,单击生成的主视图中要标注的零件,弹出"自动零件序号"属性管理器,选择"零件序号布局"中的"布置零件序号到上",结果如图 7-102所示。

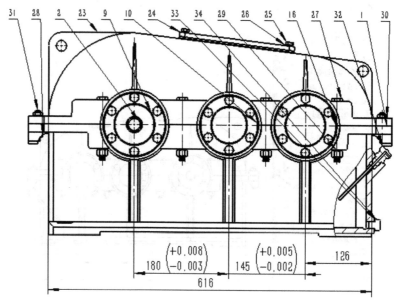

图 7-102　自动添加主视图零件序号

②手动调整出现的零件序号,将部分标号拖放到合适的位置,将竖直的序号全选,右击,在快捷菜单中选择"对齐"→"右对齐",如图 7-103 所示。

③单击"自动零件序号"属性管理器中的"确定"按钮 ✓,完成视图如图 7-104 所示。

图 7-103　设置对齐功能

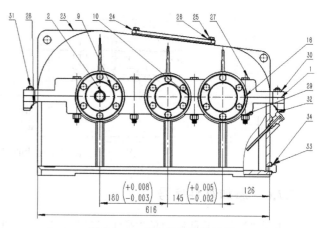

图 7-104　对齐序号后的视图

④用同样的方法标出俯视图的零件序号，如图 7-105 所示。

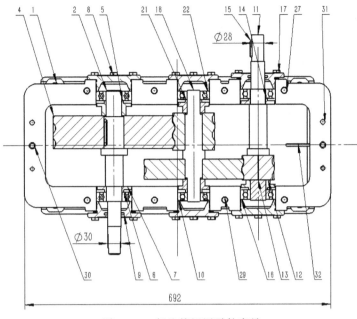

图 7-105　标注俯视图零件序号

7.7.7　添加技术要求

①在"注解"工具栏中单击"注释"按钮，弹出"注释"属性管理器。在工程图的空白位置单击，出现一个文本框，如图 7-106 所示。

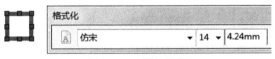

图 7-106　添加注释

②在出现文本框的同时，在屏幕中会弹出"格式化"工具栏，如图 7-106 所示。将文字字体改为"仿宋"，字号大小改为"14"。

③在文本框中输入如图 7-107 所示的文字：

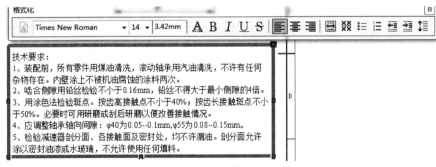

图 7-107　添加注释

7.7.8　添加材料明细表

①单击"注解"工具栏中的"表格"按钮 ，弹出下拉菜单，选择"材料明细表"命令，如图7-108所示。

②弹出"材料明细表"属性管理器，然后单击俯视图。

③不勾选"附加到定位点"选项，选择"材料明细表类型"中的"仅限零件"单选项，如图7-109所示。单击"确定"按钮 ✔ 继续，生成的材料明细表如图7-110所示。

图7-108　选择"材料明细表"命令

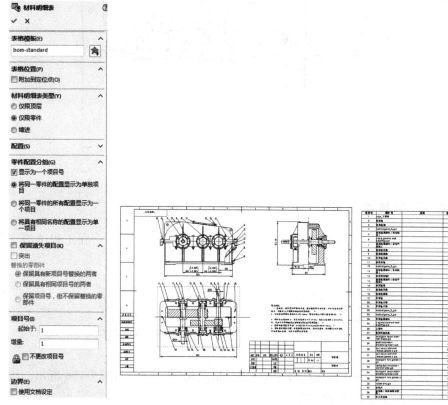

图7-109　"材料明细表"属性管理器

图7-110　显示的材料明细表

④由于明细表中的零部件数量过多，表格无法放入当前比例的图纸中，因此需要重新调整图纸的大小。

⑤右击特征管事器设计树中的图纸1，在快捷菜单中单击"图纸"→"属性"，弹出"图纸属性"对话框，选择"图纸格式/大小"→"A2(GB)"，如图7-111中①～③所示。

⑥单击"确定"，调整各个视图以及材料明细表在图纸中的位置，利用材料明细表左上角图标 ✛ 可拖动表格，如图7-112所示。

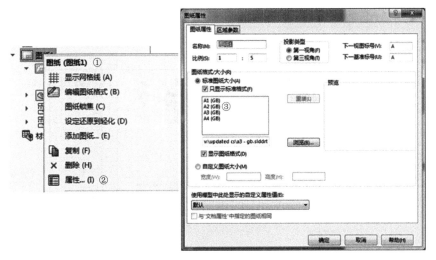

图 7-111　设置"图纸属性"

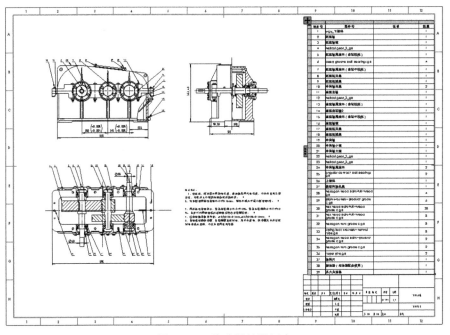

图 7-112　移动材料明细表

⑦鼠标可调整材料明细表的列宽。调整材料明细表的大小后如图 7-113 所示。

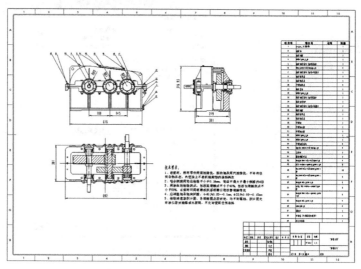

图 7-113　调整材料明细表位置

⑧调整图纸视图、注释等其他元素的位置和尺寸大小，如图 7-114 所示。

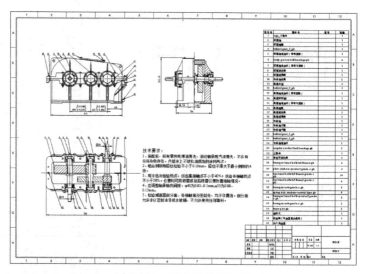

图 7-114　调整后的零件图

⑨在图纸的空白处右击，在弹出的快捷菜单中选择"编辑图纸格式"命令，在标题栏中输入"二级减速器"，单击"确定"按钮后，生成标题如图 7-115 所示。

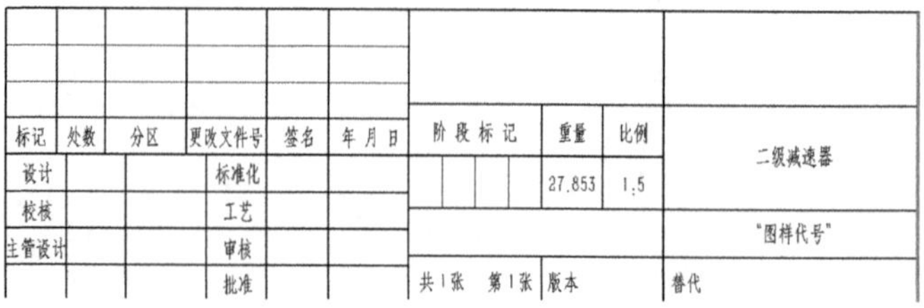

标记	处数	分区	更改文件号	签名	年 月 日	阶 段 标 记		重量	比例	二级减速器
设计			标准化					27.853	1.5	
校核			工艺							"图样代号"
主管设计			审核							
			批准			共1张　第1张　版本			替代	

图 7-115　生成标题

⑩单击 退出编辑图纸格式。至此,装配图已绘制完毕,如图 7-116 所示。

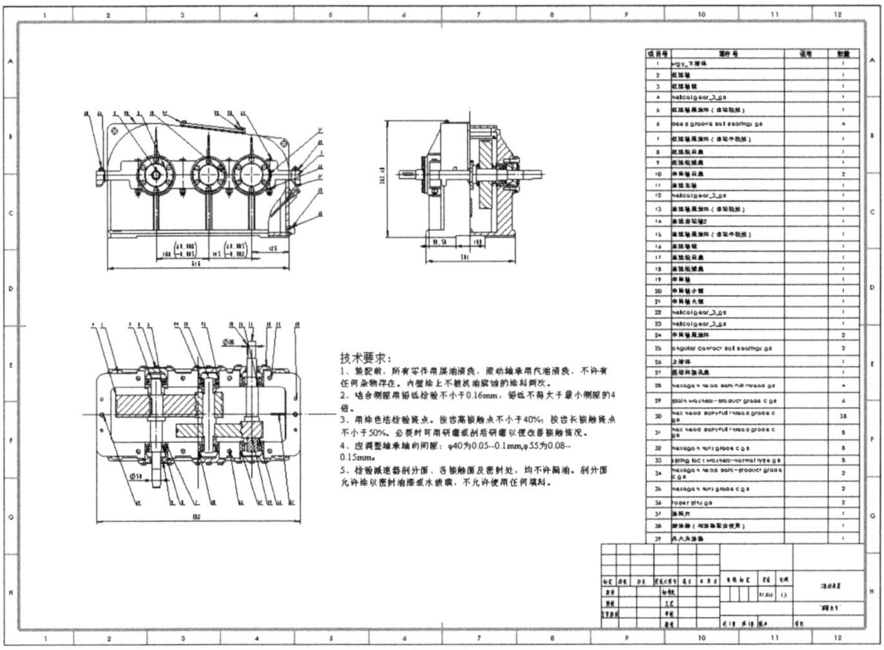

图 7-116 生成的二级减速器装配图

本章案例素材文件可通过扫描以下二维码获取:

案例素材文件

7.8 思考与练习

1. 填空题

(1) 本章主要介绍如何从_____直接转换为_____的基本过程。

(2) 工程图是由_____、_____、_____和_____四部分内容组成。

(3) 标准视图包括_____、_____以及_____。

(4) 在工程图中标注的尺寸是受_____驱动的。

2. 选择题

(1) 利用标准三视图可以为模型同时生成 3 个默认正交视图,即主视图、俯视图和_____。

A. 右视图   B. 左视图   C. 前视图

(2) 模型视图是从零件的_____视角方位为视图选择方位名称。

A. 同一   B. 不同

（3）剖面视图用来表达机体的_____。生成剖面视图必须先在工程图中绘出适当的剖切路径，在执行剖面视图命令时，系统依照指定的剖切路径。产生对应的剖面视图。所绘制的路径可以是一条直线段、相互平行的线段，还可以是_____。

A. 内部结构；圆弧   B. 外部结构；虚线   C. 外部结构；圆弧

3. 简答题

（1）什么是局部视图？

（2）什么是断开的剖视图？

（3）什么是断裂视图？

4. 上机操作题

（1）生成如图 7-117 所示泵体零件图。

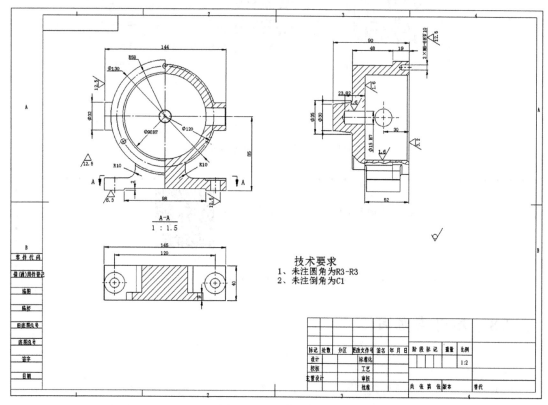

图 7-117　泵体零件图

（2）生成如图 7-118 所示定滑轮装配图。

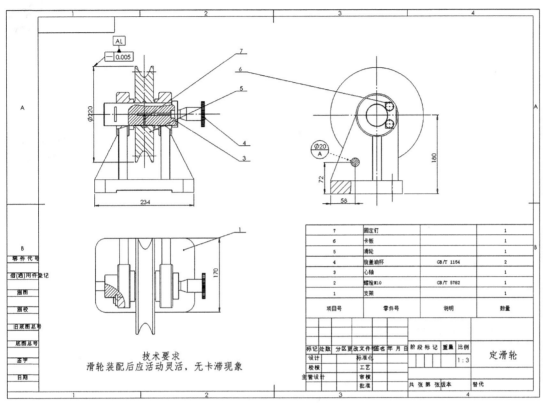

图 7-118　定滑轮装配图

第 8 章

扫描设计

本章主要介绍采用扫描进行零部件设计的步骤和方法，所讲解的实例涵盖了扫描的基本知识、穿透与重合的概念、不允许出现自相交叉的情况，并再次强化了穿透与重合的问题。要求了解扫描设计的基本知识，掌握扫描特征命令的操作方法，掌握穿透与重合的概念，掌握扫描切除特征命令的操作方法。

8.1 扫描特征概述

扫描就是沿着一条路径移动轮廓（截面）来生成基体、凸台、切除或曲面的一种特征。要创建或重新定义一个扫描特征，必须给定两大特征要素，即路径和轮廓。由路径和轮廓实现扫描特征的创建。如图 8-1 所示是采用一个六边形的轮廓沿指定路径生成扫描特征。

图 8-1　扫描特征的构建

1. 扫描的轮廓

对于基体或凸台扫描特征，轮廓必须是闭环的；对于曲面扫描特征，轮廓既可以是闭环也可以是开环。扫描轮廓可以是一个或多个封闭的轮廓。如果基体特征草图含有多个轮廓，就会创建多个实体。扫描轮廓可以是单独的、分开的、互相嵌套的，如表 8-1 所示。

表 8-1　扫描的有效轮廓

类型	单个轮廓	多个轮廓	嵌套轮廓
示例			

2.扫描的路径

扫描路径可以是一张草图、一条曲线或一组模型边线中包含的一组草图曲线等,可以为开环或闭环。路径必须与轮廓的平面交叉,路径的起点必须位于轮廓的基准面上,该基准面不一定是真正的基准面,它可以是一个平面。如果路径不从轮廓基准面开始,扫描就不能完成。路径没必要垂直于扫描的起始位置,也没必要沿整个扫描路径相切。

8.2　扫描特征的属性设置

选择"插入"→"凸台/基体"→"扫描"菜单命令,弹出"扫描"属性管理器,如图 8-2 所示。其各选项组参数介绍如下:

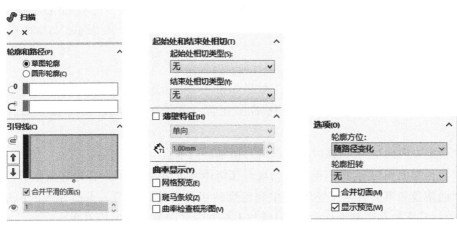

图 8-2　"扫描"属性管理器

1."轮廓和路径"选项组

(1)"草图轮廓"。

● C^0(轮廓):用来建立扫描的轮廓,可以选择要扫描的草图轮廓、面或者边线。

● C^1(路径):用于设置轮廓扫描的路径。可以是草图、曲线或已有模型的边线等,可以为开环或闭环。

(2)"圆形轮廓":单击"圆形轮廓"弹出如图 8-3 所示的操作界面,可在"直径"文本框 ⊘ 输入扫描轮廓圆直径。

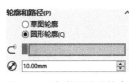

图 8-3　"扫描"圆形轮廓

2."引导线"选项组

● (引导线):在轮廓沿路径扫描时加以引导以生成特征。

● ↑(上移)、↓(下移):调整引导线的顺序。

●"合并平滑的面":改进带引导线扫描的性能。

● (显示截面):显示扫描的截面。

3."选项"选项组

(1)"轮廓方位"。

●"随路径变化":轮廓相对于路径时刻保持同一角度,由路径控制中间截面的方向和扭转。效果如图 8-4(a)所示。

● "保持法向不变"：使轮廓总是与起始轮廓保持平行。由轮廓草图的基准面决定中间截面的方向，并且截面不会发生扭转。效果如图 8-4(b)所示。

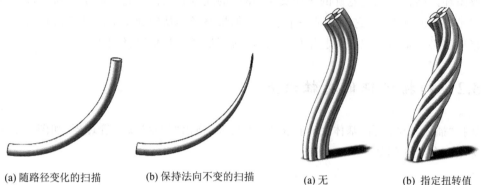

(a) 随路径变化的扫描　　(b) 保持法向不变的扫描　　(a) 无　　　(b) 指定扭转值

图 8-4　"随路径变化"和"保持法向不变"的扫描效果对比　　图 8-5　"轮廓扭转"扫描对比

（2）"轮廓扭转"。

● "无"：扫描时轮廓不进行扭转。效果如图 8-5(a)所示。

● "指定扭转值"：扫描时轮廓随扫描路径扭转一定数、弧度或圈数。效果如图 8-5(b)所示。

● "指定方向向量"：扫描时轮廓保持与所选法向垂直。

● "与相邻面相切"：将扫描附加到现有几何体时可用，使相邻面在轮廓上相切。

● "随路径和第一引导线变化"：中间轮廓的扭转由路径到第一条引导线的向量决定，在所有中间轮廓的草图基准面中，该向量与水平方向之间的角度保持不变。

● "随第一和第二引导线变化"：中间轮廓的扭转由第一条引导线到第二条引导线的向量决定。

（3）"合并切面"：如果扫描轮廓具有相切线段，使用"合并切面"可以使所产生的扫描中的相应曲面相切，保持相切的面可以是基准面、圆柱面或者锥面，效果如图 8-6 所示。

（4）"显示预览"：显示扫描的上色预览，效果如图 8-7 所示。

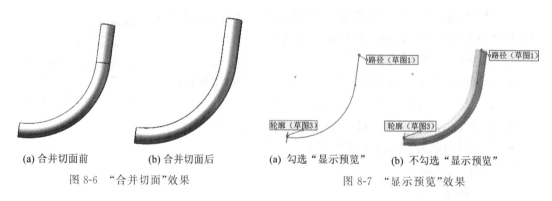

(a) 合并切面前　　(b) 合并切面后　　(a) 勾选"显示预览"　　(b) 不勾选"显示预览"

图 8-6　"合并切面"效果　　　　　图 8-7　"显示预览"效果

4．"起始处和结束处相切"选项组

（1）"起始处相切类型"。

- "无"：不应用相切。
- "路径相切"：垂直于起始点路径而生成扫描。

（2）"结束处相切类型"。

- "无"：不应用相切。
- "路径相切"：垂直于结束点路径而生成扫描。

5．"薄壁特征"选项组

- "单向"：设置同一 数值，以单一方向从轮廓生成薄壁特征。用 ![icon]（反向）按钮切换方向。
- "两侧对称"：设置同一 ![icon]（厚度)数值，以两个方向从轮廓生成薄壁特征。
- "双向"：设置不同 ![icon]（厚度 1）、![icon]（厚度 2）数值，以相反的两个方向从轮廓生成薄壁特征。

6．"曲率显示"选项组

- "网格预览"：在已选面上应用预览网格，以更好地直观显示曲面。
- "斑马条纹"：显示斑马条纹，以便更容易看到曲面褶皱或缺陷。
- "曲率检查梳形图"：激活曲率检查梳形图显示，曲率显示的效果图如图 8-8 所示。

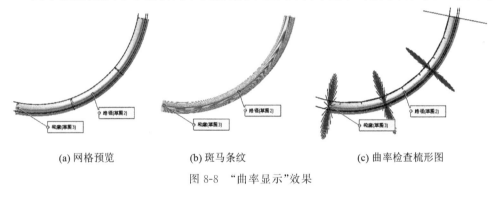

(a) 网格预览　　　　　　(b) 斑马条纹　　　　　　(c) 曲率检查梳形图

图 8-8　"曲率显示"效果

8.3　扫描凸台/基体

8.3.1　穿透和重合

扫描中一个十分重要的概念是穿透。穿透是草图点与基准轴（或边线，或曲线）在草图基准面上穿透的位置重合。

被穿透的点可以是任何与草图相关的点，例如端点、圆心、草图点。进行穿透的对象可以是轴、边线、直线、圆弧、样条曲线等。穿透的点必须与穿透的对象相交。穿透约束的添加方法与其他添加几何关系的方法相同。穿透需选择一个草图点，以及一个基准轴、边线、直线或样条曲线。

穿透必须相接触（锁在曲线上），重合就不一定了，可以说穿透是重合的一个特例。重合

281

不必穿透,但穿透绝对重合。如同数学中的"子集"概念,"穿透"正是"重合"的一个子集。两个不互相"接触"的图形间,可以"重合",却不能"穿透"。

所谓重合,有以下两种含义:

(1)同一平面的图元间:是延长线方向上的重合,图元间不一定相接触。

(2)不同平面的图元间:是垂直这个平面方向投影上的重合。重合的对应点并不一定接触。

不论是否为同一平面,穿透与否,首先是能否接触。能接触,则可能穿透;不能接触,则不能穿透。例如,平行平面上两个草图之间,可以重合(投影),却不能穿透。又如同平面的草图,被尺寸约束,可以重合(延长线),却不能穿透。

在大多数情况下,SOLIDWORKS 可以用"重合"关系代替"穿透"完成建模工作。然而在有些复杂的情况下,必须要用"穿透"关系。

由于 SOLIDWORKS 在绘制草图时的默认状态是"自动添加几何关系",所以许多"重合"关系是自动加上的。尽管绝大多数情况下"重合"与"穿透"关系是不会冲突的,但并不是说任何情况下都不会冲突。在发生一些莫明其妙的"过定义"、"无解"等情况而不能扫描时,应该检查一下草图的约束情况(即查看几何关系),解除一些约束错误,约束冲突,双重甚至是多重定义的约束,特别是对于有"重合"约束的地方,因为不可能"穿透"的草图,却是"重合"着的。绘制草图时请务必认真,需要穿透的地方不能用重合代替。

下面用一个案例来说明下"穿透"与"重合"之间的区别。案例操作步骤如下:

①引导线的下端点与轮廓是"重合"的,从图 8-9 可以看出实际上是与样条曲线的前视基准面投影重合。单击"特征"面板上的"扫描"按钮 ,如图 8-9 中①所示;将"草图 1"填入"轮廓"文本框 ,如图 8-9 中②所示;将"草图 2"填入"路径"文本框 ,如图 8-9 中③所示;将草图 3 填入"引导线",如图 8-9 中④所示。单击"确定"按钮 ,如图 8-9 中⑤所示,弹出"重建模型错误"提示信息,如图 8-9 中⑥所示。

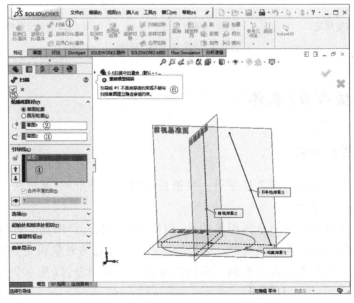

图 8-9　重合模型和"扫描"属性管理器

②单击"取消"按钮 ✖ 。右击特征管理器中的"草图 3"，从弹出的快捷菜单中选择"编辑草图"命令。单击"尺寸/几何关系"工具栏上的"显示/删除几何关系"按钮 ⌊ₒ，如图 8-10 中①所示；在弹出的"显示/删除几何关系"属性管理器中单击"重合 4"，单击"删除"按钮，如图 8-10 中②所示；单击"确定"按钮 ✔ ，如图 8-10 中③所示。

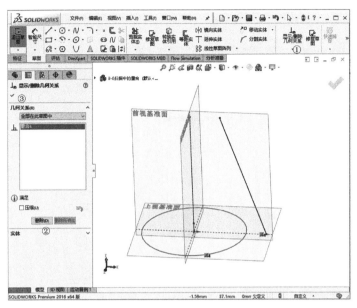

图 8-10　"显示/删除几何关系"

③单击"添加几何关系"按钮 ⌊ ，弹出"添加几何关系"属性管理器，如图 8-11 中①所示。在工作区选择圆与样条曲线，如图 8-11 中②所示；选择"穿透"按钮 🐝 ，如图 8-11 中③所示；单击"确定"按钮 ✔ ，如图 8-11 中④所示。此时直线移动到与圆右端点重合，如图 8-11 所示。

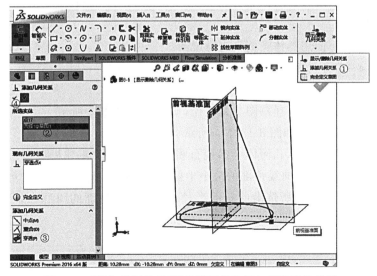

图 8-11　"添加几何关系"属性管理器和添加穿透后效果图

④单击"特征"面板中的"扫描"按钮 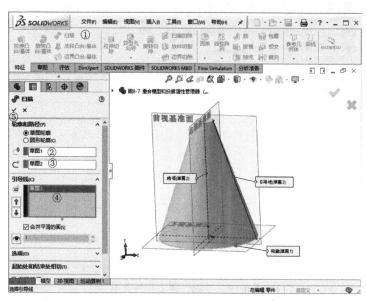 ，如图 8-12 中①所示。在"扫描"属性管理器和绘图区域中进行设置和选择，由预览图可以看到，由于圆的圆心被锁定在路径上，"穿透约束"使得圆改变直径，即当圆沿着路径移动时，穿透点同时沿着引导线的形状移动，圆的大小不断变化，经扫描形成一个圆台，如图 8-12 中②③④所示。单击"确定"按钮 ，如图 8-12 中⑤所示。

图 8-12　完成扫描的模型

8.3.2　自相交叉

无论是截面还是路径都不能出现自相交叉的情况。扫描形成的实体也不允许自相交。如果确实需要自相交的模型，可以用曲面来解决。要注意的是，虽然 SOLIDWORKS 2016 版本会自己消除自相交的情况，但是自相交处会造成体积重叠，所以在设计时一定要避免自相交情况的发生。

为了加深理解，下面用具体实例来进行说明。

①打开"图 8-13 将产生自相交的扫描模型.slidprt"文件。

②单击"特征"面板上的"扫描"按钮，如图 8-13 中①所示。

③选择草图 2 为轮廓，选择草图 1 为路径，如图 8-13 中②③所示。

④单击"确定"按钮 ，如图 8-13 中④所示。

⑤当圆沿着路径扫描时，几何体会出现自相交，系统弹出"重建模型错误"对话框，这是因为圆的半径为 8mm，样条曲线顶部的最小半径是 2.24mm(编辑"草图 1"可以看到曲线的最小半径)，圆的半径比扫描所选沿曲线的半径大。当作为轮廓的圆沿着曲线路径扫描时，它自身会重叠。可以将圆的半径改小，扫描便能成功。

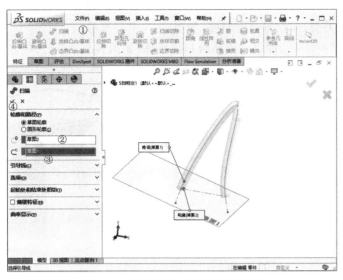

图 8-13　将产生自相交的扫描模型

8.3.3　凸台扫描特征

创建一个凸台的扫描特征,其主要操作步骤如下:

①单击"特征"工具栏中的"扫描"按钮 🧭 。

②在打开的"扫描"属性管理器,选择草图 1 为轮廓,显示在"轮廓"文本框 🔾 中,如图 8-14 中①所示,选择草图 2 为路径,显示在"路径"文本框 🔿 中,如图 8-14 中②所示。

③选择草图 3 为引导线,显示在"引导线"文本框 🔄 ,如图 8-14 中③所示。

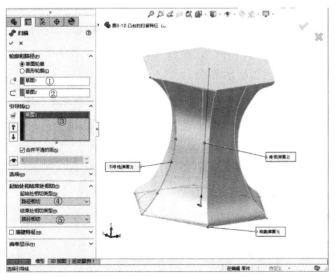

创建凸台扫描
特征

图 8-14　凸台的扫描特征

④如果要在扫描的开始处和结束处控制相切,可设置"起始处和结束处相切"选项组,增加约束条件"路径相切",如图 8-15 中④⑤所示,即可得到另一效果。

⑤如果要生成薄壁扫描特征,勾选"薄壁特征"复选框,激活薄壁选项,如图 8-15 中①所示,然后选择薄壁类型,并设置薄壁厚度,如图 8-15 中②所示。

⑥单击"确定"按钮 ✓,即可完成凸台扫描操作,如图 8-15 所示。

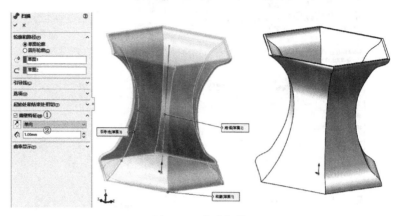

图 8-15　薄壁扫描

8.3.4　引导线扫描特征

在产品设计中常需要设计一些曲线造型,但使用路径及一条引导线仍显不足,尤其是在限制某方面的宽度时,就无法使用路径与一条引导线扫描,而必须使用第一条与第二条引导线来做出。

1. 竖扫

在扫描中通常把路径是竖直线,引导线是模型侧面轮廓,截面是模型底面的扫描叫作竖扫。生成竖扫特征的主要步骤如下:

①单击"特征"工具栏中的"扫描"按钮 🖊,在出现的"扫描"属性管理器中按顺序将草图1填入"轮廓"文本框 🟡,将草图 2 填入"路径"文本框 🔵,把草图 3 填入"引导线"文本框 🔵,显示如图 8-16 中①②③④所示界面。

创建单引导线扫描(竖扫)特征

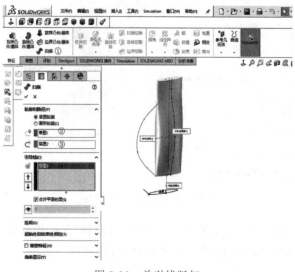

图 8-16　单引线竖扫

②把草图 3 填入"引导线"文本框 ，单击"上移"按钮 ⬆ 或"下移"按钮 ⬇ 改变轮廓的顺序，此项只针对有两个及以上轮廓的扫描特征。如图 8-17 中①②③④⑤所示，增加引导线将显著改变扫描体的扫描特性。

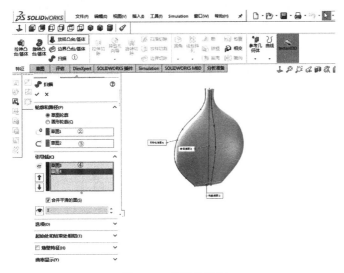

图 8-17 多引线竖扫

创建多引导线扫描（竖扫）特征

2. 横扫

在产品设计中常需要设计一些具有中心轴的曲线造型，用单向扫描的方法难以做出，此时则需要使用横扫的方法创建特征。在扫描中通常把路径是圆，截面是模型侧面轮廓，引导线平行于路径草图平面的扫描，称为横扫。生成横扫特征的主要步骤如下：

①创建"扫描"。在特征工具栏中单击"扫描"按钮，系统弹出"扫描"属性管理器，在"轮廓"文本框 中输入"草图 3"作为扫描轮廓，在"路径"文本框 中输入"草图 2"作为扫描路径，在"引导线"文本框 中输入"草图 1"作为扫描引导线。

②单击"确定"按钮 ✔ 完成扫描操作。创建好的扫描模型如图 8-18 所示。

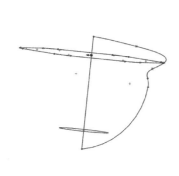

图 8-18 横扫

创建引导线扫描（横扫）特征

8.4　切除扫描

切除扫描与创建扫描凸台/基体过程类似,结果相反。切除扫描必须在已有实体的基础上进行,就是用扫描特征去切除已有实体。

1. 切除扫描的属性设置

选择下拉菜单"插入"→"切除"→"扫描"命令,系统弹出"切除-扫描"属性管理器,如图8-19 所示。各参数介绍如下:

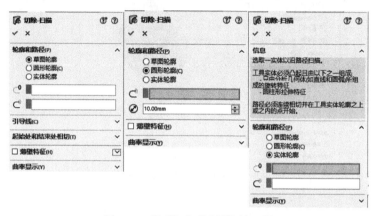

图 8-19　"切除-扫描"属性管理器

(1)"轮廓和路径"选项组。

①草图轮廓。

●"轮廓" C^0 :设定用来生成扫描的轮廓(截面)。

●"路径" C^0 :设定轮廓扫描的路径。

②圆形轮廓。

●"轮廓" C^0 :设定用来生成扫描的轮廓(截面)。

●"直径" $\varnothing$:指定轮廓的直径。

③实体轮廓。

●"工具实体" C^0 :工具实体必须凸起,不与主实体合并,并由以下之一组成:圆柱拉伸特征或只由分析几何体组成的旋转特征。

●"路径" C^0 :设定轮廓扫描的路径。

(2)"引导线"选项组。

●"引导线" ⇆ :在轮廓沿路径扫描时加以引导。在图形区域选择引导线。

●"上移" ⬆ 和"下移" ⬇ :调整引导线的顺序。

●"合并平滑的面":消除以改进带引导线扫描的性能,并在引导线或路径不是曲率连续的所有点处分割扫描。

●"显示截面" ⬥ :显示扫描的截面。

(3)"选项"选项组。

●"轮廓方向":控制"轮廓" C^0 在沿"路径" C^0 扫描时的方向。

●"随路径变化"：截面相对于路径仍时刻处于同一角度。

●"保持法向不变"：截面时刻与开始截面平行。

●"轮廓扭转"：沿路径应用扭转。

●"无"(仅限 2D 路径)：垂直于轮廓而对齐轮廓。不进行纠正。

●"最小扭转"(仅限 3D 路径)：阻止轮廓在随路径变化时自我相交。

●"随路径和第一引导线变化"：中间截面的扭转由路径到第一条引导线的向量决定。

●"随第一和第二引导线变化"：中间截面的扭转由第一条到第二条引导线的向量决定。

●"指定扭转角度"：沿路径定义轮廓扭转。

●"以法向不变沿路径扭曲"：通过将截面在沿路径扭曲时保持与开始截面平行而沿路径扭曲截面。

●"指定方向向量" ↗：选择一基准面、平面、直线、边线、圆柱、轴、特征上顶点组等来设定方向向量。

●"与相邻面相切"：使相邻面在轮廓上相切。

●"自然"(仅限 3D 路径)：当轮廓沿路径扫描时，在路径中其可绕轴转动以相对于曲率保持同一角度。

●"合并相切面"：如果扫描轮廓具有相切线段，可使所产生的扫描中的相应曲面相切。

(4)"起始处和结束处相切"选项组。

●"无"：没应用相切。

●"路径相切"：垂直于开始点路径而生成扫描。

(5)"曲率显示"选项组。

●"网格预览"：在已选面上应用预览网格，以更好地直观显示曲面。

●"网格密度"：调整网格的行数。

●"斑马条纹"：更容易看到曲面褶皱或缺陷。

●"曲率检查梳形图"：激活曲率检查梳形图显示。

2．切除-扫描的操作方法

切除-扫描的主要操作步骤如下：

①在"轮廓和路径"中选择"草图轮廓"，选择草图作为扫描轮廓，选择螺旋线作为扫描路径。

②单击"确定"按钮 ✔，完成"切除-扫描"的操作，如图 8-20 所示。

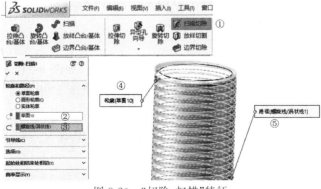

图 8-20　"切除-扫描"特征

8.5 扫描设计综合案例

8.5.1 弹簧设计

弹簧设计

完成如图 8-21 所示的弹簧模型。主要步骤如下：

图 8-21　弹簧模型

（1）新建文件。

①选择"文件"→"新建"命令，在弹出的新建文件对话框中选择"零件"。

②单击"确定"按钮，如图 8-22 所示。

图 8-22　新建零件文件

（2）绘制"草图 1"。

①从特征管理器中选择"上视基准面"，单击"正视于"按钮 ⬆，单击"草图"切换到草图绘制面板，单击"圆"按钮 ⊙，绘制出一个 ⌀40 的圆，如图 8-23 所示。

②单击"退出草图"按钮 ⬛ 退出绘制草图。

（3）建立"螺旋线 1"。

①选择菜单"插入"→"曲线"→"螺旋线/涡状线"命令，如图 8-24 中①所示，系统弹出"螺旋线/涡状线"提示信息栏，选择"草图 1"中所画的圆，弹出"螺旋线/涡状线"属性管理器。

②在"螺距"文本框中输入 20.00mm，在"圈数"文本框中输入 10，如图 8-24 中②③所示。

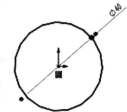

图 8-23　绘制"草图 1"

③单击"确定"按钮 ✔ 完成螺旋线创建操作,如图 8-24 中④所示。

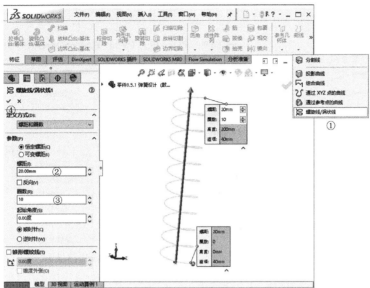

图 8-24　绘制螺旋线

（4）建立"基准面 1"。

①选择"插入"→"参考几何体"→"基准面"命令,在弹出的"基准面"属性管理器中,选择"螺旋线 1"线条,约束关系为垂直。

②选择"螺旋线 1"端点,约束关系为重合。

③单击"确定"按钮 ✔ 完成基准面的创建操作。

（5）绘制"草图 2"。

①从特征管理器中选择"基准面 1",单击"正视于"按钮 ↥ ,单击"草图"按钮切换到草图绘制面板。

②单击"圆"按钮 ⊙ ,绘制出一个 ∅5 的圆,如图 8-25 所示。

③单击按钮 🖼 退出绘制草图。

（6）建立"扫描 1"。

①选择菜单"插入"→"凸台/基体"→"扫描"命令,如图 8-26 中①所示,系统弹出"扫描"属性管理器。

②在"轮廓"文本框中填入"草图 2",在"路径"文本框中选择"螺旋线/涡状线 1",如图 8-26中②③所示。

③单击"确定"按钮 ✔ 完成扫描实体的创建操作,生成如图 8-21 所示的弹簧模型。

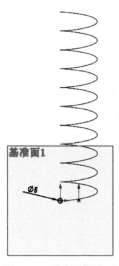

图 8-25　绘制"草图 2"

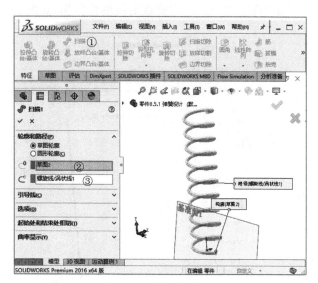

图 8-26　创建"扫描 1"

8.5.2　螺母设计

螺母设计

完成如图 8-27 所示的螺母模型。主要步骤如下：

（1）新建文件。

①选择"文件"→"新建"命令，在弹出的新建文件对话框中选择"零件"选项。

②单击"确定"按钮。

（2）绘制"草图 1"。

①从特征管理器中选择"上视基准面"，单击"正视于"按钮 ⬆，单击"草图"切换到草图绘制面板。

②单击"多边形"按钮 ⬡，绘制出一个内接圆 ∅16 的正六边形，单击"圆"按钮 ⬭，绘制一个与六边形同心的 ∅8.40 的圆，如图 8-28 所示。

③单击"退出草图"按钮 ▦ 退出绘制草图。

图 8-27　螺母模型

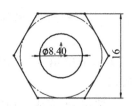

图 8-28　绘制"草图 1"

（3）建立"凸台-拉伸"。

①选择菜单"插入"→"凸台/基体"→"拉伸"命令，系统弹出"凸台-拉伸"提示信息栏，选择"草图 1"，弹出"凸台-拉伸"属性管理器。

②在"深度"文本框 ⬙ 中输入 9.50mm，单击"确定"按钮 ✔ 完成"凸台-拉伸"创建操

作。结果如图 8-29 所示。

（4）建立"切除-旋转"。

①选择菜单"视图"→"隐藏/显示"→"临时轴",显示"凸台-拉伸"
圆孔的轴线。

②选择菜单"插入"→"切除"→"旋转"命令,系统弹出"旋转"提示
信息栏,选择"前视基准面",进入旋转切除横断面草图绘制。

③在草图 2 上绘制出如图 8-30 所示的三角形①和三角形②。

④单击按钮 ⏎ 退出草图,弹出"切除-旋转"属性管理器,在"旋转轴"文本框 ✏ 中选择
"临时轴"。

⑤单击"确定"按钮 ✔ 完成"切除-旋转"的创建操作,如图 8-31 所示。

图 8-29　"凸台-拉伸"
特征

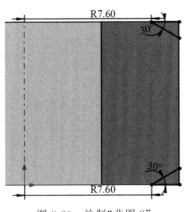

图 8-30　绘制"草图 2"

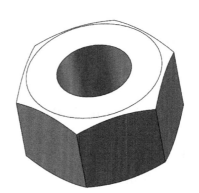

图 8-31　"切除-旋转"特征

（5）建立"基准面"。

①选择菜单"插入"→"参考几何体"→"基准面"命令,弹出"基准面"属性管理器。

②在"第一参考"中选择螺旋线端点①,在"第二参考"中选择螺旋线边线②,如图 8-32 所示。

③单击"确定"按钮 ✔ 完成基准面的创建。

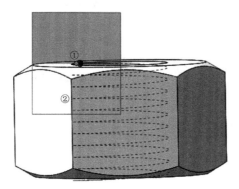

图 8-32　"基准面"的创建

（6）插入"螺旋线/涡状线"。

①"插入"→"曲线"→"螺旋线/涡状线"命令,系统弹出"螺旋线/涡状线"提示信息栏,选

择基准面①。在基准面①上绘制一个 $\varnothing 6.40$ 的圆②，如图 8-33 所示，单击按钮 █ 退出草图。

②在"螺距"文本框中输入 1mm，在"圈数"文本框中输入 10。

③单击"确定"按钮 ✔ 完成螺旋线创建操作，如图 8-34 所示。

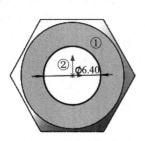

图 8-33　绘制"草图 3"

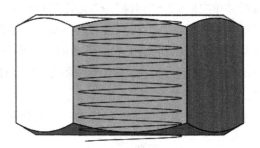

图 8-34　插入"螺旋线/涡状线"

（7）绘制"草图 4"。

①单击"草图"切换到草图绘制面板。

②单击"直线"按钮 ╱，绘制一个封闭三角形，并且约束三角形一边的中点①和螺旋线②建立穿透关系，单击按钮 █ 退出绘制草图，如图 8-35 所示。

③单击"确定"按钮 ✔ 完成草图 4 的绘制。

（8）建立"切除-扫描"。

①选择"扫描切除"命令，如图 8-36 中②所示，系统弹出"切除-扫描"属性管理器。

②在"轮廓"文本框中填入"草图 4"，在"路径"文本框中选择"螺旋线/涡状线"，如图8-36中②③中所示。

③单击"确定"按钮 ✔ 完成扫描实体的创建操作，生成图 8-27 所示的螺母模型。

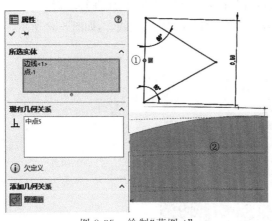

图 8-35　绘制"草图 4"

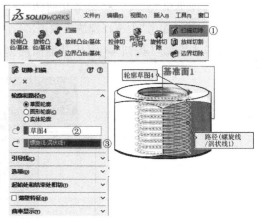

图 8-36　"切除-扫描"特征

节能灯设计

8.5.3　节能灯设计

完成如图 8-37 所示的节能灯模型。主要步骤如下：

（1）新建文件。

①选择"文件"→"新建"命令,在弹出的新建文件对话框中
选择"零件"选项。

②单击"确定"按钮。

（2）绘制"草图 1"。

①从特征管理器中选择"前视基准面",单击"正视于"按钮
,单击"草图"切换到草图绘制面板。

②利用直线、圆、圆角、智能尺寸、剪裁等指令完成如图
8-38 所示的草图轮廓,单击按钮 退出绘制草图。

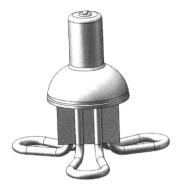

图 8-37 节能灯模型

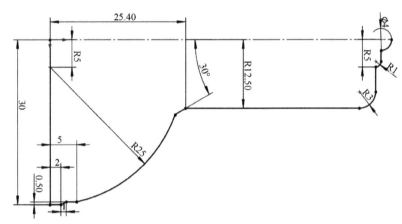

图 8-38 绘制"草图 1"

（3）建立"旋转 1"。

①选择菜单"插入"→"凸台/基体"→"旋转"命令,系统弹出"旋转"提示信息栏。

②选择"草图 1",弹出"旋转"属性管理器。

③选择旋转轴和旋转轮廓,单击"确定"按钮 完成"旋转 1"创建操作,如图 8-39 所示。

（4）绘制"草图 2"。

①从特征管理器中选择"旋转 1"的底部端面,单击"正视于"按钮 。

②单击"草图"切换到草图绘制面板,利用多边形指令完成如图 8-40 所示的草图轮廓,
单击按钮 退出绘制草图。

图 8-39 创建"旋转 1"

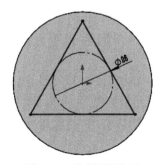

图 8-40 绘制"草图 2"

（5）建立"凸台-拉伸"。

①选择菜单"插入"→"凸台/基体"→"拉伸"命令，系统弹出"凸台-拉伸"提示信息栏，选择"草图2"，弹出"凸台-拉伸"属性管理器。

②在"深度"文本框 中输入30.00mm。

③单击"确定"按钮 ✔ 完成"凸台-拉伸"创建操作，如图8-41所示。

（6）绘制"草图3"。

①从特征管理器中选择"凸台-拉伸1"的一面，单击"正视于"按钮 。

②单击"草图"切换到草图绘制面板，利用直线指令完成如图8-42所示的草图轮廓。

③单击按钮 退出绘制草图。

（7）建立"基准面1"。

①菜单"插入"→"参考几何体"→"基准面"命令，系统弹出"基准面"提示信息栏。

②选择底面①填入第一参考，选择"等距距离" ，设置距离为40mm。

③单击"确定"按钮 ✔ 完成"基准面1"创建操作，如图8-43所示。

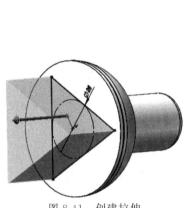

图8-41 创建拉伸

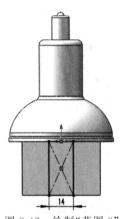

图8-42 绘制"草图3"

图8-43 创建"基准面1"

（8）绘制"草图4"。

①从特征管理器中选择"基准面1"，单击"正视于"按钮 ，单击"草图"切换到草图绘制面板。

②利用直线、圆弧、智能尺寸等指令完成如图8-44所示的草图轮廓，其中两条直线段分别与"草图3"的两条直线段下端点重合。

③两条直线段与圆弧相切；两条直线段的共用端点与原点重合。

④单击"退出草图"按钮 退出绘制草图。

（9）绘制"3D草图1"。

①使用"转换实体引用"功能将"草图3"和"草图4"引用为3D草图线。

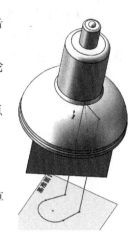

图8-44 绘制"草图4"

②绘制 R10 圆角，单击"退出草图"按钮 ⌐↩，完成"3D 草图 1"绘制，如图 8-45 所示。

（10）绘制"草图 5"。

①选择"旋转"的底面①，单击"正视于"按钮 ↥，单击"草图"切换到草图绘制面板，利用圆指令绘制一个 ⌀6 的圆。

②利用约束条件使得圆心与直线生成"穿透"几何关系。

③单击按钮 ▦ 退出绘制草图，结果如图 8-46 所示。

图 8-45　绘制"3D 草图 1"

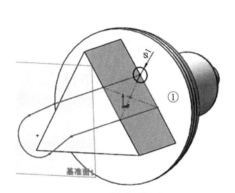

图 8-46　创建"草图 5"

（11）建立"扫描"。

①选择菜单"插入"→"凸台/基体"→"扫描"命令，系统弹出"扫描"属性管理器，如图 8-47 中①②所示。

②在"轮廓"文本框中填入"草图 5"，在"路径"文本框中选择"3D 草图 1"，单击"确定"按钮 ✔ 完成扫描实体的创建操作，如图 8-47 中③④中所示。

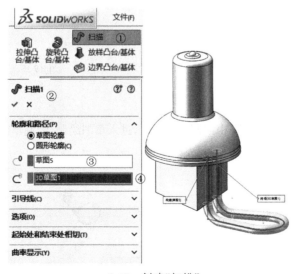

8-47　创建"扫描"

（12）建立"圆周阵列"。

①选择菜单"视图"→"隐藏/显示"→"临时轴"命令，开启临时轴视图。

②选择菜单"插入"→"阵列/镜像"→"圆周阵列"命令，系统弹出"圆周阵列"属性管理器。

③在"阵列轴"文本框中填入"旋转"的临时轴，在"特征"文本框  中选择"扫描"，设置旋转角度为 360°，阵列数为 3。

④单击"确定"按钮 ✔ 完成扫描实体的创建操作，生成如图 8-48 所示的模型。

图 8-48　创建"圆周阵列"

8.5.4　叉类零件设计

完成如图 8-49 所示的叉类零件模型设计。主要步骤如下：

（1）单击"新建"按钮 📄，新建一个零件文件。

（2）绘制基台。

①选取"上视基准面"，单击"草图绘制"按钮 ▣ ，进入草图绘制，绘制草图，如图 8-50(a)所示。

②单击"拉伸凸台/基体"按钮 🔷 ，出现"拉伸"属性管理器，在"终止条件"下拉列表框内选择"给定深度"选项，在"深度"文本框内输入 15.00mm。

③单击"确定"按钮 ✔ ，结果如 8-50(b)所示。

图 8-49　叉类零件模型

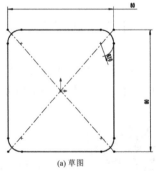

(a) 草图

(b)"拉伸"特征

图 8-50　生成基台特征

（3）绘制圆形凸台。

①选取前视基准面，单击"草图绘制"按钮 ▣ ，进入草图绘制，绘制草图，如图 8-51(a)所示。

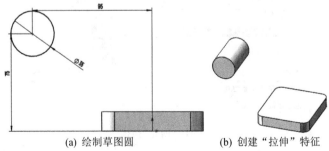

(a) 绘制草图圆　　　　　　　　(b) 创建"拉伸"特征

图 8-51　生成圆形凸台

②单击"拉伸凸台/基体"按钮 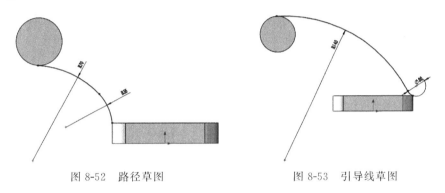，出现"拉伸"属性管理器，在"终止条件"下拉列表框内选择"两侧对称"选项，在"深度"文本框内输入 60.00mm。

③单击"确定"按钮 ✔，结果如图 8-51(b)所示。

（4）绘制扫描路径。

选取前视基准面，单击"草图绘制"按钮 ▭ ，进入草图绘制，绘制草图，单击"重新建模"按钮 ⬤ ，结束路径草图绘制，如图 8-52 所示。

（5）绘制引导线。

选取"前视基准面"，单击"草图绘制"按钮 ▭ ，进入草图绘制，绘制草图，单击"重新建模"按钮 ⬤ ，结束引导线草图绘制，如图 8-53 所示。

图 8-52　路径草图　　　　　　　　　　　　　图 8-53　引导线草图

（6）绘制扫描轮廓线。

选取凸台-拉伸 1 的上平面，单击"草图绘制"按钮 ▭ ，进入草图绘制，绘制草图，建立穿透几何关系，单击"重新建模"按钮 ⬤ ，结束轮廓线草图绘制，如图 8-54 所示。

（7）创建扫描特征。

①单击"扫描"按钮 ⟲ ，出现"扫描"属性管理器，"轮廓"选择"草图 5"，"路径"选择"草图 3"。

②展开"选项"标签，在"轮廓方位"下拉列表框内选择"随路径变化"，"引导线"选择"草图 4"。

③单击"确定"按钮 ✔，建立扫描特征，如图 8-55 中①～⑤所示。

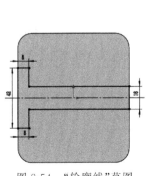

图 8-54　"轮廓线"草图

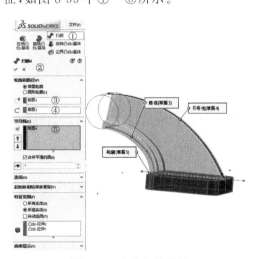

图 8-55　生成扫描特征

（8）创建通孔特征。

①选取"前视基准面"，单击"草图绘制"按钮，进入草图绘制，绘制草图，如图 8-56（a）所示。

②单击"拉伸切除"按钮，出现"切除-拉伸"属性管理器，在"终止条件"下拉列表框内选择"完全贯穿-两者"选项。单击"确定"按钮 ✔，结果如图 8-56（b）所示。

（9）创建柱形沉头孔。

①单击"异型孔向导"按钮 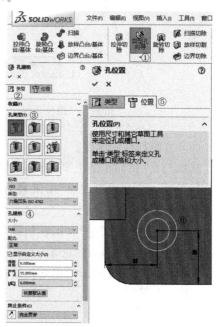，出现"孔定义"对话框，打开"柱形沉头孔"选项卡，在"标准"下拉列表框内选择"ISO"选项，在"类型"下拉列表框内选择"六角凹头 ISO 4762"选项，在"大小"下拉列表框内选择"M8"选项，勾选"显示自定义大小"。

②在"终止条件"下拉列表框内选择"完全贯穿"选项，单击"位置"按钮，使用智能尺寸确定孔的位置，单击"确定"按钮 ✔。

③建立 M8 柱形沉头孔，如图 8-57 中①～⑥所示。

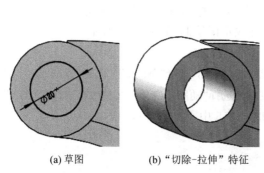

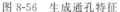

（a）草图　　（b）"切除-拉伸"特征

图 8-56　生成通孔特征

图 8-57　生成柱形沉头孔

（10）创建"线性阵列"特征。

①单击"线性阵列"按钮，出现"线性阵列"属性管理器，在"方向 1"中选择边线①，"距离"设置为 50.00mm，"实例数"设置为 2，在"方向 2"中选择边线②，"距离"设置为 40.00mm，"实例数"设置为 2。

②在"特征和面"中选择"M8 六角凹头螺钉的柱形沉头孔 1"，单击"确定"按钮 ✔，如图 8-58 所示。

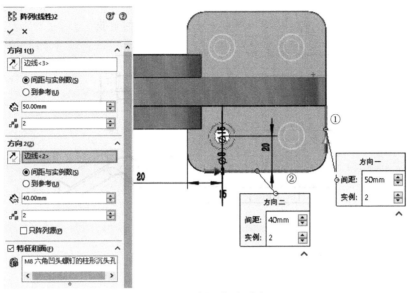

图 8-58　"线性阵列"特征

③至此完成叉零件类设计,成品叉类零件模型如图 8-49 所示。

本章案例素材文件可通过扫描以下二维码获取:

案例素材文件

8.6　思考与练习

1. 填空题

(1) 扫描特征是指草图轮廓沿一条_____移动获得的特征,在移动过程中用户可设置一条或多条_____,最终可生成_____或_____特征。

(2) 扫描路径可以是_____、_____或_____等,可以为开环或闭环。

(3) 穿透是_____与_____(或边线,或曲线)在草图基准面上穿透的位置重合。

(4) 穿透需选择一个草图点,以及_____、_____、_____或_____。

2. 简答题

(1) 创建扫描特征时如何设置截面图形在扫描过程中的方向和扭转方式?

(2) 简述引导线扫描和引导线放样的异同。

(3) 什么是穿透? 穿透所需要的条件?

3. 上机操作题

（1）利用扫描指令，完成如图 8-59 所示的扫描工件 1 的建模。

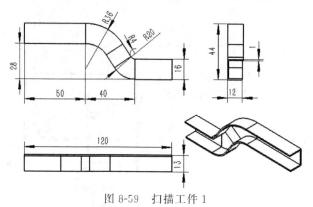

图 8-59　扫描工件 1

（2）利用扫描指令，完成如图 8-60 所示的扫描工件 2 的建模。

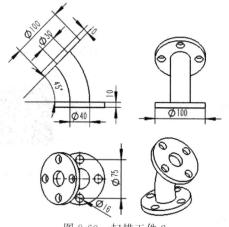

图 8-60　扫描工件 2

（3）利用扫描指令，完成如图 8-61 所示的扫描工件 3 的建模。

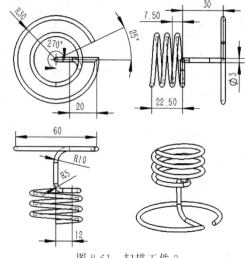

图 8-61　扫描工件 3

（4）利用扫描指令，完成如图 8-62 所示的扫描工件 4 的建模。

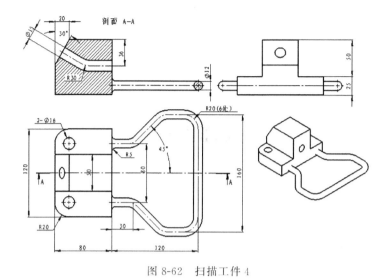

图 8-62　扫描工件 4

第 9 章

放样设计

本章主要介绍采用放样进行零部件设计的步骤和方法，要求：了解放样设计的基本知识；掌握放样实体选择；掌握放样特征命令的操作方法；掌握穿透与重合的概念；掌握放样切除特征命令的操作方法。

9.1 放样特征概述

将一组位于不同平面上的截面轮廓线用过渡曲面连接形成一个连续的特征，就是放样特征。截面轮廓线所在的基准面之间不一定要平行。放样设计的结果可以是基体、凸台或曲面。放样特征与上一章学习的扫描特征非常容易混淆，其区别在于放样特征至少需要两个轮廓封闭的草图。如图 9-1 所示的放样特征是由三个截面轮廓线生成的凸台放样特征。

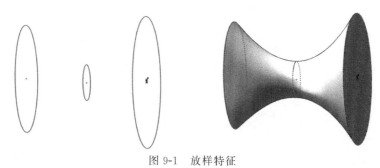

图 9-1　放样特征

1. 放样的截面轮廓线

放样的截面轮廓线可以是草图、曲线和模型边线。放样的第一个轮廓线和最后一个轮廓线可以是一条直线或一个点。放样操作之前一定要退出最后一张草图，选择放样截面轮廓线时最好在绘图区中，而不是在特征管理器中选择，这样可以选择顶点附近的轮廓，使顶点与相邻的轮廓匹配。此外，线选择轮廓时，不同的选择顺序会造成不同的结果。单一 3D 草图中可以包含所有草图实体，包括引导线和轮廓。

2. 截面轮廓线段节数

不同的截面轮廓线会有不同的线段节数，在放样时最好使截面轮廓线具有相同的线段节数。否则对于更多的顶点时，SOLIDWORKS 常常会出现放样扭曲，达不到理想的结果。当无法避免不同截面轮廓线出现不同节数的线段时，通常需要将节数少的线段打断，以形成多段线段。

下面举例说明截面轮廓线段节数不同时的放样。

①打开图"9-2 线段节数不等时的放样.SLDPRT"零件文件，如图 9-2 中①所示。单击"特征"面板上的"放样凸台/基体"按钮 　，系统弹出"放样"属性管理器。在绘图区选择草图，如图 9-2 中②③所示。其他取默认值，单击"确定"按钮 　，结果如图 9-2 中⑤所示，可见这时放样有扭转。

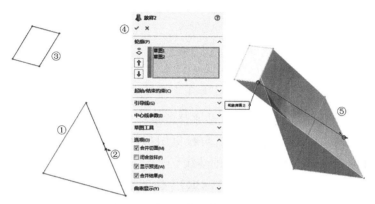

图 9-2　线段节数不等时的放样

②单击"撤销"按钮 　，或选择菜单"编辑"→"撤销"命令，或按组合键 Ctrl＋Z，恢复到未放样前的状态。选择"草图 1"后按住鼠标左键不放，将其拖动到"草图 2"的下方，如图 9-3 中①②所示。

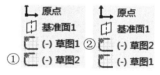

图 9-3　调整草图的顺序

③右击"草图 1"，从弹出的快捷菜单中选择"编辑命令"，如图 9-4 中①②所示，进入草图编辑状态。

④选择"菜单"→"工具"→"草图工具"→"分割实体"命令，如图 9-4 中③④⑤⑥所示。单击与三角形顶点对应的矩形线上的中点，如图 9-4 中⑦所示，单击"分割实体"属性管理器上的"关闭"按钮 　，如图 9-4 中⑧所示。

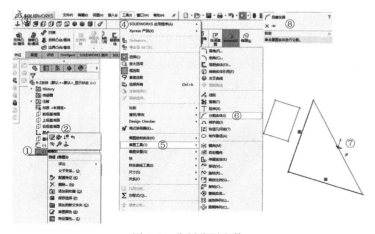

图 9-4　分割草图实体

305

⑤单击"特征"面板上的"凸台放样/基体"按钮 ▲，系统弹出"放样"属性管理器。在绘图区选择草图。其他取默认值，单击"确定"按钮 ✓，结果如图 9-5 所示，可见这时放样扭转有所改善。

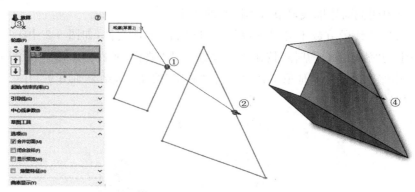

图 9-5 "放样"属性管理器

如果放样失败或扭曲，可使用放样同步来修改放样轮廓之间的同步，可以通过更改轮廓之间的对齐来调整同步。若要调整对齐，可操纵图形区域中出现的控标，此为接连的一部分。连接线是在两个方向上连接对应点的多线。

打开"9-2 放样截面轮廓线段节数 SLDPRT"零件文件，右击特征管理器中的"放样 1"，从弹出的快捷菜单中选择"编辑特征"命令。在绘图区任意空白处右击，从弹出的快捷菜单中选择"显示所有接头"命令，结果如图 9-6 所示。

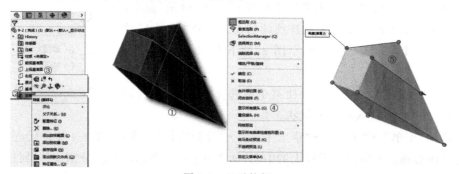

图 9-6 显示控标

⑥将鼠标指针移到其中一个轮廓上的控标 ▲ 上，如图 9-7 中①所示。将控标向着要重新安放连接线的顶点拖动，连接线会沿着指定边线到下一个顶点，放样预览随之更新，如图 9-7 中②所示。同理，将控标从如图 9-7 中①所示的位置移到如图 9-7 中③所示的位置，单击"确定"按钮 ✓，结果如图 9-7 中④所示。

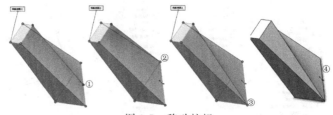

图 9-7 移动控标

9.2　放样特征的属性设置

选择"插入"→"凸台/基体"→"放样"菜单命令,弹出"放样"属性管理器,如图 9-8 所示。其各参数如下:

1."轮廓"选项组

● ⚙ "轮廓":用来建立放样的轮廓,可以选择要放样的草图轮廓、面或者边线。

● ⬆ "上移"、⬇ "下移":调整轮廓的顺序。

2."起始/结束约束"选项组

(1)"开始约束"、"结束约束":应用约束以控制开始和结束轮廓的相切。

● "无":不应用相切约束(即曲率为零)。

● "方向向量":根据所选的方向向量应用相切约束。

● "垂直于轮廓":应用在垂直于开始或者结束轮廓处的相切约束。

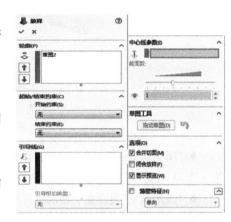

图 9-8　"放样"属性管理器

3."引导线"选项组

(1)"引导线感应类型":控制引导线对放样的影响力。

● "到下一引线":只将引导线延伸到下一引导线。

● "到下一尖角":只将引导线延伸到下一尖角。

● "到下一边线":只将引导线延伸到下一边线。

● "整体":将引导线影响力延伸到整个放样。

(2) 🔧 "引导线":选择引导线来控制放样。

(3) ⬆ "上移"、⬇ "下移":调整引导线的顺序。

(4)"草图〈n〉-相切":控制放样与引导线相交处的相切关系(n 为所选引导线标号)。

● "无":不应用相切约束。

● "方向向量":根据所选的方向向量应用相切约束。

● "与面相切":在位于引导线路径上的相邻面之间添加边侧相切,从而在相邻面之间建立更平滑的过渡。

(5) ↗ "方向向量":根据所选的方向向量应用相切约束。

(6)"拔模角度":只要几何关系成立,将拔模角度沿引导线应用到放样。

4."中心线参数"选项组

● "中心线":使用中心线引导放样形状。

● "截面数":在轮廓之间并围绕中心线添加截面。

● 👁 "显示截面":显示放样截面。

5."草图工具"选项组

●"拖动草图"按钮:激活拖动模式,当编辑放样特征时,可以从任何已经为放样定义了轮廓线的 3D 草图中拖动 3D 草图线段、点或者基准面，3D 草图在拖动时自动更新。

● ↶ "撤销草图拖动"：撤销先前的草图拖动并将预览返回到其先前状态。

6."选项"选项组

● "合并切面"复选框：如果对应的线段相切，则保持放样中的曲面相切。

(a) 闭合前　　　　　　　　　　(b) 闭合前

图 9-9　闭合放样前后对比

● "闭合放样"复选框：沿放样方向建立闭合实体，选中此复选框会自动连接最后 1 个和第 1 个草图实体，如图 9-9 所示。

● "显示预览"复选框：显示放样的上色预览；取消选中此复选框，则只能查看路径和引导线。

● "合并结果"复选框：合并所有放样要素。

7."薄壁特征"选项组

用于选择轮廓以生成一薄壁放样，其中包括如下选项。

● "单向"：使用厚度 ⚙ 以单一方向从轮廓生成薄壁特征。如有必要，可单击"反向"按钮 ⤴ 使其反向。

● "两侧对称"：两个方向应用同一厚度 ⚙ 从轮廓以双向生成薄壁特征。

● "双向"：从轮廓以双向生成薄壁特征，可为厚度 1 ⚙ 和厚度 2 ⚙ 单独设定数值。

9.3　放样凸台/基体

9.3.1　凸台放样特征

创建一个凸台的放样特征主要操作步骤如下：

①建立一个新的基准面，用来放置另一个轮廓草图。

②单击"特征"工具栏中的"放样凸台/基体"按钮 ⬗ 。如果要生成切除放样特征，则选择菜单栏中的"插入"→"切除"→"放样"命令。

③在打开的"放样"属性管理器中单击每个轮廓上相应的点，按顺序选择空间轮廓和其他轮廓的面。此时被选轮廓显示在"轮廓"文本框 ⬙ 中，并在后面的图形区域显示生成的放样特征，如图 9-10 所示。

④单击"上移"按钮 ⬆ 或"下移"按钮 ⬇ 可以改变轮廓的顺序，此项只针对两个及以上轮廓的放样特征。

⑤如果要在放样的开始处和结束处控制相切，设置"起始/结束约束"选项。如图 9-11 所示，增加约束条件"垂直于轮廓"(即图中的圆与四边形)，即可得到另一效果。

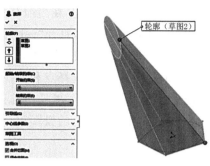

创建凸台放样
特征

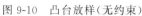

图 9-10　凸台放样（无约束）　　　　　　　图 9-11　凸台放样（有约束）

⑥如果要生成薄壁放样特征，勾选"薄壁特征"复选框，激活薄壁选项，然后选择薄壁类型，并设置薄壁厚度，如图 9-12 所示。

⑦单击"确定"按钮 ✓，即可完成凸台放样操作，结果如图 9-13 所示。

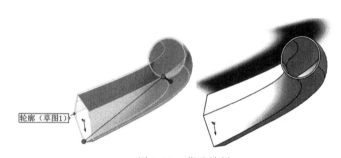

图 9-12　凸台放样（薄壁特征）　　　　　　　　图 9-13　薄壁放样

9.3.2　引导线放样特征

同利用引导线生成扫描特征一样，SOLIDWORKS 也可以生成等数量的引导线放样特征。通过使用两个或多个轮廓，并使用一条或多条引导线来连接轮廓，可以生成引导线放样特征。而通过引导线，可以控制所生成的中间轮廓。

在利用引导线生成放样特征时，必须注意以下几个方面：

● 引导线必须与所有轮廓相交，且引导线可以与轮廓相交于点。

● 引导线的数量不受限制。

● 引导线之间可以相交。

● 引导线可以是任何草图曲线、模型边线或曲线。

● 引导线可以比生成的放样特征长，放样将终止于最短引导线的末端。

与引导线密切相关的一个重要概念是穿透，要穿透必须先要接触，穿透的定义比重合严格,重合并不一定接触。如果对象不在当前的基准面上,重合意味着是与其在当前草图基准面上的投影重合,并不是真正的接触,是与其延长线接触。为了加深理解,打开"9-14 添加几何关系(未完成).SLDPRT"零件文件,单击"草图",切换到草图绘制面板,单击"显示/删除几何关系"→"添加几何关系"按钮,如图 9-14 中①②③所示;在绘图区中选择点和曲线,如图 9-14 中④⑤所示;单击"重合",单击"确定"按钮 ✔,如图 9-14 中⑥⑦所示;可见所选择的点与所选择的样条曲线并没有真正接触,点只是与样条曲线在右视基准面上的投影重合了,如图 9-14 中⑧所示。

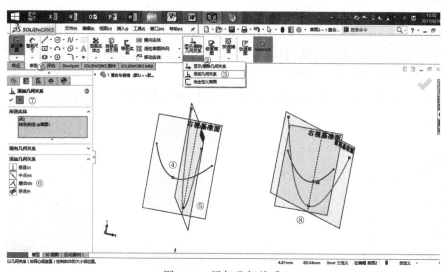

图 9-14　添加几何关系

1. 创建引导线放样特征

要生成引导线放样特征,可按如下步骤进行操作:

①建立一个新的基准面,用于引导线。

②通过基准面定义方法在引导线的两端各生成一个新的基准面,用来放置草图轮廓。基准面之间不一定平行。然后在新建的基准面上绘制要放样的轮廓,如图9-15所示。

③单击"特征"工具栏中的"放样凸台/基体"按钮 ,在出现的"放样"属性管理器中按顺序选择空间轮廓和其他轮廓的面,此时被选轮廓显示在"轮廓"文本框 中。

④单击"上移"按钮 或"下移"按钮 改变轮廓的顺序,此项只针对两个及以上轮廓的放样特征。如图 9-16 所示,改变轮廓顺序将显示不同的放样特性。

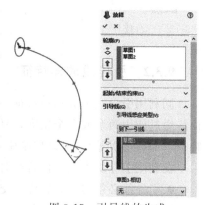

图 9-15　引导线的生成

⑤在"引导线"选项组中单击"引导线"按钮 ,然后在图形区域选择引导线。此时在图表区域将显示随着引导线变化的放样特征。如果存在多条引导线,可以单击"上移"按钮 或"下移"按钮 来改变引导线的使用顺序。

创建引导线放样特征

⑥通过"起始/结束约束"选项组可以控制草图、面或曲面边线之间的相切量和放样方向。

⑦单击"确定"按钮 ✔，即可完成放样。对比使用引导线放样和凸台放样的不同，如图9-17所示。

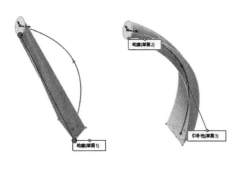
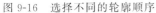
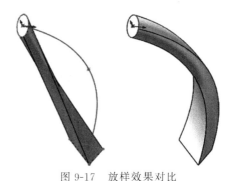

图 9-16　选择不同的轮廓顺序　　　　　　图 9-17　放样效果对比

2. 选项说明

对于"放样"属性管理器中的一些选项说明如下：

● "引导线" ⌙：用来选择引导线以控制放样。如果在选择引导线时碰到引导线无效的错误信息，在图形区域右击，重新选择轮廓，然后选择引导线。

● "上移" ⬆ 或"下移" ⬇ "：用于调整引导线的顺序，也可选择一引导线并调整轮廓顺序。

● 引导线相切类型：该选项控制放样与引导线相遇处的相切。这些选项的含义与"开始约束"和"结束约束"选项相似。

9.3.3　中心线放样特征

SOLIDWORKS 还可以生成中心线放样特征。中心线放样是指将一条变化的引导线作为中心线进行的放样，在中心线放样特征中，所有中间截面的草图基准面都与此中心线垂直。中心线放样中的中心线必须与每个闭环轮廓的内部区域相交，而不是像引导线放样那样，引导线必须与每个轮廓线相交。

1. 创建中心线放样特征

要生成中心线放样特征，可按如下步骤进行操作：

①绘制曲线或生成曲线作为中心线。该中心线必须与每个轮廓内部区域相交，因此需要用到基准面功能，可以通过设定基准面与中心线的关系生成特定的基准面。如图9-18所示，在中心线两端点定义两个平行的基准面。

②单击"特征"工具栏中的"放样凸台/基体"按钮 🡇，在出现的"放样"属性管理器中按顺序选择空间轮廓和其他轮廓的面。此时被选轮廓显示在"轮廓"文本框 ◇ 中。如图9-19所示，为选择圆与椭圆之间的过渡放样。

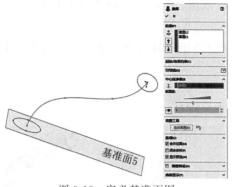

图 9-18 定义基准面图

图 9-19 设定中心线放样

③在"中心线参数"选项组中单击"中心线"按钮 ，然后在图形区域选择中心线，此时在图形区域将显示随着中心线变化的放样特征。

④调整"截面数"滑竿来改变在图形区域显示的预览数。

⑤单击"确定"按钮 ，完成中心线放样。

2. 选项说明

对于"放样"属性管理器中的选项说明如下。

(1)"中心线参数"选项组。

● 中心线：使用中心线引导放样形状。在图形区域选择一草图，其中心线可与引导线共存。

● 截面数：在轮廓之间绕中心线添加截面。移动滑竿可以调整截面数。

(2)"显示截面" 选项。

用于显示放样截面。单击箭头，可显示截面；也可输入一截面数，然后单击"显示截面" 。

9.3.4 分割线放样特征

要生成一个与空间曲面无缝连接的放样特征，就必须用到分割线。分割线投影一个草图共线到所选的模型面上，将面分割为多个面，这样就可以选择每个面。使用"分割线"工具可以将草图投影到曲面或平面。它可以将所选的面分割为多个分离的面，从而可以选取每一个面。

"分割线"工具可以生成如下所述两种类型的分割线。

● "投影线"：将一个草图从轮廓投影到一个表面上。

● "侧影轮廓线"：在一个曲面零件上生成一条分割线。

通过投影线生成放样特征的具体操作步骤如下：

①首先生成轮廓分割线。绘制要投影为分割线的草图轮廓，再打开要投影的模型体，然后通过定位基准面来调整投影角度及位置，如图 9-20 所示。

②单击"曲线"工具栏中的"分割线"按钮 ，在出现的"分割线"属性管理器中选择"分割类型"为"投影"，如图 9-21 所示。

③单击要分割的面，然后选择零件周边所有希望分割线经过的面。

④如果勾选"单向"复选框，将只以一个方向投影分割线；如果勾选"反向"复选框，将以反向投影分割线。结果如图 9-22 所示。

⑤单击"确定"按钮 ✔，基准面通过模型投影，从而生成基准面与所选面的外部边线相交的轮廓分割线，如图 9-23 所示。

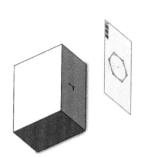

创建分割线放样特征

图 9-20　生成轮廓线　　　　　　图 9-21　设定分割类型

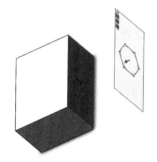

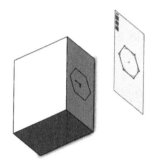

图 9-22　设定"分割线"属性　　　　图 9-23　模型投影效果

分割线的出现可以将放样中的空间轮廓转换为平面轮廓，从而使放样特征进一步扩展到空间模型的曲面上。

⑥下面开始使用分割线进行放样。单击"特征"工具栏中的"放样凸台/基体"按钮 🥮 。如果要生成切除特征，则需要选择菜单栏中的"插入"→"切除"→"放样"命令，效果如图 9-24 所示。

⑦在"放样"属性管理器中按顺序选择空间轮廓和其他轮廓的面，此时被选轮廓显示在"轮廓"文本框 ⏚ 中。分割线也是一个轮廓。

⑧单击"确定"按钮 ✔ 完成放样，得到如图 9-25 所示的效果。

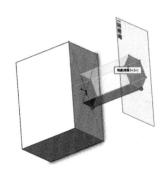

图 9-24　分割线放样　　　　　　图 9-25　分割线放样效果

利用分割线不仅可以生成普通的放样特征,还可以生成引导线或中心线放样特征。具体操作由各位读者自行完成。

9.3.5　与约束有关的放样特征

应用约束以控制开始和结束轮廓的相切。

1. 创建"垂直于轮廓"放样特征

①新建文件。选择"文件"→"新建"命令,在弹出的新建文件对话框中选择"零件"选项，单击"确定"按钮。

②绘制"草图1"。从特征管理器中选择"前视基准面"→"正视于" ，单击"草图"面板中的"多边形"按钮 ，在绘图区中绘制出一个五边形,单击"智能尺寸"按钮标注出尺寸,如图9-26所示。单击"重建模型"按钮 。

③创建"基准面1"。单击"特征"面板中的"参考几何体"→"基准面"按钮 ，系统弹出"基准面"属性管理器。在特征管理器中选择"上视基准面",选择"距离"约束 ，输入距离为40.00mm,如图9-27中①②③所示。其他采用默认设置,单击"确定"按钮 ，完成基准面创建操作,如图9-27中④⑤所示。

创建"垂直于轮廓"的放样特征

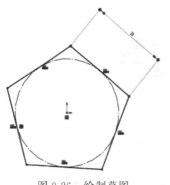

图9-26　绘制草图

图9-27　生成基准面

④从特征管理器中选择"基准面1"→"正视于" ，单击"草图"面板中的"点"按钮 ，在绘图区中绘制出一个与原点重合的点,如图9-28中①所示。单击"重建模型"按钮 。

⑤建立"放样"。单击"特征"面板中的"放样凸台/基体"按钮 ，系统弹出"放样"属性管理器,在"轮廓"文本框中选取"草图1"和"草图2"作为放样轮廓,如图9-29中①②所示。其他采用默认设置,单击"确定"按钮 完成放样操作,结果如图9-29中③④所示。

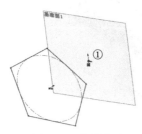

图9-28　绘制点

图9-29　"放样"属性管理器

⑥编辑放样特征。在特征管理器中右击"放样1"，在弹出的快捷菜单中选择"编辑特征"命令，系统弹出"放样"属性管理器。在"起始/结束约束"选项组的"开始约束"选择框中选择"垂直于轮廓"，在"拔模角度"文本框中输入1.00度，在"起始处相切长度"文本框中输入1，如图9-30中①②③所示。其他采用默认设置，单击"确定"按钮 ✔ 完成编辑放样操作，如图9-30中④⑤所示。

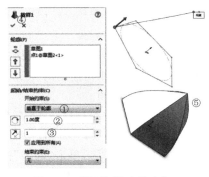

图9-30 "起始/结束约束"

2. 创建"方向向量"控制放样特征

可见放样的形状改变了。无任何约束的放样以直线连接两个轮廓，添加垂直于轮廓的约束后，两个轮廓之间的连接不再是直线而是与轮廓垂直的样条曲线。

①右击特征管理器中的"放样1"，从弹出的快捷菜单中选择"删除"命令。

②选择菜单"插入"→"3D草图"命令，单击"中心线"按钮 ✎ 绘制出一条中心线，如图9-31中①②所示。单击按钮 ▣ 退出绘制草图。

③切换到"特征"面板，单击"放样凸台/基体"按钮 ▲，系统弹出"放样"属性管理器。在"轮廓"文本框 ⬡ 中选取"草图1"和"草图2"作为放样轮廓，如图9-32中①②所示。在"起始/结束约束"选项组的"开始约束"选择框中选择"方向向量"。选择"3D草图1"作为向量方向，在"拔模角度"文本框中输入1.00度，在"起始处相切长度"文本框中输入1，如图9-32中③④⑤所示。其他采用默认设置，单击"确定"按钮 ✔ 完成放样操作，结果如图9-32中⑦所示。

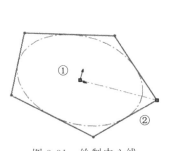

图9-31 绘制中心线

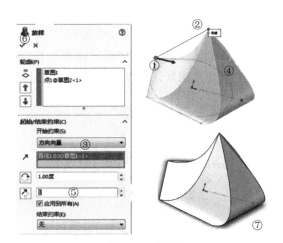

图9-32 放样

创建"方向向量"控制的放样特征

3. 创建"与面相切"约束放样特征

创建使用"起始/结束约束"选项组中的"与面相切"选项，可以使放样出的面质量达到G1效果。

注意

Gn 是表示曲线或曲面连续性的一个概念。G1 表示两个对象是光顺连续、一阶微分连续或者是相切连续的。G2 表示两个对象是光顺连续、二阶微分连续或者两个对象的曲率是连续的。

---

①新建文件。选择"文件"→"新建"命令,在弹出的"新建 SOLIDWORKS 文件"对话框选择"零件"选项 ⬣ ,单击"确定"按钮。

②绘制"草图 1"。从特征管理器中选择"上视基准面"→"正视于" ⬥ ,单击"草图"面板中的"椭圆"按钮 ⊘ ,单击原点,单击长半轴上的端点,单击短半轴上的端点,如图 9-33 中①②③所示。单击"确定"按钮 ✓ ,单击"重建模型"按钮 ⬤ 。

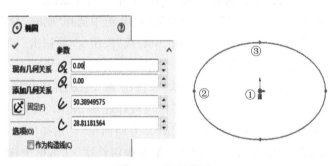

图 9-33　绘制草图 1

③创建"拉伸 1"。在特征管理器中选择"草图 1",单击"特征"面板中的"拉伸凸台/基体"按钮 ⬤ ,系统弹出"凸台-拉伸"属性管理器。单击"开始条件"按钮,选择"等距",单击"反向"按钮 ⬈ 以变为向下等距,输入 70.00mm,如图 9-34 中①②③所示。在"方向 1"选项组的"终止条件"选择框中选择"给定深度",在"深度"文本框中输入 12.00mm,如图 9-34 中④⑤所示。其他采用默认值设置,单击"确定"按钮 ✓ ,结果如图 9-34 中⑥⑦所示。

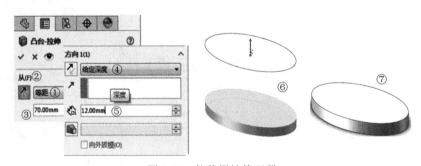

图 9-34　拉伸属性管理器

④绘制"草图 2"。从特征管理器中选择"上视基准面"→"正视于" ⬥ ,单击"草图"面板中的"多边形"按钮,系统弹出"多边形"属性管理器。输入多边形"边数"为 6,如图 9-35 中①所示,在绘图绘制出一个中心与原点重合且与圆相切的六边形,如图 9-35 中②所示。然后单"确定"按钮 ✓ ,完成多边形草图实体绘制,单击"重建模型"按钮 ⬤ 。

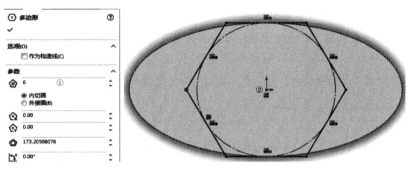

图 9-35　绘制草图 2

　　⑤创建"拉伸 2"。在特征管理器中选择"草图 2",单击"特征"面板中的"拉伸凸台/基体"按钮 ⬛ ,系统弹出"凸台-拉伸"属性管理器。在"方向 1"选项组的"终止条件"选择框中选择"给定深度",在"深度"文本框 ⬡ 中输入 12.00mm,如图 9-36 中①②所示。其他采用默认设置,单击"确定"按钮 ✔ ,结果如图 9-36 中③所示。

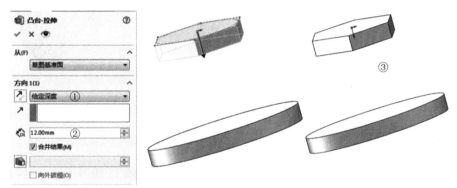

图 9-36　创建拉伸 2

　　⑥单击"特征"面板中的"放样凸台/基体"按钮 ⬛ ,系统弹出"放样"属性管理器。在"轮廓"文本框 ⬡ 中选择如图 9-37 中①②所指的面作为放样轮廓。在"起始/结束约束"栏的"开始约束"选择框中选择"与面相切",在"起始处相切长度"输入框中输入 1.5,如图 9-37 中③④所示。在"结束约束"选择框中选择"与面相切",在"结束处相切长度"文本框中输入1.5,如图 9-37 中⑤⑥所示。选中"合并结果"复选框,其他采用默认设置,单击"确定"按钮 ✔ 完成放样操作,结果如图 9-37 中⑧所示。

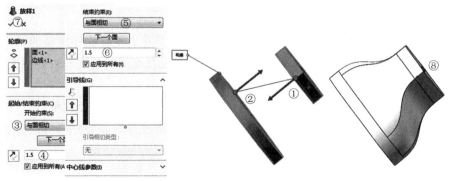

图 9-37　放样属性管理器

4. 创建"与面的曲率"约束放样特征

利用"起始/结束约束"选项组中的"与面的曲率"选项,可以使放样出的面质量达到 G2 效果。

在特征管理器中右击"放样 1"特征,在弹出的快捷菜单中选择"编辑特征"命令。在"起始/结束约束"选项组的"开始约束"选择框中选择"与面的曲率",在"起始处相切长度"文本框中输入 1.5,如图 9-38 中①②所示。在"结束约束"选择框中选择"与面的曲率",在"结束处相切长度"文本框中输 1.5,如图 9-38 中③④所示。选中"合并结果"复选框,其他采用默认设置,单击"确定"按钮 ✔ 完成放样操作,如图 9-38 中⑤⑥所示。无"起始/结束约束"的结果如图 9-38 中⑦所示。

创建"与面曲率"约束的放样特征

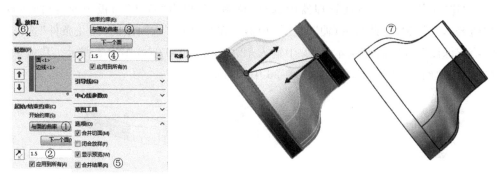

图 9-38 "放样"属性管理器

9.3.6 添加放样截面

将一个或多个放样截面添加到现有放样,可以有效地控制特征。添加截面时,SOLIDWORKS 会生成放样截面和临时基准面,而且放样截面会自动在其端点处生成穿透点。通过拖动临时基准面,可将新的放样截面沿路径的轴定位。

此外还可以使用预先存在的基准面来定位新的放样截面。一旦将新的放样截面定位,就可以像编辑其他的任何草图截面一样,使用快捷菜单来编辑新的放样截面。

1. 添加放样截面

要添加新的放样截面,可按如下步骤进行操作:

①在想要添加新放样截面的现有放样路径上右击,在弹出的快捷菜单中选择"添加放样截面"命令。此时出现"添加放样截面"属性管理器,同时在图形区域出现一个临时基准面和新的放样截面。

②如果想使用临时基准面,将鼠标指针移动到校标上并沿现有放样路径的轴拖动基准面,或将鼠标指针放置在基准面的边线之一上拖动来更改基准面的角度和放样截面的形状,如图 9-39 所示。

③如果要使用另一个先前生成的基准面,勾选"使用所选基准面"复选框,然后选择一个基准面 ▤ 。另外,右击,在弹出的快捷菜单中选择"编辑放样截面"命令,可以为截面添加几何关系、尺寸等。

④单击"确定"按钮 ✔ ,完成放样截面的添加,如图 9-40 所示。

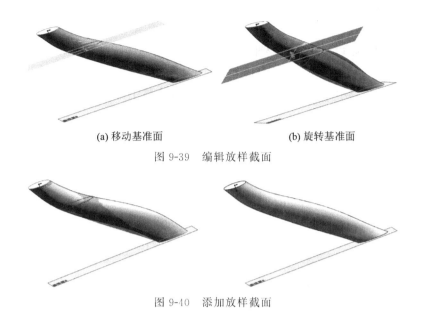

(a) 移动基准面　　　　　　　　　(b) 旋转基准面

图 9-39　编辑放样截面

图 9-40　添加放样截面

9.4　切除放样

切除放样与创建放样凸台/基体过程类似,结果相反。切除放样必须在已有实体的基础上进行,就是用放样特征去切除已有实体。

创建如图 9-41 所示的切除放样特征的操作步骤如下:

①打开文件"9-41 切除放样.SLDPRT"。

②选取命令。选择下拉菜单"插入"→"切除"→"放样"命令(或单击"特征"工具栏中的 按钮),系统弹出"切除–放样"窗口。

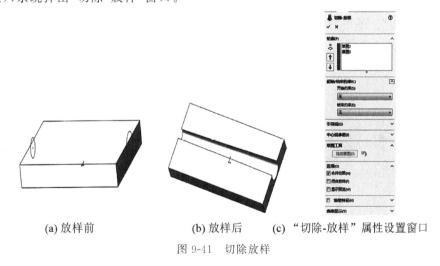

(a) 放样前　　　　　　　(b) 放样后　　　　(c) "切除-放样"属性设置窗口

图 9-41　切除放样

③选择截面轮廓。依次选择草图 2、草图 3 作为切除–放样特征的截面轮廓。

④选择引导线。本例中使用系统默认的引导线。

⑤单击"切除–放样"窗口中的"确定"按钮 ✔ ,完成"切除–放样"特征的创建。

9.5 放样设计综合案例

放样设计综合
案例螺栓

本例将生成一个如图 9-42 所示的螺栓，具体设计步骤主要如下：

1. 新建"文件"

选择"文件"→"新建"命令，单击"零件"按钮 ![按钮]，新建一个零件文件。

2. 绘制螺栓主体

①在特征管理器设计树中选择"前视基准面"，单击"草图"工具栏上的"草图绘制"按钮，进入草图绘制，绘制如图 9-43 所示的螺栓主体截面草图（草图 1）。

图 9-42 螺栓

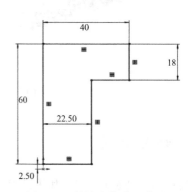

图 9-43 螺栓主体截面草图

②退出"草图 1"。单击"退出草图"按钮，退出草图绘制。

③创建"旋转"。单击"特征"工具栏上的"旋转凸台/基体"按钮，出现"旋转"属性管理器，"旋转轴"选择"直线 1"，在"旋转类型"下拉列表框内选择"给定深度"选项，在"角度"文本框内输入"360.00 度"，单击"确定"按钮 ![确定]，建立毛坯，如图 9-44 所示。

④设置"倒角"。单击"倒角"按钮，出现"倒角"特征管理器，选中"距离-距离"单选按钮，设置倒角，如图 9-45 所示。

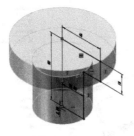

图 9-44 旋转凸台

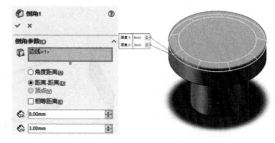

图 9-45 设置倒角

3. 绘制螺杆头部

①绘制草图 2，在特征管理器设计树中选择"上视基准面"，单击"草图"工具栏上的"草图绘制"按钮，进入草图绘制，单击"多边形"按钮，绘制一个外接圆直径为 80mm 的正六边形，如图 9-46 所示。

②创建"拉伸"。单击"特征"工具栏上的"拉伸切除"按钮,出现"切除-拉伸"属性管理器,在"开始条件"下拉列表框内选择"草图基准面"选项,在"终止条件"下拉列表内选择"完全贯穿"选项,并在"方向"中选择反向,选择"反侧切除"。单击"确定"按钮 ✔ ,结果如图 9-47 所示。

图 9-46　绘制正六边形

图 9-47　拉伸切除

4.绘制螺杆螺纹螺旋线

①绘制"草图 3"。在特征管理器设计树中选择"上视基准面",单击"草图"工具栏上的"草图绘制"按钮,进入草图绘制,单击"圆"按钮,绘制如图 9-48 所示的圆。

②退出"草图 3"。单击"退出草图"按钮,退出草图绘制。

③设置"圈数"。单击"特征"工具栏上的"螺旋线/涡状线"按钮,出现"螺旋线/涡状线"属性管理器,在"定义方式"下拉列表框内选择"螺距和圈数"选项,选中"恒定螺距",输入螺距和圈数,单击"确定"按钮 ✔ ,如图 9-49 所示。

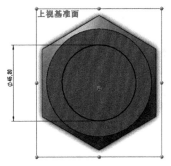

图 9-48　绘制圆

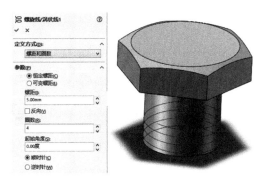

图 9-49　设置圈数

5.绘制螺杆螺纹

①绘制螺纹放样截面轮廓 1(草图 4)和螺纹放样截面轮廓 2(草图 5)。右击特征管理器设计树中的"右视基准面",选择"正视于",单击"草图绘制"按钮,进入草图绘制,在螺旋线上绘制如图 9-50 所示的草图 4,添加几何关系(一定要添加穿透关系)。用相同的方法在"前视基准面"上画出草图 5,如图 9-51 所示。

②绘制螺纹放样截面轮廓 3(草图 6)。右击特征管理器设计树中的"前视基准面",选择"正视于",单击"草图绘制"按钮,单击"点"按钮,在螺旋线的上端点绘制草图 6,完成后退出草图,结果如图 9-52 所示。

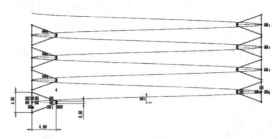

图 9-50　螺纹放样截面轮廓 1(草图 4)

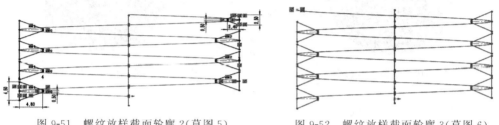

图 9-51　螺纹放样截面轮廓 2(草图 5)　　　　　图 9-52　螺纹放样截面轮廓 3(草图 6)

③创建"放样切除"。单击"特征"工具栏上的"放样切割"按钮,在"轮廓"中先选择草图6,然后自上而下依照螺旋线顺序选择草图轮廓,在"引导线"中选择螺旋线,单击"确定"按钮✔,完成实例,如图 9-53 所示。

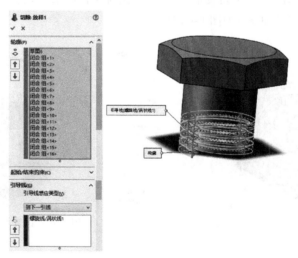

图 9-53　切除放样

本章案例素材文件可通过扫描以下二维码获取:

案例素材文件

9.6　思考与练习

1. 填空题

(1) 建立扫描特征,必须同时具备_____和_____,当扫描特征的中间截面要求变化时,应定义扫描特征的_____。

(2) 放样特征是通过零件之间进行过渡来建立特征,放样对象可以是_____、_____、_____或者_____。

(3) 使用两个或多个轮廓生成放样,仅_____或_____可以是点,也可以这两个轮廓都是点。

(4) 用来建立放样的截面轮廓,可以选择要放样的_____、_____或者_____。

2. 选择题

(1) 使用引导线的扫描以最短的引导线或扫描路径为准,因此引导线应该比扫描路径_____,这样便于对截面的控制。

A. 长　　　　　　　　　　B. 短

(2) 如果使用三个或多于三个面创建放样,并且希望最后一个轮廓与第一个首尾相接,应_____

A. 选择封闭引导线　　　　B. 选择封闭中心线　　　　C. 选中"封闭放样"复选框

(3) 对于基体或凸台扫描特征的描述,_____不是必需的。

A. 轮廓必须是闭环的　　　　　　　　　　B. 轮廓必须为开环

C. 路径的起点必须位于轮廓的基准面上。

3. 简答题

(1) 什么是放样以及有效的放样轮廓?

(2) 扫描和放样有什么区别?

(3) 放样出现扭曲,处理的方法有哪些?

(4) 在放样中心线与引导线有何不同?

4. 上机操作题

(1) 创建锥子模型,参考模型如图 9-54 所示。

(2) 创建牙膏壳模型,参考模型如图 9-55 所示。

图 9-54　锥子模型　　　　　　　　　图 9-55　牙膏壳模型

(3) 创建水杯模型,参考模型如图 9-56 所示。

(4) 创建彩带模型,参考模型如图 9-57 所示。

图 9-56　水杯模型

图 9-57　彩带模型

（5）创建吊钩模型，参考模型如图 9-58 所示。

（6）创建风扇模型，参考模型如图 9-59 所示。

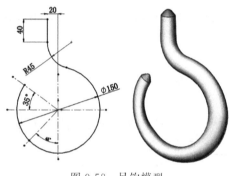

图 9-58　吊钩模型

图 9-59　风扇模型

焊 件 设 计
（授课视频）

第 10 章

焊件设计

第 10 章课件

本章主要介绍焊件设计的步骤和方法，要求：了解焊件设计的基本知识；掌握结构构件的属性设置方法；掌握剪裁工具的使用方法；掌握圆角焊缝的使用方法；了解子焊件和生成切割清单的步骤。

10.1 焊件设计概述

焊件是一个装配体，但很多情况下焊接零件在材料明细表中被当作单独的零件来处理，因此应该将一个焊件零件作为一个多实体零件来建模。使用 SOLIDWORKS 软件的焊件功能进行焊接零件设计时，执行焊件功能中的焊接结构构件可以设计出各种焊件框架，也可以执行焊工具栏中的剪切和延伸特征功能设计各种焊接箱体、支架类零件。在实体焊件设计过程中都能够设计出相应的焊缝，真实地体现了焊件的焊接方式。设计好实体焊件后，还可以焊接零件的工程图，在工程图中生成焊接零件的切割清单。

10.2 结构构建属性

10.2.1 结构构件

在零件中生成第一个结构构件时，"焊件"图标 将被添加到"特征管理器设计树"中。结构构件包含以下属性：

（1）结构构件的截面轮廓都相同，如角铁、槽钢等。

（2）轮廓由"标准"、"类型"及"大小"等属性识别。

（3）结构构件可以包含多个片段，但所有片段只能使用一个轮廓。

（4）分别具有不同轮廓的多个结构构件可以属于同一个焊接零件。

（5）在一个结构件中的任何特定点处，只有两个实体才可以交叉。

（6）结构件生成的实体会出现在"实体"文件夹 下。

（7）可以生成自己的轮廓，并将其添加到现有焊件轮廓库中。

（8）可以在"特征管理器设计树"的"实体"文件夹 下选择结构构件，并生成用于工程图中的切割清单。

10.2.2　结构构件的属性设置

单击"焊件"面板中的"结构构件"按钮 🎲 或者选择"插入"→"焊件"→"结构构件"菜单命令,弹出"结构构件"属性管理器,如图10-1所示。

如果希望添加多个结构构件,在"结构构件"属性管理器中单击"保持可见"按钮 ✦ 。"选择"选项组中主要包括以下内容:

- "标准": 选择先前定义的 iso、ansi 英寸或者自定义标准,如图10-1所示。
- "类型": 选择轮廓类型如图10-2所示。
- "大小": 选择轮廓大小。
- "组": 可以在图形区域中选择一组草图实体,作为路径线段。

图 10-1　"结构构件"属性管理器

图 10-2　"选择"选项组

10.2.3　生成结构构件案例

生成结构构件

生成结构构件的主要操作步骤如下:

①打开实例素材文件,移动鼠标指针到绘图区域选择草图实体,如图10-2中①～③所示。

②单击"焊件"面板中的"结构构件"按钮 🎲 或者执行"插入"→"焊件"→"结构构件"菜单命令,弹出"结构构件"属性管理器。在"选择"选项组中,设置"标准"、"类型"和"大小"参数,单击"组"选择框,如图10-4中①～④所示,在图形区域中选择一组草图实体,如图10-4中⑤所示。

③单击"确定"按钮 ✔ ,如图10-4中⑥所示,生成结构焊件,结果如图10-5所示。

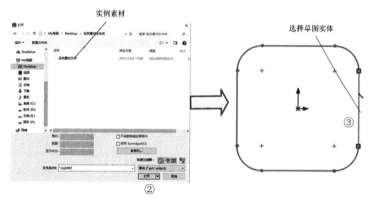

图 10-3　选择草图

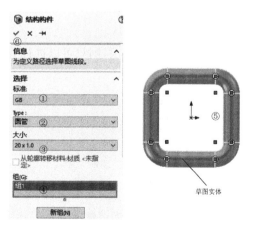

图 10-4　结构构件属性设置

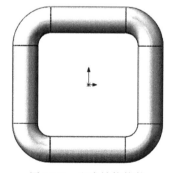

图 10-5　生成结构构件

10.3 剪裁/延伸

使用结构构件和其他实体剪裁结构构件,使其在焊件零件中可以正确对接,即可以使用"剪裁/延伸"命令剪裁或延伸两个在角落处汇合的结构构件,一个或多个相对于另一实体的结构构件等。

10.3.1 剪裁/延伸的属性设置

单击"焊件"面板中的按钮或者选择"插入"→"焊件"→"剪裁/延伸"菜单命令,弹出"剪裁/延伸"属性管理器,如图 10-6 所示。各参数介绍如下

(1)"边角类型"选项组。该选项组可以设置剪裁的边角类型,包括"终端剪裁" 、"终端斜接" 、"终端对接 1" 、"终端对接 2" 。

(2)"要剪裁的实体"选项组。对于"终端剪裁" 、"终端对接 1" 和"终端对接 2"类型 ,选择要剪裁的一个实体;对于"终端剪裁"类型 ,选择要剪裁的一个或者多个实体。

(3)"剪裁边界"选项组。

当单击"终端剪裁"按钮 时,"剪裁边界"选项组如图 10-7 所示,选择剪裁所相对的一个或多个相邻面。

图 10-6 "剪裁/延伸"
属性管理器

- "面/平面":使用平面作为剪裁边界。
- "实体":使用实体作为剪裁边界。

当单击"终端斜接" 、"终端对接 1" 和"终端对接 2" 边角类型按钮时,"剪裁边界"选项组如图 10-8 所示,选择剪裁所相对的一个相邻结构构件:

- "预览":在图形区域中预览剪裁。
- "允许延伸":允许结构构件进行延伸或者剪裁;取消此选项,则只可以进行剪裁。

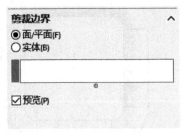

图 10-7 终端剪裁的"剪裁边界"选项组

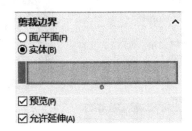

图 10-8 其他边角类型"剪裁边界"选项组

10.3.2　运用剪裁工具案例

运用剪裁工具生成结构构件的主要操作步骤如下：

①打开实例素材，如图 10-9 中①～②所示。

②单击"焊件"面板中的"剪裁/延伸"按钮 或者执行"插入"→"焊件"→"剪裁/延伸"菜
单命令，弹出"剪裁/延伸"属性管理器。在"边角类型"选项组中，单击"终端对接 1"按钮 ，如
图 10-10 中①所示。在"要剪裁的实体"选项组中，在图形区域中选择要剪裁的实体，如图 10-10
中③所示内容。在"剪裁边界"选项组中，在图形区域中选择作为剪裁边界的实体，在图形区域
中显示出剪裁的预览，如图 10-10 中④⑤所示。

运用剪裁工具

③单击"确定"按钮 ✔ ，完成剪裁操作，如图 10-11 所示。

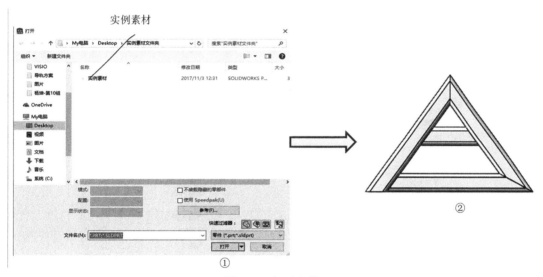

图 10-9　打开文件

图 10-10　剪裁属性设置

图 10-11　生成结构构件

10.4　圆角焊缝

在任何交叉的焊件实体(如结构构件、平板焊件或者角撑板等)之间添加全长、间歇或者交错的圆角焊缝。

10.4.1　角焊缝的属性设置

单击"焊件"面板的"圆角焊缝"按钮 $\color{black}\spadesuit$ 或者选择"插入"→"焊件"→"圆角焊缝"菜单命令,弹出"圆角焊缝"属性管理器,如图 10-12 所示。如果希望添加多个圆角焊缝,在其属性设置框中单击"保持可见"按钮 $\color{black}\twoheadrightarrow$ 。

下面主要介绍"箭头边"选项组的内容。

● "焊缝类型"选框:可以选择"全长"、"间歇"、"交错"焊缝类型。

● "焊缝长度"、"节距":在设置"焊缝类型"为"间歇"或者"交错"时可设置"焊缝长度"和"节距",如图 10-13 所示。

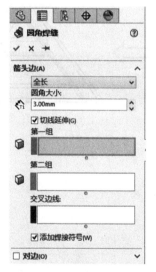

图 10-12　"圆角焊缝"属性管理器

图 10-13　选择"间歇"选项

> **✎ 注意**
>
> 尽管必须为面组选择平面,但圆角焊缝在选择"切线延伸"复选框时,可以为面组选择非平面。在设置"焊缝类型"为"交错"时,将圆角焊缝应用到对边。

10.4.2　生成圆角焊缝案例

生成圆角焊缝的主要操作步骤如下:

①打开实例素材,如图 10-14 中①②所示。

生成圆角焊缝

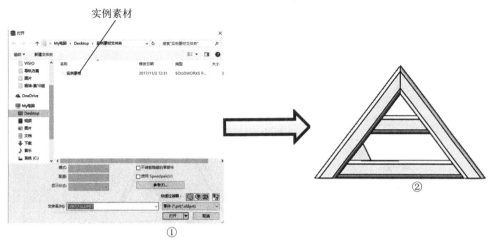

实例素材

图 10-14　打开文件

②单击"焊件"面板的"圆角焊缝"按钮 🔩 或者执行"插入"→"焊件"→"圆角焊缝"菜单命令,弹出"圆角焊缝"属性管理器。在"箭头边"选项组中,选择"焊缝类型"为"全长"。在"圆角大小"下,设置"焊缝大小" 🔩 数值(如 3.00mm),如图 10-15 中①所示。单击"第一组"选择框,在图形区域中选择一个面组,单击"第二组"选择框,在图形区域中选择一个交叉面组,交叉边线自动显示虚拟边线,如图 10-15 中②～⑤所示。

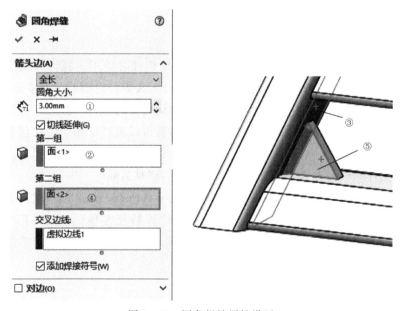

图 10-15　圆角焊缝属性设置

③单击"确定"按钮 ✔，生成圆角焊缝，如图 10-16 中②所示。

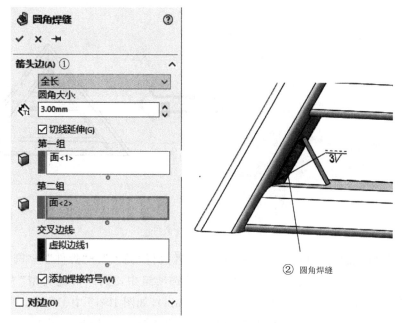

图 10-16　生成圆角焊缝

10.5　自定义焊件轮廓

可生成自定义的焊件轮廓，以便在生成焊件结构构件时使用。将轮廓创建为库中特征零件，然后将其保存于一个定义的位置即可。制作自定义焊件轮廓的主要步骤如下：

①绘制轮廓草图。当使用轮廓生成一个焊件结构构件时，草图的原点为默认穿透点（穿透点可以定义生成的结构构件所使用的草图位置），且可以选择草图中的任何顶点或者草图点作为交替穿透点。

②选择"文件"→"另存为"菜单命令，打开"另存为"对话框。

③在"保存在"选框中选择"＜安装目录＞/data/weldment profiles"，然后选择或者生成一个适当的子文件夹，在"保存类型"选项框中选择"库特征零件(＊SLDLFP)"，输入文件名，单击"保存"按钮。

10.6　子焊件

子焊件

子焊件将复杂模型分为管理更容易的实体。子焊件包括列举在"特征管理器设计树"的"切割清单" 🔲 中的任何实体，包括结构构件、顶端盖、角撑板、圆角焊缝，以及使用"剪裁/延伸"命令所剪裁的结构构件。所用的焊接件如图 10-17 所示。生成子焊件的步骤如下：

①在焊件模型的"特征管理器设计树"中，展开"切割清单" 🔲 。

②选择要包含在子焊件中的实体，可以使用键盘上的 Shift 键或者 Ctrl 键进行批量选

择,所选实体在图形区域中呈高亮显示。

③右击要选择的实体,在弹出的快捷菜单中选择"生成子焊件"命令,如图 10-18 所示。包含所选实体的"子焊件"文件夹 📁 出现在"切割清单" 🎬 中。

④右击"子焊件"文件夹 📁,在弹出的快捷菜单中选择"插入到新零件"命令,如图 10-19 所示。子焊件模型在新的 SOLIDWORKS 窗口中打开,并弹出"另存为"对话框。

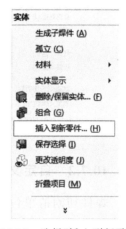

图 10-17 焊接件实例   图 10-18 在快捷菜单选择"生成子焊件"   图 10-19 选择"插入到新零件"

⑤输入文件名,单击"保存"按钮,在焊件模型中所做的更改可以扩展到子焊件模型中。

10.7 切割清单

当第一个焊件特征被插入到零件时,"实体"文件夹 📷 会重新命名为"切割清单" 🎬,以表示要包括在切割清单中的项目。图标 🎬 表示切割清单需要更新,图标 🎬 表示切割清单已更新。

10.7.1 生成切割清单的操作步骤

1. 更新切割清单

在焊件零件的"特征管理器设计树"中,右击"切割清单"图标 🎬,在弹出的快捷菜单中选择"更新"命令,图标从 🎬 变成 🎬 。

2. 将特征排除在切割清单外

如果需要将特征排除在切割清单之外,可以右击特征,在弹出的快捷菜单中选择"更新"命令,如图 10-20 所示。

3. 将切割清单插入到工程图中

①在工程图中,单击"表格"工具栏中的"切割清单"按钮 🎬 或者执行"插入"→"表格"→"焊件切割清单"菜单命令,弹出"焊件切割清单"属性管理器,如图 10-21 所示。

②选择一个工程视图,设置"焊件切割清单"属性,单击"确定"按钮 ✔ 。

生成切割清单

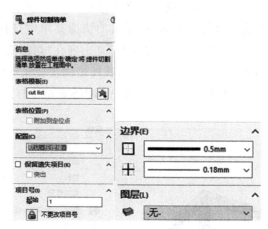

图 10-20　在快捷菜单选择"更新"　　　　图 10-21　"焊件切割清单"属性管理器

10.7.2　自定义属性

自定义属性

　　焊件切割清单包括项目号、数量及切割清单等自定义属性。在焊件零件中,属性包含在使用库中特征零件轮廓从结构构件所生产的切割清单项目中,包含"说明"、"长度"、"角度 1"、"角度 2"等,可以将这些属性添加到切割清单项目中。该自定义属性的步骤如下:

　　①在零件文件中,更新切割清单完成后,右击切割清单项目图标,在弹出的快捷菜单中选择"属性"命令,如图 10-22 所示。

　　②在"＜切割清单项目＞自定义属性"属性管理器(图 10-23)中,设置"属性名称"、"类型"和"数字/文字表达"。

　　③根据需要重复前面的步骤,单击"确定"按钮完成操作。

图 10-22　快捷菜单选择"属性"

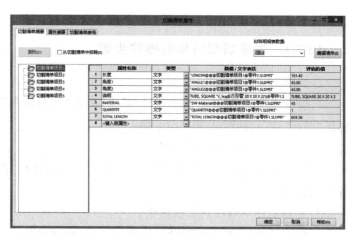

图 10-23　"＜切割清单项目＞自定义属性"属性管理器

10.8　焊接件设计综合实例

本例以一个方形管架的焊接件设计过程来讲解焊件的相关功能,最终效果如图 10-24 所示。

1. 准备 3D 草图

启动中文版 SOLIDWORKS 2016,新建一个"零件"文件,单击"焊件"面板中的"3D 草图"按钮 ,如图 10-25 中①②所示。然后单击"草图"工具栏按钮,切换到草图工具栏状态,进行草图的绘制。在绘制草图的过程中,通过按住 Tab 键来切换直线草图沿 X、Y、Z 三个方向的位置,进而画出支架焊件的 3D 草图,如图 10-25 中③所示。

准备 3D 草图

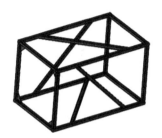

图 10-24　焊件模型图

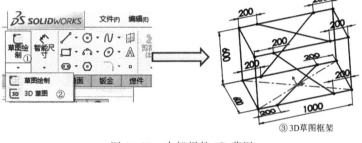

③3D草图框架

图 10-25　支架焊件 3D 草图

2. 添加结构构件

①选择"插入"→"焊件"→"结构构件"命令。在"选择"分组中,设置"标准"、"类型"、"大小",如图 10-26 中①②③所示,在"图形区"中选择连续的边线,直至无法选中。在"设定"下,选择"应用边角处理"并单击"终端斜接"按钮 ,单击"确定"按钮 ✔。

添加结构构件

②重复上述步骤,选择线段,选择"应用边角处理"并单击"终端斜接" ▣,生成组 2。重复上述步骤,生成组 3、组 4、组 5、组 6、组 7。

③单击"确定"按钮 ✔ 来生成支架结构构件,结果如图 10-27 所示。

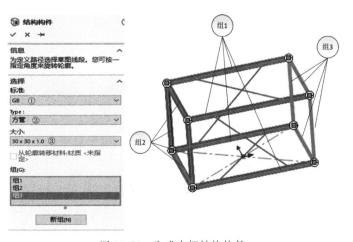

图 10-26　生成支架结构构件

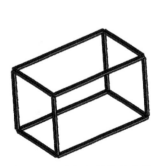

图 10-27　支架焊件结构构件

3.剪裁支架结构构件

剪裁结构

①选择"插入"→"焊件"→"剪裁/延伸"命令。选择"边角类型"为"终端对接 2" ，如图 10-28 中①所示。选择 4 条长边为之一为"要剪裁的实体",选择 8 条短边之一为"剪裁边界",如图 10-28 中②～⑤所示。单击"确定"按钮 ，如图10-28中⑥所示。

②重复上一步骤(确定后使用 Enter 键可直接进入选择结构构件的界面),直到所有要进行剪裁的结构构件都剪裁完成,如图 10-29 所示。

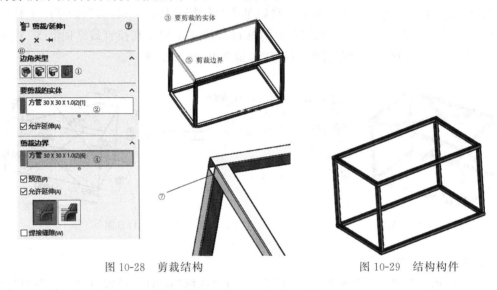

图 10-28　剪裁结构　　　　　　　　　　图 10-29　结构构件

4.添加交叉构件

添加交叉构件

①选择"插入"→"焊件"→"结构构件"命令。设置"标准"、"类型"、"大小",如图 10-30 中①②③所示,在图形区中选中沿 4 个前视线段在结构构件中添加组。

②单击"确定"按钮 添加交叉构件,结果如图 10-30 中⑥所示。

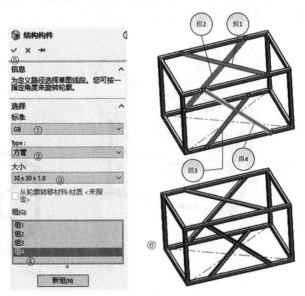

图 10-30　添加交叉构件

5. 剪裁交叉构件

①选择"插入"→"焊件"→"剪裁/延伸"命令。选择"边角类型"为 ，如图 10-31 中①所示，选择"交叉构件"为"要剪裁的实体"，选择两条长边为"剪裁边界"，如图 10-31 中②～⑤所示。单击"确定"按钮 ✔ 完成剪裁，如图 10-31 中⑥所示。

剪裁交叉构件

②重复上述步骤，直至完成剪裁，如图10-31中⑦所示。

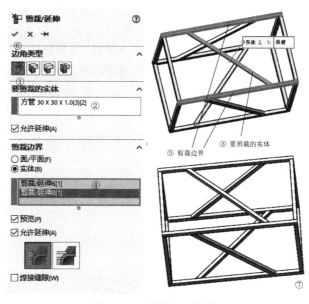

图 10-31　剪裁交叉构件

6. 添加顶端盖

①选择"插入"→"焊件"→"顶端盖"命令。在"参数"下，为"面"选择边角上部面，如图 10-32 中①所示。将"厚度方向"设置为"内部" ，以使顶端盖与结构构件的原始范围齐

添加顶端盖

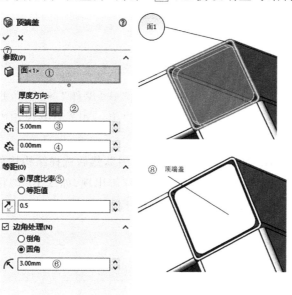

图 10-32　添加顶端盖

337

平， 设置为5.00mm， 设置为0.00mm 如图10-32中②③④所示。"等距"选择"厚度比率"，"边角处理"选择"圆角"，并设置"半径" $\nwarrow$ 为3.00mm，如图10-32中⑤⑥所示。单击"确定"按钮 $\checkmark$，如图10-32中⑦所示。

②重复上述步骤，给其他角添加盖。

7. 插入角撑板

①放大显示模型的左下角。选择"插入"→"焊件"→"角支撑"命令。在"支撑面" 下，如图10-33中①所示，选择如图10-34所示的两个面。

②在"轮廓"选项组下，单击"三角形轮廓" ，设置"轮廓距离1" **d1:** 和"轮廓距离2" **d2:** ，单击"内边按钮" $\equiv$ ，设置"支撑板厚度" ，如图10-33中②③所示。

③在"位置"选项卡下，单击"轮廓定位于中点" ，如图10-33中④所示。单击"确定"按钮 $\checkmark$ ，如图10-33中⑤所示。

④重复上述步骤，为结构构件添加所有角撑板，如图10-34所示。

图10-33 "支撑面"属性设置对话框

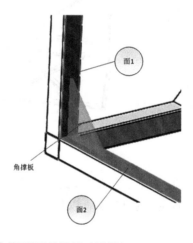

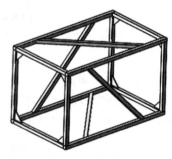

图10-34 角撑板

8. 添加圆角焊缝

①放大显示前视组的左下角。选择"插入"→"焊件"→"圆角焊缝"命令。在"箭头边"选项组下，设置"焊缝类型"、"圆角大小"、"第一组"、"第二组"，如图10-35中①～④所示。

②为"第一组"选择图示面<1>，单击"第二组"，然后选择结构构件的面<2>，单击"确定"按钮 $\checkmark$ ，如图10-35中⑤所示。圆角焊缝和注解出现，如图10-35中⑥所示。

③重复上述步骤，将圆角焊缝应用于其他角撑板。

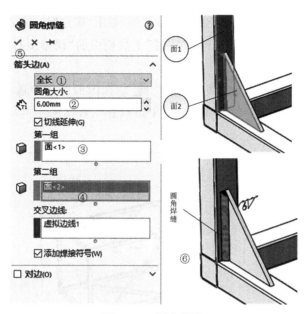

图 10-35　圆角焊缝

9. 生成完整焊件框架

生成完整支架焊件模型,如图 10-36 所示。

10. 生成子焊件

在设计树中打开"切割清单"![icon],按 Ctrl 键并选择"剪裁/延伸 22/1"、"剪裁/延伸 19/2"和"圆角焊缝 1"。如图 10-37 所示,生成子焊件,将该零件保存。

生成子焊件

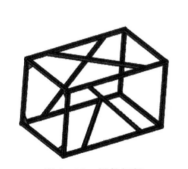

图 10-36　焊件框架

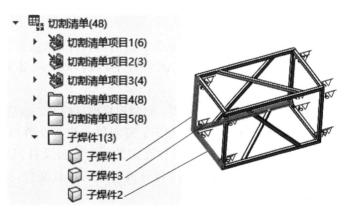

图 10-37　子焊件

11. 生成切割清单项目

①在设计树中扩展"切割清单"![icon]。

②右击"切割清单"并在弹出的快捷菜单中选择"更新",如图 10-38 所示。

12. 焊件工程图

①新建工程图。单击"标准"工具栏的"新建"![icon],生成一新工程图。在右边"视图调色板"中,执行下列操作:选择零件 25;将下边的轴测图视图拖入图纸中;在"尺寸类型"下选择

生成焊件切割
清单

焊件工程图

"真实"。单击来放置视图,然后根据需要调整比例,单击"确定"按钮 ✓ 。

②添加焊接符号和零件序号。单击"注解"工具栏中的"模型项目" ⚒ 和"自动零件序号" ⚙ ,添加零件序号和焊接符号。

③添加切割清单。单击"焊接切割清单" ▦ 。在图形区域中选择工程视图,单击"确定"按钮 ✓ 关闭属性管理器。在图形区域中单击以在工程图的左上角放置切割清单,如图10-39所示。

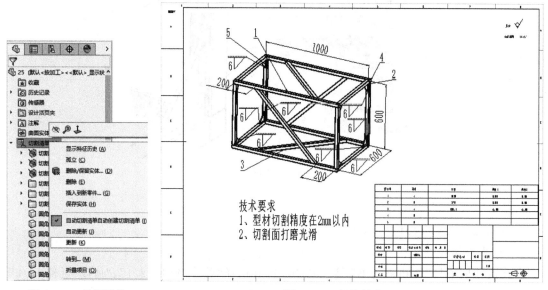

图10-38 切割清单 　　　　　　　　图10-39 焊接结构工程图

13. 焊件型材定制

SOLIDWORKS 提供了非常丰富的型材库,包括常用的圆管、矩形管、角钢、T型梁、工字梁和C型槽钢等,支持 ANSI 和 ISO 两种标准,除此之外企业也可以建立自己的型材库。

(1) 定制焊接型材的方法。定制焊接型材的方法包括以下两种。

①改造原有型材。步骤如下:复制原有模板文件(将"<安装目录>\data\weldment profiles"文件夹下相应标准文件夹中的一个模板文件,复制到另一个文件夹中,并改为易识别的名称);修改模板文件(打开改名后的模板文件,把草图尺寸改为国标尺寸后保存文件)。

②直接生成焊件型材。步骤如下:打开一新零件;绘制轮廓草图(草图的原点默认为穿透点,可以选择草图中的任何顶点或草图点为交替穿透点);保存草图轮廓(在设计树中,选择"草图",选择"文件"→"另存为",将其以"库特征零件(＊.sldlfp)"类型保存到"C盘:焊件型材库\QB\椭圆形钢"中)。

(2) 椭圆形钢的定制与使用。下面以椭圆形钢的定制过程为例,说明焊接型材的定制与使用方法。

①创建型材库文件:在"C盘"中创建"QB(企业标准)"文件夹,并在此文件夹下创建"椭圆形钢"文件夹。

②绘制型材轮廓：新建零件，在前视基准面上绘制型材轮廓，如图 10-40 所示。

③保存型材模板：选择"文件"→"另存为"命令，保存路径为"C：\焊件型材库\QB（企业标准）\椭圆形钢"；保存类型为"库特征零件（＊.sldlfp）"，文件名为"25x5"。单击"保存"按钮。

④绘制焊接框架：新建零件，绘制框架的草图，如图 10-41 所示。

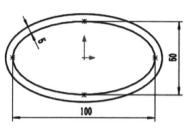

图 10-40　椭圆形钢轮廓

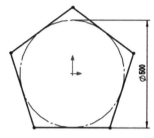

图 10-41　焊接框架

⑤添加型材：选择"插入"→"焊件"→"结构构件"，在属性管理器的"标准"中选择"QB（企业标准）"，在"类型"中选择"椭圆形钢"，在"大小"中选择"25×5"，如图 10-42 中①②③。在"设定"下，选择"应用边角处理"并单击"终端斜接"按钮 。在图形区域中依次选择框架边线，如图 10-42 中⑤所示。单击"确定"按钮 ，如图 10-42 中⑥所示。结果如图 10-42 中⑦所示。

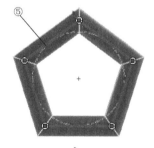

图 10-42　添加型材

本章案例素材文件可通过扫描以下二维码获取：

案例素材文件

10.9 思考与练习

1. 简答题

（1）如何添加焊件型材轮廓库？

（2）一个焊件轮廓要添加到结构构件中使用，需要几个文件夹？

（3）在工程图中，如何设置图形比例？

（4）以焊件型材为例，除了国标（GB）、企标（QB）还有哪个标准？

（5）在剪裁/延伸命令中，边角类型有哪几种？

（6）进行焊接件框架草图勾画时，可以用哪两种草图来勾画？

2. 上机操作题

根据图 10-43 结构草图进行焊接件设计，完成焊接模型，如图 10-44 所示。

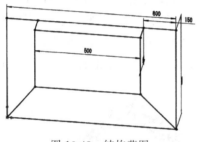

图 10-43　结构草图　　　　　　　图 10-44　焊件模型

线 路 设 计
（授课视频）

第 11 章

线路设计

第 11 章课件

线路设计模块（SOLIDWORKS Routing）可用来生成一特殊类型的子装配体,用户通过建立线路路径中心线的 3D 草图来造型线路,以在零部件之间创建管道、管筒或其他材料的路径,帮助设计人员轻松快速完成路线系统设计任务。本章主要介绍线路模块、连接点与线路点的使用方法,以及管筒与管道设计的实例,要求掌握管筒和管道设计的基本操作方法。

11.1 线路模块概述

线路模块（Routing）应用程序是 SOLIDWORKS 的一个插件。用户可以使用 Routing 生成特殊类型的子装配体,以在零部件之间创建管道、管筒或电缆的路径。

将某些零部件插入到装配体时,可自动生成一个线路子装配体。当需要生成其他类型的子装配体时,通常是在子装配体自己的窗口中生成它,然后将其作为零部件插入更高层的装配体中。但生成线路装配体时,不采用此种方法。

线路子装配体由三种类型的实体组成:

(1) 零部件,即指配件和接头,包括法兰、T 形接头、电气接头和线夹。

(2) 线路零件,包括管道、管筒、电线和电缆。

(3) 线路特征,包含线路路径中心线的 3D 草图。

11.1.1 激活 SOLIDWORKS Routing

SOLIDWORKS Routing 随 SOLIDWORKS 安装,要使用它必须加载 Routing 插件。加载插件的主要步骤如下:

①选择"工具"→"插件"菜单命令。

②选择"SOLIDWORKS Routing"。

③单击"确定"按钮,如图 11-1 所示,则可以调出 Routing 插件模块。

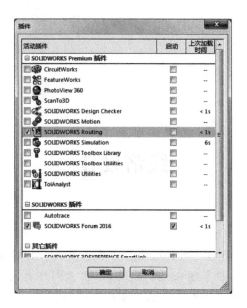

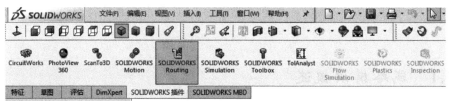

图 11-1　SOLIDWORKS Routing 插件选项

11.1.2　管线系统的分类

SOLIDWORKS Routing 插件可以完成如下设计：

1. 管道

一般指硬管道，特别指那些需要安装才能完成的管道系统，例如，通过螺纹连接、焊接方法将弯头和管道连接成的管道系统。在 SOLIDWORKS 中，管道系统称为"Pipe"。

2. 管筒

一般用于设计软管道系统，例如折弯管、塑性管。此类管道系统中，不需要在折弯的地方添加弯头附件。在 SOLIDWORKS 中，管筒称为"Tube"。

3. 电缆和缆束

用于完成电子产品中三维电缆线设计和工程图中的电线清单或连接信息。

11.1.3　步路模板

添加 SOLIDWORKS Routing 后，当用户第一次生成装配体文档时，软件将生成一个步路模板。此模板包括标准装配体模板的设置，以及用于步路的参数。新步路模板 routeAssembly.asmdot 位于默认模板文件夹中，例如 C:\Documents and Settings\All Users\Application Data\SOLIDWORKS\。

用户可以生成和保存自定义步路模板。在启动新装配体时，可以选取这些自定义模板。

用户也可以使一个自定义步路模板成为新步路装配体的默认模板。自定义步路模板可以指定不同的制图标准、尺寸、单位和其他属性。

自动生成的模板命名为 routeAssembly.asmdot，位于默认模板文件夹（通常是 C:\DocumentandSetting\AllUsers\ApplicationData\SOLIDWORKS\SOLIDWORKS<版本>templates）中。

生成自定义步路模板的步骤如下：

①打开自动生成的步路模板。

②进行用户的更改。

③单击"文件"→"另存为"菜单命令，然后以新名称保存文档，必须使用".asmdot"作为文件扩展名。

如果将自定义步路模板设置为默认，则执行以下操作之一：

①单击"Routing"→"步路工具"→"Routing Library Manager"，然后单击步路文件位置和设置。

②从 Windows 的开始菜单中单击"所有程序"→"SOLIDWORKS 版本"→"SOLIDWORKS 工具"→"Routing Library Manager"→"步路文件位置和设置"。

在一般步路部分，选取自定义步路模板，然后单击"确定"。

11.1.4 配合参考

使用配合参考来放置零件比使用 SmartMates（智能装配）时更可靠，并更具有预见性。对于配合参考有如下几条建议：

（1）为一个设备上具有相同属性的配件所应用的配合参考应该使用同样的名称。

（2）要确保线路设计零件正确配合，以相同方式定义配合参考属性。

（3）为放置配置参考使用以下一般规则：

①给线路配件添加配合参考。

②给设备零件上的端口添加配合参考，每个端口添加一个配合参考。

③如果一仪器有数个端口，要么给所有端口添加配合参考，要么全部都不添加。

④给用于线路起点和终点的零部件添加配合参考。

⑤给电气接头和其匹配插孔零部件添加匹配的配合参考。

11.1.5 使用连接点

连接点是管路附件零件中的一个点。连接点定义了管道的起点或结束点，接头零件的每个端口必须有一个连接点。建立管道系统时，必须从现有装配体中零件上的一个连接点开始。所有步路零部件（除了线夹/挂架之外）都要求有一个或多个连接点（C Point）。

（1）标记零部件为步路零部件。

（2）识别连接类型。

（3）识别子类型。

（4）定义其他属性。

（5）标记管道的起点和终点。

对于电气接头,只使用一个连接点,并将之定位在电线或电缆退出接头的地方。用户可为每个管脚添加一个连接点。

对于管道设计零部件,为每个端口添加一个连接点。例如,法兰有一个连接点,而 T 形接头则有三个连接点。

11.1.6 维护库文件

针对维护库文件有如下几条建议。

(1) 将文件保留在线路设计库文件夹中,不要将之保存在其他文件夹内。

(2) 要避免带有相同名称的多个文件所引起的错误,将用户所复制的任何文件重新命名。

(3) 除了零部件模型之外,电气设计还需要以下两个库数据文件。

①零部件文件。

②电缆库文件。

(4) 将所有电气接头存储在包含零部件库文件的同一文件夹中。默认位置为 C:\ DocumentsandSettings\AllUsers\ApplicationData\SOLIDWORKS\SOLIDWORKS\版本\ designlibrary\ routing \ electrical \ component. xm。在 Windows 7 中,位置为 C:\ ProgramData\SOLIDWORKS\版本\designlibrary\routing\electrical。库零件的名称由库文件夹和步路文件夹的位置所决定。

11.2 线路点和连接点

11.2.1 线路点

线路点(Route Point)为配件(法兰、弯管、电气接头等)中用于将配件定位在线路草图中的交叉点。在具有多个端口的接头(如 T 形或十字形)中,用户在添加线路点之前必须在接头的轴线交叉点处生成一个草图点。

生成线路点步骤如下:

①单击"生成线路点"("Routing 工具"工具栏)按钮或单击"工具"→"Routing"→ "Routing 工具"→"生成线路点"按钮 ➡ ,如图 11-2 中①～④所示。

②在属性管理器中的"选择" ◎ 下,通过选取草图或顶点来定义线路点的位置。

● 对于硬管道和管筒配件,在图形区域中选择一草图点。

● 对于软管配件或电力电缆接头,在图形区域中选择一草图点和一平面。

● 在具有多个端口的配件中,选取轴线交叉点处的草图点。

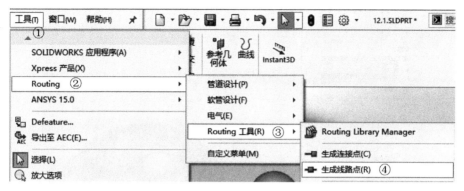

图 11-2　"生成线路点"命令

● 如图 11-3 中①所示,在法兰中,可选取与零件的圆柱面同轴心的点。

③单击"确定"按钮 ✔ ,即可生成。

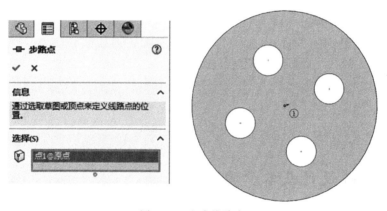

图 11-3　生成线路点

11.2.2　连接点

连接点是接头(法兰、弯管、电气接头等)中的一个点,步路段(管道、管筒或电缆)由此开始或终止。管路段只有在至少有一端附加在连接点时才能生成。每个接头零件的每个端口都必须包含一个连接点,定位于相邻管道、管筒或电缆开始或终止的位置。

生成连接点的主要步骤如下:

①生成一个草图点用于定位连接点,连接点的位置定义相邻管路段的端点。

②单击"生成连接点"按钮("Routing 工具"工具栏),或单击"工具"→"Routing"→"Routing 工具"→"生成连接点"菜单命令。

③在属性管理器中编辑属性。

④单击"确定"按钮 ✔ ,结果如图 11-4 所示。

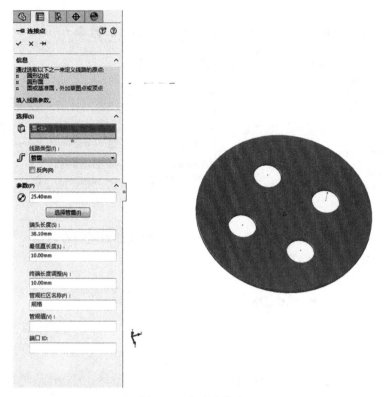

图 11-4　生成连接点

11.3　线路设计基本步骤

1. 管道或管筒线路

生成管道或管筒线路的一般步骤如下：

①在主装配体中执行以下操作：在步路选项中确定选择了在法兰/接头处自动步路；通过从设计库、文件探索器、打开的零件窗口或资源管理器拖动对象，或者通过单击插入零部件(装配体工具栏)来将法兰或另一端配件插入到主装配体中。

②在线路属性设置框中设定选项，会出现以下几种情况。

● 3D 草图在新的线路子装配体中打开。

● 新线路子装配作为虚拟零部件生成，并在特征管理器设计树中显示为"管道_n -装配体名称或管筒_n -装配体名称"。

● 有一管道或管筒的端头出现，从刚放置的法兰或配件延伸。

③使用直线绘制线路段的路径。对于灵活管筒线路，也可使用样条曲线。

④根据需要添加接头。

⑤退出草图。

2. 电力线路子装配体

生成电力线路子装配体的一般步骤如下：

①通过以下操作生成线路子装配体：将一电接头插入到主装配体中。

②根据需要插入额外接头和步路硬件到线路子装配体中,然后将之与相连接的零部件配合。

③在 3D 草图中定义接头之间的路径。

④指定电线属性和线路的连接要求(可选项)。

⑤关闭 3D 草图。

11.4　管筒线路综合设计范例

本范例主要介绍管筒线路的设计过程,模型如图 11-5 所示。

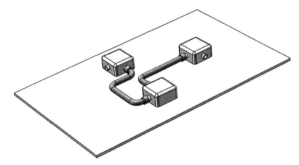

图 11-5　管筒线路模型

具体步骤如下:

①启动中文版 SOLIDWORKS 软件,单击快速访问工具栏中的"打开"按钮,在弹出的"打开"对话框中选择素材包中"\第十一章线路设计\案例与视频\11.4 管筒线路综合设计范例\11.4 original",单击"打开"按钮,装配体如图 11-6 所示,其中①为总控制箱,②③为电源盒。

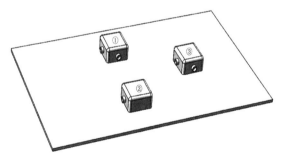

图 11-6　打开装配体文件

②选择线路零部件。单击主界面右侧任务窗格的第二个标签,依次打开"设计库"标签中的"Design Library\routing\conduit"文件夹。在设计库下方显示"conduit"文件夹中各种管道标准零部件,选择"pvc conduit-male terminal adapter"接头为拖放对象,如图 11-7 所示。

③按住鼠标左键不放拖放"pvc conduit-male terminal adapter"接头到装配体中总控制箱的接头处,由于设计库中标

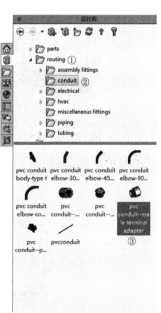

图 11-7　设计库窗格

准件自带配合参考,电力管筒接头会自动捕捉配合,然后松开鼠标左键,结果如图 11-8 所示。在弹出的"选择配置"对话框中,选择配置"0.5inAdapter",单击"确定"按钮,如图 11-9 所示。

图 11-8　添加一个电力接头图　　　　　　　图 11-9　"选择配置"对话框

④弹出"线路属性"属性管理器,单击"取消"按钮 ✕ ,关闭该属性管理器,如图 11-10 所示。

⑤单击选择与上述相同的零部件"pvc conduit-male terminal adapter"接头,按住鼠标左键拖放到装配体中与总控制箱共面的电源盒上端接头处,自动捕捉到配合后松开鼠标左键,结果如图 11-11 所示。在弹出的"选择配置"窗口中,选择配置"0.5inAdapter",单击"确定"按钮。弹出"线路属性"属性管理器,单击"取消"按钮 ✕ ,关闭该属性管理器。

图 11-10　"线路属性"
属性管理器

图 11-11　添加第二个电力接头

⑥选择"视图"→"隐藏/显示"→"步路点"菜单命令,显示装配体中刚刚插入的电力接头上所有的连接点,如图 11-12 所示。

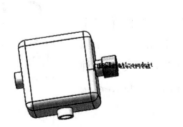

图 11-12　显示的步路点

⑦在左侧的 conduit-male terminal adapter 接头上右击连接点 CPoint1-conduit,从快捷菜单中选择"开始步路"命令,如图 11-13 中①②所示。

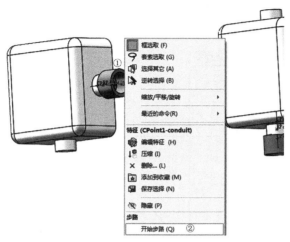

图 11-13　选择"开始步路"命令

⑧弹出"线路属性"属性管理器,在"文件名称"选项组下命名线路子装配体,在"折弯–弯管"选项组下选择"始终形成折弯"选项,在"折弯半径"文本框中输入半径值"25",其余选项使用默认设置。单击"确定"按钮 ✔,完成线路属性设置,如图 11-14 所示。

⑨"线路属性"设置完成后,弹出"SOLIDWORKS"提示,单击"确定"按钮。此时,从连接点延伸出一小段端头,可以拖动端头端点伸长或缩短端头长度,如图 11-15 所示。弹出"自动步路"属性管理器,单击"取消"按钮 ✕,关闭该属性管理器。

图 11-14　"线路属性"属性管理器　　　　图 11-15　连接点延伸出的端头

⑩右击右侧电源盒连接点 CPoint1-conduit,从快捷菜单里选择“添加到线路”命令,如图 11-16所示。

此时,从连接点延伸出一小段端头,拖动端头的端点就可以改变端头的长度,如图 11-17 所示。

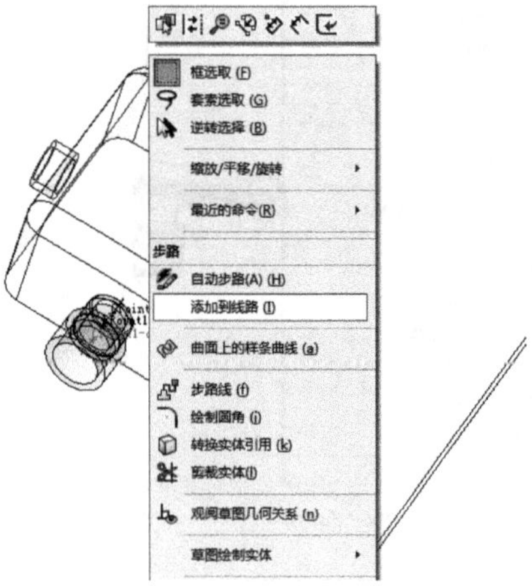

图 11-16　选择“添加到线路”命令

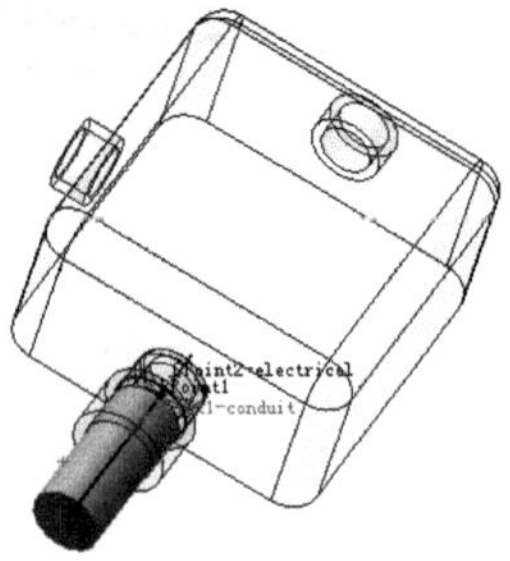

图 11-17　选择两个端点

⑪按住 Ctrl 键选中上面生成的两个端头的端点,右击,在弹出的快捷菜单中选择“自动步路”命令,如图 11-18 所示。

⑫弹出“自动步路”属性管理器,在“步路模式”选项组下选择“自动步路”,在“自动步路”选项组下勾选“正交线路”选项,如图 11-19 所示。

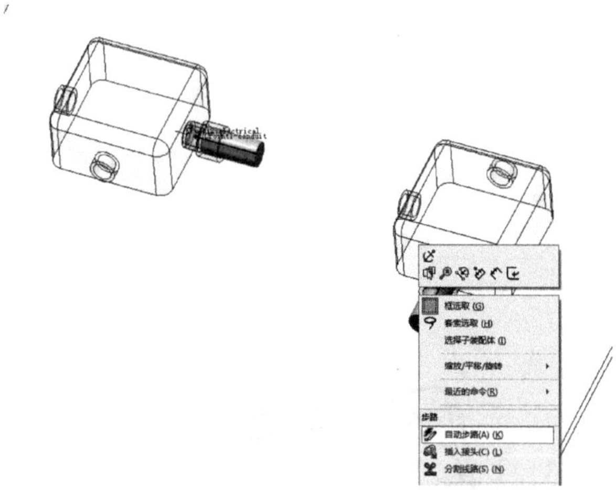

图 11-18　选择“自动步路”命令

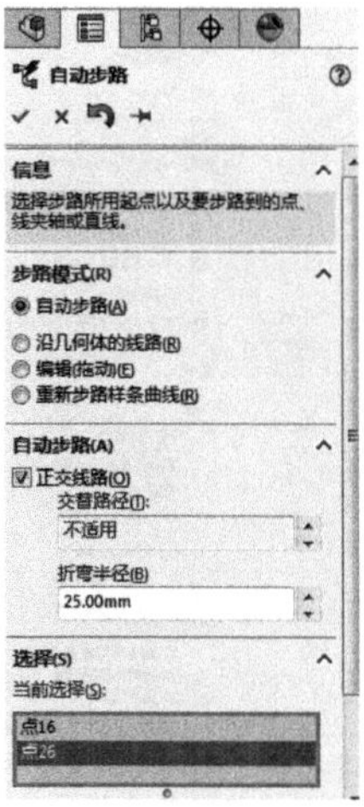

图 11-19　“自动步路”属性管理器

⑬单击“自动步路”属性管理器中的“确定”按钮 ✔,单击主界面右上角的“退出路径草图”按钮 和“退出线路子装配体环境”按钮 ,第一条电力管筒线路生成,如图 11-20 所示。

⑭按照同样的方法对上端的电源盒进行同样的操作,建立第二条电力管筒,如图 11-21 中①所示。

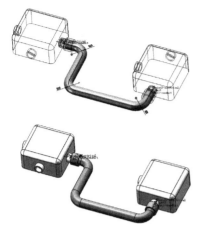

图 11-20　生成第一条电力管筒线路　　　　图 11-21　建立第二条电力管筒线路

⑮选择"文件"→"打包"菜单命令,弹出"打包"对话框,在所有相关的零件、子装配体和装配体文件前面的方框中打钩,选择"保存到文件夹"选项,将以上文件保存到一个指定文件夹中,单击"保存"按钮,如图 11-22 所示。至此,一个装配体的电力管筒线路设计完成。

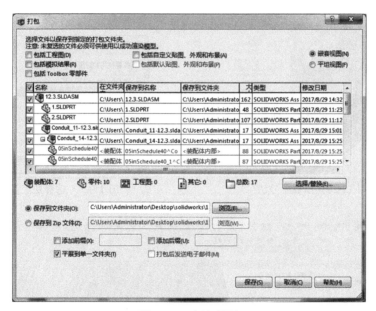

图 11-22　打包设置

11.5　管道线路综合设计范例

本范例介绍管道线路设计过程,模型如图 11-23 所示。

具体步骤如下:

①启动中文版 SOLIDWORKS 软件,单击"标准"工具栏中的"打开"按钮,弹出"打开"对话框,在素材中选择"\第十一章线路设计\案例与视频\11.5 管道线路综合设计范例\11.5

设计范例二

original",单击"打开"按钮,在图形区域中显示出模型,如图 11-24 所示。

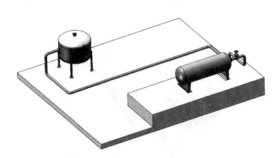

图 11-23　管道线路模型　　　　　　　　　　　　图 11-24　打开装配体模型文件

②选择管道配件。打开绘图区右侧窗格"设计库"中的"routing\piping\flanges"文件夹,选择"slip on weld flange"法兰作为拖放对象,按住鼠标左键拖放到装配体的 1 号水箱上方的出口。由于设计库中标准件自带有配合参考,配件会自动捕捉配合,松开鼠标左键,结果如图 11-25 所示。

在弹出的"选择配置"对话框中,选择"Slip On Flange 150 – NPS5"配置,如图 11-26 所示单击"确定"按钮。弹出"线路属性"属性管理器,如图 11-27 所示,单击"取消"按钮 × 关闭属性管理器。

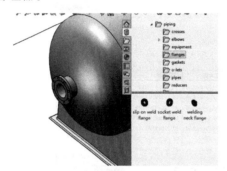
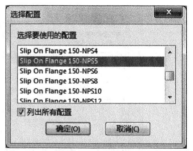

图 11-25　添加 1 号法兰　　　　　　　　　　　　图 11-26　选择法兰配置

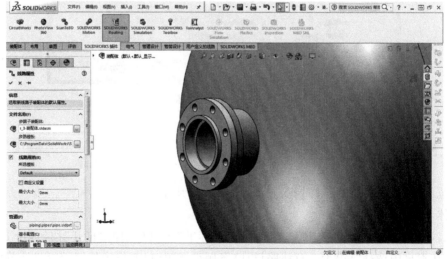

图 11-27　"线路属性"属性管理器

③利用同样的方法为 2 号水箱添加两个相同配置的"Slip On Flange 300 - NPS1.5"法兰,如图 11-28 所示。

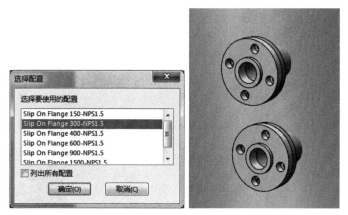

图 11-28 添加 2 号水箱的两个法兰

④选择"视图"→"隐藏/显示"→"步路点"菜单命令,显示装配体中配件上所有的连接点。然后右击 1 号水箱上的法兰,在弹出的快捷菜单中选择"开始步路"命令,如图 11-29 所示。

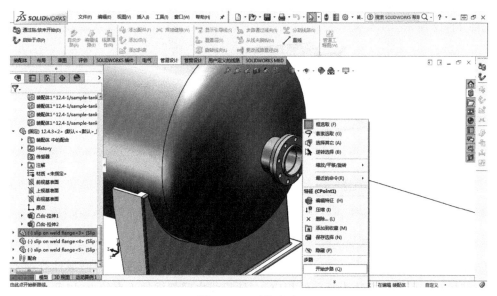

图 11-29 开始步路

⑤弹出"线路属性"属性管理器,在"文件名称"选项组下命名步路子装配体;在"折弯-弯管"选项组设置角度为"90 度",如图 11-30 所示。

单击"确定"按钮 ✓,完成法兰的添加。向外拖动法兰端头上的端点可以延长长度到合适位置,如图 11-31 所示。

图 11-30　"线路属性"管理器　　　　　　　图 11-31　拖动端点

⑥此时直接进入步路 3D 草图绘制界面中。选中"草图"工具栏的"直线"按钮,使用 Tab 键切换草图绘制平面,绘制直线。绘制完成的直线自动添加上管道并在直角处自动生成弯管,如图 11-32 所示。

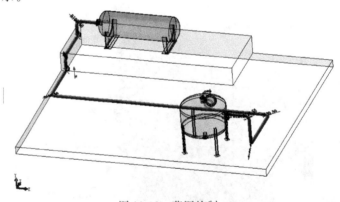

图 11-32　草图绘制

⑦按住 Ctrl 键,选取图 11-33 中①②所示的两条直线,在弹出的"属性"属性管理器里单击"垂直"按钮。用同样方法为所有的相应 90°转折线之间都添加垂直约束,以便系统自动添加所有转折处的弯管。

⑧添加箭头所指的最后一条直线与法兰接头平面的垂直约束,如图 11-34 所示。

⑨单击"草图"工具栏中的"智能尺寸"按钮,为草图添加必要的尺寸,结果如图 11-35 所示。

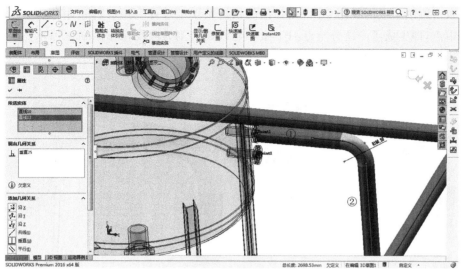

图 11-33　添加垂直约束

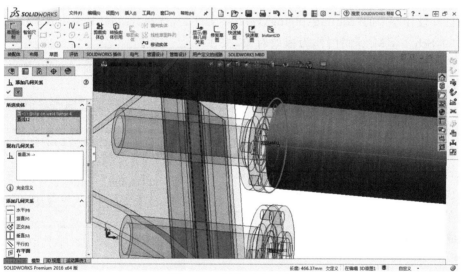

图 11-34　添加垂直约束

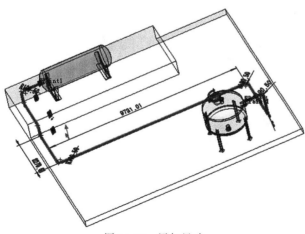

图 11-35　添加尺寸

⑩右击刚刚生成的线路草图,在弹出的快捷菜单中选择"分割线路"命令。单击第一条直线的中点,即生成了一个分割点 JP1,此点将线路分割为两段,如图 11-36 所示。

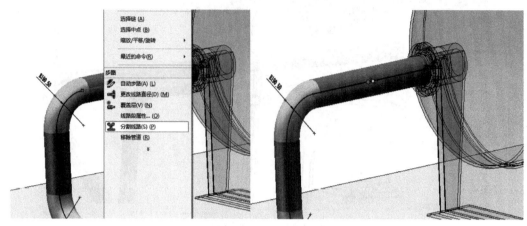

图 11-36　分割线路

⑪打开设计库中的"routing\piping\valves"文件夹,选择"Globe Valve(ASME B16.34) Class 150,Sch 40,M..."阀门作为拖放对象,按住鼠标左键将其拖放到装配体的分割点 JP1 处,由于设计库中标准件自带有配合参考,配件会自动捕捉配合。

通过 Tab 键调整放置方向,然后松开鼠标左键。在弹出的"选择配置"对话框中,采用系统默认的配置,单击"确定"按钮,如图 11-37 所示。

完成阀门的添加,如图 11-38 所示。

⑫单击右上角"退出线路子装配体环境"按钮 完成管道的绘制,并隐藏草图和步路点,结果如图 11-39 所示。

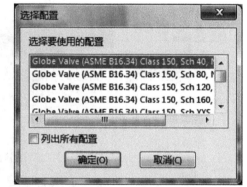

图 11-37　选择阀门配置

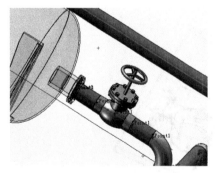

图 11-38　添加阀门

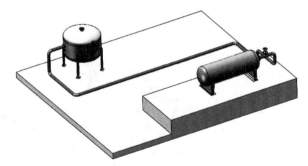

图 11-39　完成一条管道线路模型

本章案例素材文件可通过扫描以下二维码获取：

案例素材文件

11.6　思考与练习

1. 填空题

(1) 步路通过包含_____、_____和_____的文件夹来实现，通过设置步路选项可以选择性地设置步路时的状态，包括自动生成草图圆角、最小折弯半径检查等。

(2) 线路子装配体由_____、_____和_____三种类型的实体组成。

2. 简答题

(1) 管筒线路与管道线路有什么区别？

(2) 什么是连接点？

(3) 什么是线路点？

3. 上机操作题

(1) 创建管筒线路，参考模型如图 11-40 所示，文件通过扫描本章素材二维码获取。

(2) 创建管道线路，参考模型如图 11-41 所示，文件通过扫描本章素材二维码获取。

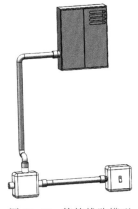

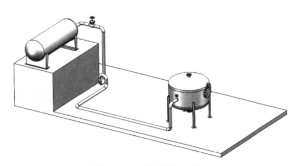

图 11-40　管筒线路模型　　　　　图 11-41　管道线路模型

第 12 章

渲 染

SOLIDWORKS 中的插件 PhotoView 360 可以对三维模型进行光线投影处理，并可形成十分逼真的渲染效果图。PhotoView 360 可产生 SOLIDWORKS 模型具有真实感的渲染。渲染的图像组合包括在模型中的外观、光源、布景及贴图。本章主要介绍编辑布景、设置光源、添加外观、添加贴图以及图像输出。

12.1 布景

编辑布景

布景是在模型后面提供的一可视背景。在 SOLIDWORKS 中，布景在模型上提供反射。在插入了 PhotoView 360 插件时，布景提供逼真的光源，包括照明度和反射，从而要求更少光源操纵。布景中的对象和光源可在模型上形成反射并可在楼板上投射阴影。

布景由环绕 SOLIDWORKS 模型的虚拟框或者球形组成，可以调整布景壁的大小和位置。此外，可以为每个布景壁切换显示状态和反射度，并将背景添加到布景。选择"PhotoView 360"→"编辑布景"菜单命令，弹出"编辑布景"属性管理器，如图 12-1 中①②③所示。各参数介绍如下：

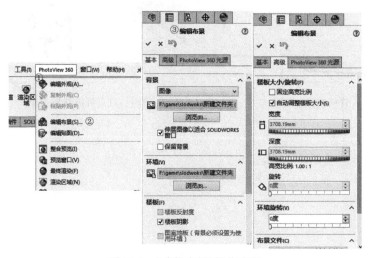

图 12-1 "编辑布景"操作步骤

1.“基本”选项卡

(1)“背景”选项组。“背景”选项组如图 12-2 所示,随布景使用背景图像,这样在模型背后可见的内容与由环境所投射的反射不同。背景类型包括如下内容:

- “无”:将背景设定为白色。
- “颜色”:将背景设定为单一颜色。
- “梯度”:将背景设定为由顶部渐变颜色和底部渐变颜色所定义的颜色范围。
- “图像”:将背景设定为选择的图像。
- “使用环境”:移除背景,从而使环境可见。
- “背景颜色”:将背景设定为单一颜色。
- “保留背景”:在背景类型是彩色、渐变或图像时可供使用。

(2)“环境”选项组。选取任何球状映射为布景环境的图像,如图 12-3 中①所示。

图 12-2　“背景”选项组

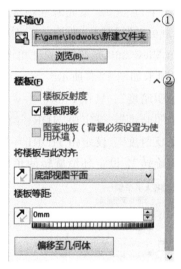

图 12-3　“环境”和“楼板”选项组

(3)“楼板”选项组。“楼板”选项组如图 12-3 中②所示。

- “楼板反射度”:在楼板上显示模型反射。
- “图案地板”:平展布景中球形环境的地板,以方便查看自然放在地面或平板地板上的模型,特别是在执行旋转或缩放等视图操纵时,在用户选取使用环境时可用。
- “楼板阴影”:在楼板上显示模型所投射的阴影。
- “将楼板与此对齐”:将楼板与基准面对齐。
- “反转楼板方向”:绕楼板移动虚拟天花板 180°。
- “楼板等距”:将模型高度设定到楼板之上或之下。
- “反转等距方向”:交换楼板和模型的位置。

2.“高级”选项卡

“高级”选项卡如图 12-4 所示。

(1)“楼板大小/旋转”选项组。

- “固定高宽比例”:当更改宽度或高度时均匀缩放楼板。

- "自动调整楼板大小"：根据模型的边界框调整楼板大小。
- "宽度"和"深度"：调整楼板的宽度和深度。
- "高宽比例"（只读）：显示当前的高宽比例。
- "旋转"：相对环境旋转楼板。

（2）"环境旋转"选项组。环境旋转相对于模型水平旋转环境，影响到光源、反射及背景的可见部分。

（3）"布景文件"选项组。

- "浏览"：选取另一布景文件进行使用。
- "保存布景"：将当前布景保存到文件，会提示将保存了布景的文件夹在任务窗格中保持可见。

3. "PhotoView 360 光源"选项卡

默认情况下，点光源、聚光源和线光源在 PhotoView 360 中关闭，渲染中的光源主要受 PhotoView 360 光源控制。要更改渲染中的光源，建议在预览渲染已启用的情况下，首先调整主要 PhotoView 360 光源（以验证更改）；然后，如有必要，再添加其他光源。"PhotoView 360 光源"选项卡如图 12-5 所示。

- "背景明暗度"：只在 PhotoView 中设定背景的明暗度。
- "渲染明暗度"：设定由 HDRI（高动态范围图像）环境在渲染中所促使的明暗度。
- "布景反射度"：设定由 HDRI 环境所提供的反射量。
- "环境旋转"：设定环境旋转的角度。

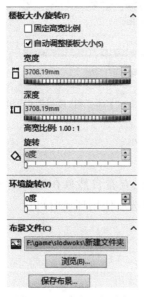

图 12-4　"高级"选项卡

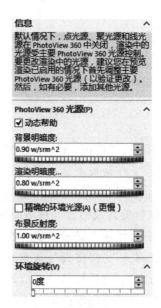

图 12-5　"PhotoView 360 光源"选项卡

12.2　光源

SOLIDWORKS 提供三种光源类型，即线光源、点光源和聚光源。线光源的光来自于距离模型无限远的光源,它是一光柱,由来自单一方向的平行光线组成,用户可以修改光源的强度、颜色及位置。点光源的光来自位于模型空间特定坐标处一个非常小的光源,此类型的光源向所有方向发射光线,用户可以修改光源的强度、颜色及位置。聚光源来自一个限定的聚焦光源,具有锥形光束,其中心位置最为明亮。聚光源可以投射到模型的指定区域,用户可以修改光源的强度、颜色及位置,亦可调整光束投射的角度。

添加光源

12.2.1　线光源

在"DisplayManager" 🔵 中展开"布景、光源与相机"文件夹 🖼 ,右击"SOLIDWORKS 光源"图标 🖼 SOLIDWORKS 光源 ,在弹出的快捷菜单中选择"添加线光源"命令 💡 ,如图 12-6 所示。

在属性管理器中弹出"线光源"的属性设置(根据生成的线光源的数字顺序排序),如图 12-7 所示。

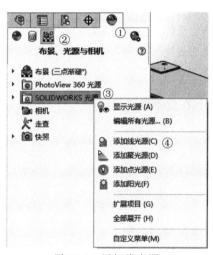

图 12-6　添加线光源

图 12-7　"线光源"属性管理器

1."基本"选项组

● "在布景更改时保留光源":在布景变化后,保留模型中的光源。

● "编辑颜色":单击此按钮,显示颜色调色板。

2."光源位置"选项组

● "锁定到模型":选择此复选框,相对于模型的光源位置被保留;取消选择此复选框,光源在模型空间中保持固定。

● "经度":光源的经度坐标。

● "纬度":光源的纬度坐标。

12.2.2　点光源

在"DisplayManager" 🔵 中展开"布景、光源与相机"文件夹 🖼 ,右击"SOLIDWORKS 光源"图标 🖼 SOLIDWORKS 光源 ,在弹出的快捷菜单中选择"添加点光源"命令 💡 ,如图 12-8 中①②③④所示。

在属性管理器中弹出"点光源"的属性设置(根据生成的线光源的数字顺序排序),如图 12-8 所示。

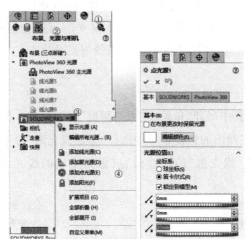

图 12-8　添加点光源

1."基本"选项组

"基本"选项组与"线光源"的属性设置相同,在此不做详述。

2."光源位置"选项组

"坐标系":选择坐标系类型,包括如下类型。

(1)"球坐标":使用球形坐标系指定光源的位置。

● "经度":光源的经度坐标。

● "纬度":光源的纬度坐标。

(2)"笛卡尔式":使用笛卡尔式坐标系指定光源的位置。

● "X 坐标":光源的 X 坐标。

● "Y 坐标":光源的 Y 坐标。

● "Z 坐标":光源的 Z 坐标。

(3)"锁定到模型":选择此复选框,相对于模型的光源位置被保留;取消选择此复选框,则光源在模型空间中保持固定。

12.2.3　聚光源

在"DisplayManager" ● 中展开"布景、光源与相机"文件夹 ■ ,右击"SOLIDWORKS 光源"图标 ■ SOLIDWORKS 光源 ,在弹出的快捷菜单中选择"添加聚光源"命令 ■ 。在属性管理器中弹出"聚光源"的属性设置(根据生成的线光源的数字顺序排序),如图 12-9 中①②③④所示。

1."基本"选项组

"基本"选项组与"线光源"的属性设置相同,在此不做详述。

2."光源位置"选项组

"坐标系":选择坐标系类型。

（1）"球坐标"：使用球形坐标系指定光源的位置

（2）"笛卡尔式"：使用笛卡尔式坐标系指定光源的位置。

（3）"锁定到模型"：选择此复选框，相对于模型的光源位置被保留；取消选择此复选框，光源在模型空间中保持固定。

- "X 坐标"：光源的 X 坐标。
- "Y 坐标"：光源的 Y 坐标。
- "Z 坐标"：光源的 Z 坐标。
- "目标 X 坐标"：聚光源在模型上所投射到的点的 X 坐标。

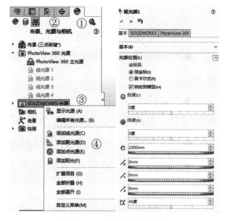

图 12-9 添加聚光源

- "目标 Y 坐标"：聚光源在模型上所投射到的点的 Y 坐标。
- "目标 Z 坐标"：聚光源在模型上所投射到的点的 Z 坐标。
- "圆锥角"：设置光束传播的角度，较小的角度生成较窄的光束。

12.3 外 观

外观是模型表面的材料属性，添加外观可使模型表面具有某种材料的表面属性。

单击"PhotoView 360"工具栏中的"编辑外观"按钮 ，如图 12-10（a）中①②所示；或者单击"DisplayManager" ，右击颜色，选择"编辑外观"，如图 12-10（b）中①②所示。弹出"颜色"属性管理器，如图 12-11 所示，各参数介绍如下：

编辑外观

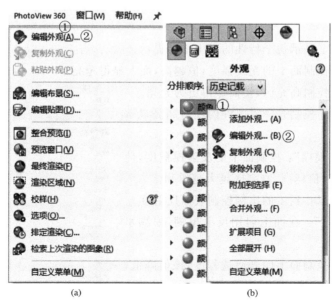

(a)   (b)

图 12-10 "编辑外观"操作步骤

1."颜色/图像"选项卡

(1)"所选几何体"选项组。

● "应用到零部件层"(仅用于装配体):将颜色应用到零部件文件上。

● "应用到零件文档层":选择该按钮,则进行设置时,对于所选择的实体,更改颜色以所指定的配置应用到零件文件。

● "过滤器":可以帮助选择模型中的几何实体。

● "移除外观":单击该按钮可以从选择的对象上移除设置好的外观。

(2)"外观"选项组。

● "外观文件路径":标识外观名称和位置。

● "浏览":单击以查找并选择外观。

● "保存外观":单击以保存外观的自定义复件。

(3)"颜色"选项组。

可以添加颜色到所选实体的"所选几何体"中列出的外观。

(4)"显示状态(链接)"选项组。

● "此显示状态":所做的更改只反映在当前显示状态中。

● "所有显示状态":所做的更改反映在所有显示状态中。

● "指定显示状态":所做的更改只反映在所选的显示状态中。

2."照明度"选项卡

在"高级"里的"照明度"选项卡中,可以选择显示其照明属性的外观类型,如图 12-12(a)中①②所示。根据所选择的类型,其属性设置发生改变。

图 12-11 "颜色"属性管理器

● "动态帮助":显示每个特性的弹出工具提示。

● "漫射量":控制面上的光线强度,值越高,面上显得越亮。

● "光泽量":控制高充区,使面显得更为光亮。

● "光泽颜色":控制光泽零部件内反射高亮显示的颜色。

● "光泽传播/模糊":控制面上的反射模糊度,使面显得粗糙或光滑,值越高,高亮区越大越柔和。

● "反射量":以 0 到 1 的比例控制表面反射度。

● "模糊反射度":在面上启用反射模糊,模糊水平由光泽传播控制。

● "透明亮":控制面上的光通透程度,该值降低,不透明度升高。

● "发光强度":设置光源发光的强度。

3."表面粗糙度"选项卡

在"表面粗糙度"选项卡中,可以选择表面粗糙度

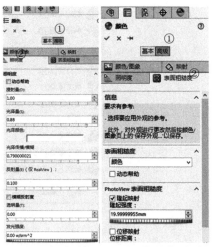

(a) "照明度"选项卡 (b) "表面粗糙度"选项卡

图 12-12 颜色"高级"选项组

类型,如图 12-12(b)中①②所示。根据所选择的类型,其属性设置发生改变。

(1)"表面粗糙度"选项组。

在"表面粗糙度类型"下拉列表中,有如下类型选项:颜色、从文件、涂刷、喷砂、磨光、铸造、机加工、菱形防滑板、防滑板 1、防滑板 2、节状凸纹、酒窝形、链节、锻制、粗制 1、粗制 2、无、圆形孔网格、菱形孔网格、自定义孔网格。

(2)"PhotoView 表面粗糙度"选项组。

● "隆起映射":模拟不平的表面。

● "隆起强度":设置模拟的高度。

● "位移映射":在物体的表面加纹理。

● "位移距离":设置纹理的距离。

12.4 贴图

贴图是在模型的表面附加某种平面图形,一般多用于商标和标志的制作。

选择"PhotoView 360"→"编辑贴图" 📦 菜单命令,弹出"贴图"属性管理器,如图 12-13所示。

编辑贴图

1."图像"选项卡

● "贴图预览":显示贴图预览。

● "浏览":单击此按钮,选择浏览图形文件。

2."映射"选项卡

"映射"选项卡如图 12-14(a)所示。

● "过滤器":可以帮助选择模型中的几何实体。

图 12-13 "图像"选项卡

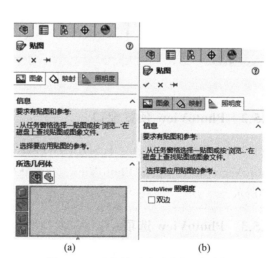

(a)　　　　　　(b)

图 12-14 "映射"和"照明度"选项卡

3."照明度"选项卡

"照明度"选项卡如图 12-14(b)所示,可以选择贴图对照明度的反应。

12.5 输出图像

PhotoView 能以逼真的外观、布景、光源等渲染 SOLIDWORKS 模型,并提供直观显示渲染图像的多种方法。

12.5.1 PhotoView 整合预览

可在 SOLIDWORKS 图形区域预览当前模型的渲染效果。在插入 PhotoView 插件后,选择"PhotoView 360"→"整合预览" 菜单命令,显示界面如图 12-15 所示。

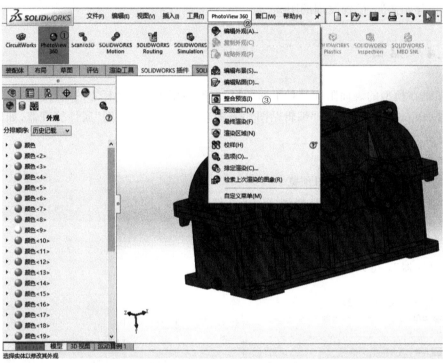

图 12-15　PhotoView 整合预览

12.5.2 PhotoView 预览窗口

PhotoView 预览窗口是独立于 SOLIDWORKS 主窗口外的单独窗口。要显示该窗口,插入 PhotoView 插件,选择"PhotoView 360"→"预览窗口" 菜单命令,显示界面如图 12-16所示。

12.5.3 PhotoView 选项

PhotoView 选项管理器可以控制图片的渲染质量,包括输出图像品质和渲染品质。在插入了 PhotoView 360 后,单击"PhotoView 360"→"选项" ,如图 12-17 所示,弹出"PhotoView 360 选项"属性管理器,如图 12-18 所示。

图 12-16　PhotoView 预览窗口

图 12-17　打开"PhotoView 360 选项"属性管理器

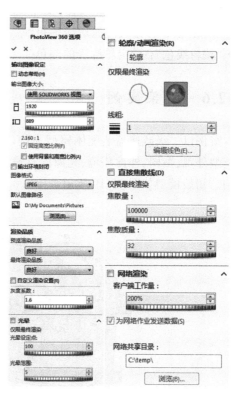

图 12-18　"PhotoView 360 选项"属性管理器

1."输出图像设定"选项组

● "动态帮助"：显示每个特性的弹出工具提示。

● "输出图像大小"：将输出图像的大小设定到标准宽度和高度。

● "图像宽度" ：以像素设定输出图像的宽度。

● "图像高度" ：以像素设定输出图像的高度。

● "固定高宽比例"：保留输出图像中宽度到高度的当前比例。

● "使用背景和高宽比例"：将最终渲染的高宽比设定为背景图像的高宽比。

● "图像格式"：为渲染的图像更改文件类型。

● "默认图像路径"：所排定的渲染设定默认路径。

2."渲染品质"选项组

● "预览渲染品质"：为预览设定品质等级，高品质图像需要更多时间才能渲染。

● "最终渲染品质"：为最终渲染设定品质等级。

● "灰度系数"：设定灰度系数。

3."光晕"选项组

● "光晕设定点"：标识光晕效果应用的明暗度或发光度等级。

● "光晕范围"：设定光晕从光源辐射的距离。

4."轮廓/动画渲染"选项组

● "只随轮廓渲染" ◖：只以轮廓线进行渲染，保留背景或布景显示和景深设定。

● "渲染轮廓和实体模型" ◕：以轮廓线渲染图像。

● "线粗"：以像素设定轮廓线的粗细。

● "编辑线色"：设定轮廓线的颜色。

12.6　渲染实例

本案例以二级减速器装配体模型为例，来介绍产品渲染的全过程，主要包括启动文件、设置模型外观、贴图、外部环境、光源以及输出图像等内容，还包括参数变化对光源和照相机的影响。初始模型如图 12-19 所示。

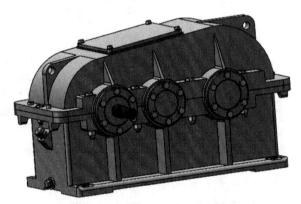

图 12-19　二级减速器初始模型

1.前期准备

①打开 SOLIDWORKS 2016，单击"文件"→"打开"，在弹出的窗口中单击"浏览"，选择模型文件"二级减速器装配体.SLDPRT"。单击"保存"按钮，将模型文件保存为最新版本，如图 12-20 所示。

前期准备

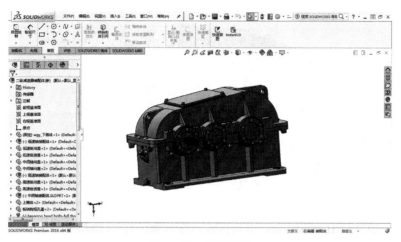

图 12-20　打开模型

②由于在 SOLIDWORKS 2016 中，PhotoView 360 是一个插件，因此在模型打开时需插入 PhotoView 360 才能进行渲染。选择"工具"→"插件"菜单命令，勾选"PhotoView 360"，单击"确定"如图 12-21 中①～④所示。

图 12-21　启动 PhotoView 360 插件

③在视图窗口中右击，选择"视图定向"，单击"上视"，切换到上视图方向，如图 12-22 中①和 12-23 中①所示。

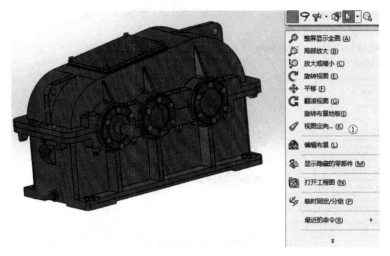

图 12-22　视图定向

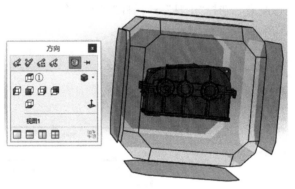

图 12-23　选择上视

④在视图窗口中右击，选择"旋转视图"按钮 ，调整模型视图位置，将其旋转到如图 12-24 所示的大致位置。

图 12-24　调整位置

⑤在视图窗口中右击，单击"放大或缩小"按钮，放大或缩小图形；单击"平移"按钮，将模型位置调整到适当位置。

⑥在视图窗口中右击,选择视图定向,单击"新视图"按钮,将该方向视图保存,并取名为"视图 1",单击"确定"按钮保存,如图 12-25 所示。

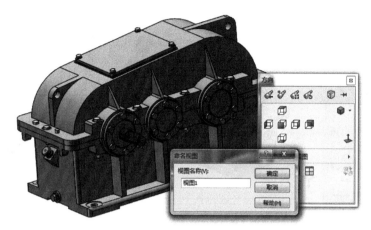

图 12-25 保存"视图 1"

⑦选择"旋转"→"缩放"→"平移"菜单命令,重复上述操作,建立几个新的方向视图,将其取名并保存为自定义视图。

2. 设置模型外观

①在菜单栏中选择"PhotoView 360",单击"预览窗口"按钮,弹出预览窗口,对渲染前的模型进行预览,如图 12-26 所示。

设置模型外观

图 12-26 模型预览

②在菜单栏中选择"PhotoView 360",单击"编辑外观"按钮 ,弹出"颜色"属性管理器及材料库,在"外观、布景和贴图"任务窗格中列举了各种类型的材料,以及它们所附带的外观属性特性,如图 12-27 所示。

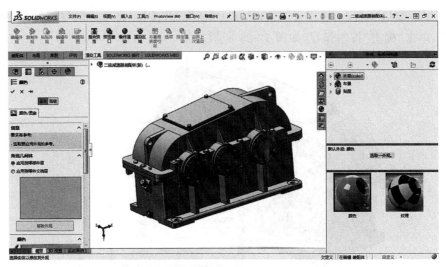

图 12-27　编辑外观

③单击菜单栏上"PhotoView 360"工具栏的"编辑外观"按钮 ，弹出"颜色"属性管理器，在"所选几何体"选项组中选择"应用到零件文档层"，单击"选择零件"按钮，在视图窗口中单击要选择的零件，如上箱体零件，如图 12-28 中①～④所示。

在"外观、布景和贴图"任务窗格中，选取"外观"→"金属"→"钢"→"抛光钢"，如图 12-28 中⑤～⑨所示。

在"颜色"选项组中选择"主要颜色"为"蓝色"，如图 12-28 中⑩所示，在"颜色"属性管理器中单击"确定"按钮 ，完成对上箱体零件的外观设置。

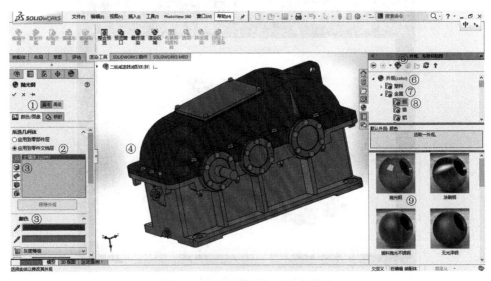

图 12-28　上箱体添加颜色和材质

④单击菜单栏上"PhotoView 360"工具栏的"编辑外观"按钮 ，弹出"颜色"属性管理器，在"所选几何体"选项组中选择"应用到零件文档层"，单击"选择零件"按钮，在视图窗口中单击要选择的零件，如下箱体零件，如图 12-29 中①～④所示。

在"外观、布景和贴图"任务窗格中,选取"外观"→"金属"→"钢"→"抛光钢",如图 12-29 中⑤～⑨所示。

在"颜色"选项组中选择"主要颜色"为"蓝色",如图 12-29 中⑩所示,在"颜色"属性管理器中单击"确定"按钮 ✔,完成对下箱体零件的外观设置。

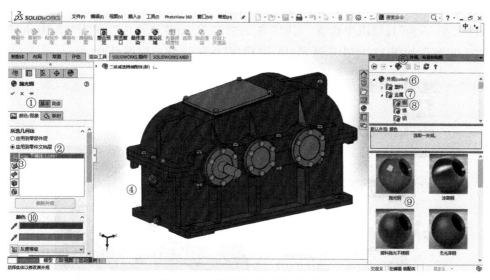

图 12-29　下箱体添加颜色和材质

按照如上步骤可以对二级减速器的其他零件进行外观设置。

3. 设置模型贴图

①单击菜单栏上"PhotoView 360"工具栏的"编辑贴图"按钮 ，在"外观、布景和贴图"任务窗格中提供了一些预置的贴图,如图 12-30 所示。

设置模型贴图

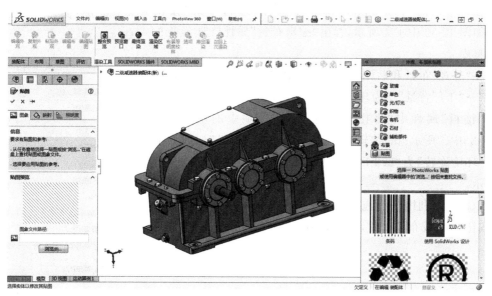

图 12-30　编辑贴图界面

②在"外观、布景和贴图"任务窗格中的"贴图"中选择"标志";在"贴图"属性管理器"映射" ◇ 选项卡中,在"所选几何体"选项组中选择"在零件文档层应用更改" ⑥,在视图窗口中单击要放置贴图的面,如图 12-31 中①~⑤所示。

在"映射"选项卡"映射类型"下拉列表中选择"标号",设置"水平位置" ➡ 为"0.00mm","竖直位置" ↑ 为"0.00mm",如图 12-31 中⑥所示。

在"大小/方向"选项组中设置"宽度" ⊟ 为"152.00mm","高度" ⊞ 为"38.00mm","旋转"为"0.00 度",如图 12-31 中⑦所示,单击"确定"按钮 ✔ 完成贴图设置。

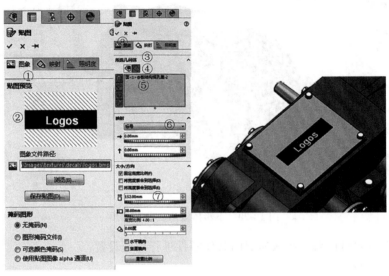

图 12-31　板结构视孔盖贴图

4. 设置外部环境

设置外部环境

在菜单栏的"PhotoView 360"中选择"编辑布景"按钮 ⑥,如图 12-32 中①②所示,弹出"编辑布景"属性管理器及布景材料库。

在"外观、布景和贴图"任务窗格中,选择"布景"→"演示布景"→"工厂背景"作为环境选项,如图 12-33 中①~④所示;单击"楼板"属性中"将楼板与此对齐"选项中的"XZ",如图 12-33中⑤所示;在"编辑布景"属性管理器"高级"选项卡中设置"环境旋转"为"273 度",其他默认值不变,如图 12-33 中⑥所示。

双击或者利用鼠标拖动,将布景放置到视图中,单击"确定"按钮 ✔ 完成布景设置,效果如图 12-34 所示。

图 12-32　打开"编辑布景"

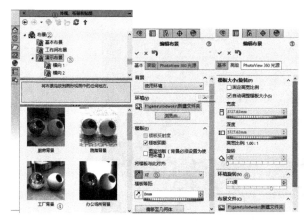

图 12-33　编辑布景

图 12-34　效果图

此外,设置外部环境也可以挑选其他图像作为背景。在菜单栏的"PhotoView 360"中选择"编辑布景"按钮 ;在"编辑布景"属性管理器"基本"选项卡中设置"背景"为"图像";在浏览中选择文件自带的图片 background1.jpg,其他默认值不变,移动模型至合适的位置,单击"确定"按钮 ✓ 完成布景设置。效果如图 12-35 所示。

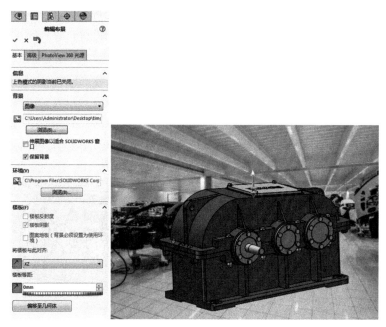

图 12-35　更改背景

5. 设置光源与照相机

① 选择"视图"→"光源与相机"→"添加线光源"菜单命令,为视图添加线光源,如图 12-36 所示。在"线光源"属性管理器"SOLIDWORKS"选项卡中勾选"在 SOLIDWORKS 中打开",设置"环境光源"为"0.27","明暗度"为"0.57","光泽度"为"0.3",如图 12-37 中①～⑤所示。

设置光源与照相机

377

图 12-36　打开"添加线光源"

②在"光源位置"选项组中勾选"锁定到模型",设置"经度"为"36 度","纬度"为"61 度",如图 12-51 中⑥～⑧所示。在绘图区中将显示出虚拟的线光源灯泡的位置,光照的效果出现在预览窗口中。单击"确定"按钮 ✔,完成添加线光源的操作。

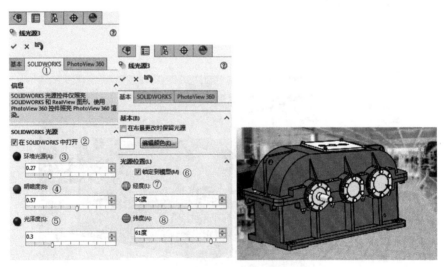

图 12-37　添加线光源

③继续为模型添加线光源。在"线光源"属性管理器"SOLIDWORKS"选项卡中勾选"在 SOLIDWORKS 中打开","编辑颜色"选择"绿色",设置"环境光源"为"0.2","明暗度"为"0.4","光泽度"为"0.6",如图 12-38 中①～⑥所示。

④在"光源位置"选项组中勾选"锁定到模型",设置"经度"为"45 度","纬度"为"—25.2 度",如图 12-38 中⑦⑧⑨所示,在绘图区中将显示出虚拟的线光源灯泡的位置,光照的效果出现在预览窗口中。单击"确定"按钮 ✔,完成添加线光源的操作。

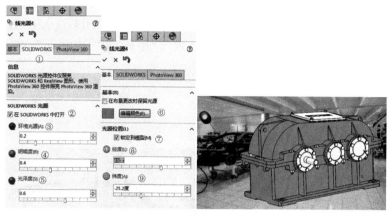

图 12-38　添加线光源

⑤选择"视图"→"光源与相机"→"添加点光源" ，为视图添加点光源。为使添加的点光源更加清晰，将已添加的线光源关闭。单击视图窗口左侧"DisplayManager" 下的"查看布景、光源与相机"按钮 ，右击设置的"线光源"，在弹出的快捷菜单中选择"在SOLIDWORKS 中关闭"和"在 PhotoView 360 中关闭"命令，使之处于关闭状态。

对"线光源 4"进行同样的操作。

在"点光源"属性管理器"SOLIDWORKS"选项卡中设置"环境光源" 为"0.57"，"明暗度" 为"0.3"，"光泽度" 为"0.3"，如图 12-39 中①～④所示。在"光源位置"选项组中选择"球坐标"，勾选"锁定到模型"，设置"经度"为"－18 度"，"纬度"为"10 度"，"距离"为"1800mm"，如图 12-39 中⑤⑥⑦⑧所示，在绘图区中将显示出虚拟的点光源位置，光照的效果出现在预览窗口中。

单击"确定"按钮 完成添加点光源的操作。在菜单栏的工具栏中单击"最终渲染"按钮，查看点光源对模型的影响效果。

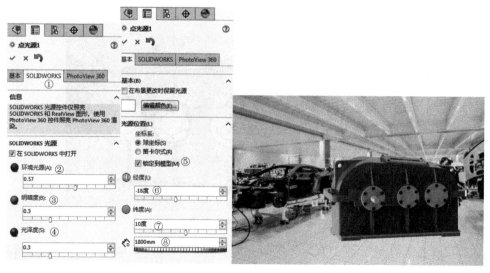

图 12-39　添加点光源

⑥随着光源参数的变化,模型的背景光源会随之改变。为模型光源设置新的参数,双击设置的"点光源",弹出属性管理器,设置"环境光源"为"0.47","明暗度"为"0.54","光泽度"为"0.56","经度"为"-14.4 度","纬度"为"5.4 度","距离"为"1630mm",单击"确定"按钮 ✔ 完成点光源参数的设置,效果如图 12-40 所示。

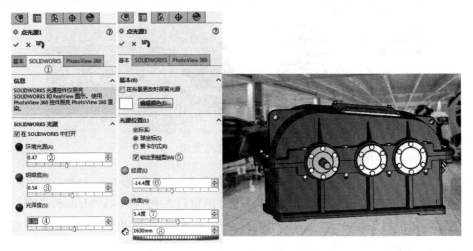

图 12-40　修改点光源

⑦继续为模型设置点光源。双击设置的"点光源",弹出属性管理器,在"PhotoView 360"选项卡中勾选"在 PhotoView 360 中打开",设置"明暗度"为"10 w/srm²","点光源半径"为"260.00mm","阴影品质"为"20","雾灯半径"为"450.00mm","雾灯品质"为"20",其他参数保持默认值,单击"确定"按钮 ✔ 完成点光源参数的设置,效果如图 12-41 所示。

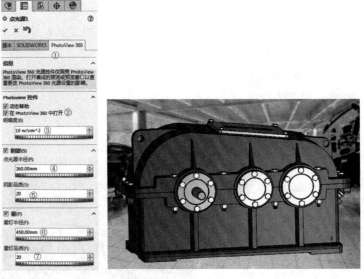

图 12-41　添加点光源

⑧改变点光源的参数,模型背景光源的变化。双击设置的"点光源 1",弹出属性管理器,设置颜色为"黄色","环境光源"为"0.5","明暗度"为"0.7","光泽度"为"0.55",在"光源位置"选项组中选择"笛卡尔式",设置 ⟋ 为"900mm", ⟋ 为"-45mm", ⟋ 为"2250mm",如

图 12-42 中①~⑧所示。

在"PhotoView 360"选项卡中勾选"在 PhotoView 360 中打开",设置"明暗度"为"35 w/srm²","点光源半径"为"130.00mm","阴影品质"为"10","雾灯半径"为"60.00mm","雾灯品质"为"20",如图 12-42⑨~⑬所示,单击"确定"按钮 ✓ 完成点光源参数的设置。

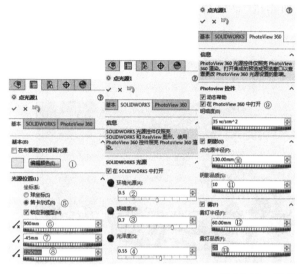
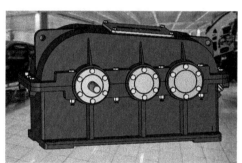

图 12-42　设置点光源

⑨选择"视图"→"光源与相机"→"添加聚光源"菜单命令,为视图添加聚光源。为使添加的聚光源更加清晰,将点光源关闭。单击视图窗口左侧"DisplayManager"下的"查看布景、光源和相机"按钮 ▦ ,右击设置的"点光源 1",在弹出的快捷菜单中选择"在 SOLIDWORKS 中关闭"和"在 PhotoView 360 中关闭",使之处于关闭状态。

在"聚光源"属性管理器中设置颜色为"黄色","环境光源"为"0.47","明暗度"为"0.3","光泽度"为"0.6",如图 12-43 中①~④所示。

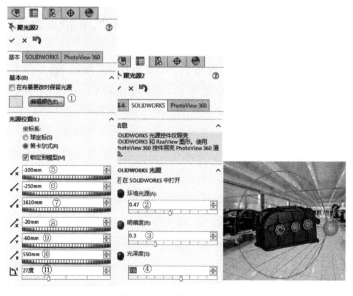

图 12-43　设置聚光源

在"光源位置"选项组中选择"笛卡尔式",设置 ✓ 为"－100mm", ✓ 为"－250mm", ✓ 为"1610mm", ✓ 为"－20mm", ✓ 为"－60mm", ✓ 为"550mm", " ⬚ "为"27 度",如图 12-43 中⑤～⑪所示在绘图区中将显示出虚拟的聚光源位置,光照的效果出现在预览窗口中,单击"确定"按钮 ✓ 完成添加聚光源的操作。

⑩选择"视图"→"光源与相机"→"添加相机"菜单命令,为视图添加相机,如图 12-44 所示。

图 12-44　添加相机

⑪在"相机"属性管理器中,设置"相机类型"为"对准目标",勾选"锁定除编辑外的相机位置","相机位置"选择"球形",设置 ✓ 为"1601mm", ✓ 为"180 度","视图角度" θ 为"16 度","视图矩形的距离" t 为"2512mm","视图矩形的高度" h 为"706mm",如图 12-45 所示;设置"高宽比例(宽度：高度)"为"11：8.5","景深"中"到准确对焦基准面的距离" d 为"7300mm","对焦基准面到失焦的大致距离" f 为"730mm",单击"确定"按钮 ✓ 完成添加相机,如图 12-46 所示。

⑫单击"DisplayManager"下的"查看布景、光源与相机"按钮 ▦ ,右击设置的"相机 2",在快捷菜单中勾选"相机视图"选项,在菜单栏中的"PhotoView 360"中单击"最终渲染"按钮,对效果进行查看,如图 12-47 所示。

图 12-45　设置相机参数

图 12-46　设置相机参数

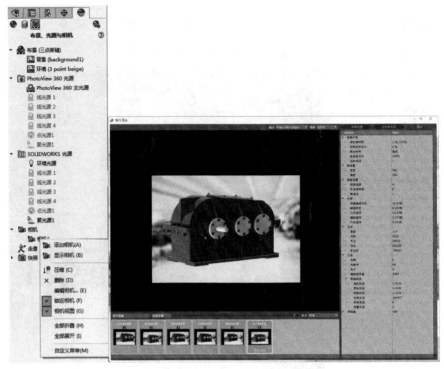

图 12-47　查看效果

6. 输出图像

输出图像

①准备输出结果图像，首先需要对输出进行必要的设置。在菜单栏中的"PhotoView 360"中选择"选项"，弹出属性管理器，如图 12-48 所示。

图 12-48　打开"PhotoView 360"选项

设置"输出图像大小"为"720＊540（4∶3）"，"宽度"为"720"，"高度"为"540"，"图像格式"为"JPEG"，"预览渲染品质"为"最大"，"最终渲染品质"为"最佳"，"灰度系数"为"2"，"光晕设定点"为"55"，"光晕范围"为"30"，如图 12-49 所示。

图 12-49　设置"PhotoView 360"选项

"轮廓/动画渲染"为"轮廓"，"线粗"为"1"，"编辑线色"为"蓝色"，"焦散量"为"100000"，"焦散质量"为"30"，单击"确定"按钮 ✔ 完成设置，如图 12-50 所示。

图 12-50　设置"PhotoView 360"选项

②在菜单栏的"PhotoView 360"中选择"最终渲染"按钮,在完成所有设置后对图像进行预览,得到最终效果,如图 12-51 所示。

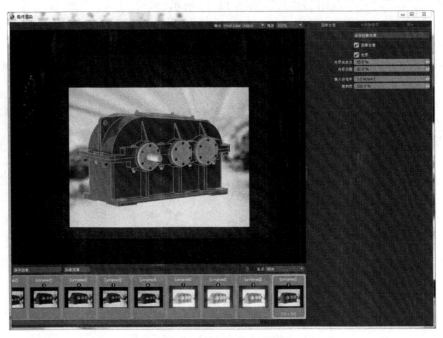

图 12-51   预览最终效果

③在"最终渲染"窗口中单击"保存图像"按钮,在弹出的对话框中设置"文件名"为"二级减速器装配体渲染",选择"保存类型"为"JPEG(＊.JPG)",其他的设置保持默认值不变,单击"保存"按钮,则渲染效果将保存成图像文件,如图 12-52 所示。

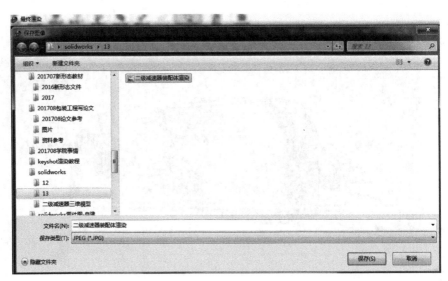

图 12-52   保存输出图像

至此,模型渲染过程全部完成,得到图像结果后,可以通过图像浏览器直接查看。

本章案例素材文件可通过扫描以下二维码获取：

案例素材文件

12.7　思考与练习

1. 填空题

（1）SOLIDWORKS 中的插件_____可以对三维模型进行光线投影处理，并可形成十分逼真的渲染效果图

（2）布景提供逼真的光源，包括_____和_____。

（3）SOLIDWORKS 提供 3 种光源类型，即_____、_____和_____。

（4）贴图是在_____附加某种平面图形，一般多用于_____和_____的制作。

2. 简答题

（1）什么是布景？

（2）分别解释点光源、线光源和聚光源的定义。

3. 上机操作题

利用所学的渲染知识，按照第 12.6 小节的渲染步骤，对减速器进行渲染和输出。

参考文献

[1] 刘林,张瑞秋.计算机辅助设计[M].广州:华南理工大学出版社,2015.

[2] 贾晓浒,董秀明.计算机辅助设计[M].北京:中国建材工业出版社,2016.

[3] 乔立红,郑联语.计算机辅助设计与制造[M].北京:机械工业出版社,2014.

[4] 李杨,王大康.计算机辅助设计及制造技术[M].2版.北京:机械工业出版社,2012.

[5] 符纯华.计算机辅助设计[M].成都:西南交通大学出版社,2006.

[6] 老虎工作室,姜勇,王玉勤.AutoCAD计算机辅助设计标准教程 慕课版[M].北京:人民邮电出版社,2016.

[7] 赵罘,杨晓晋,赵楠.SolidWorks 2017中文版机械设计从入门到精通[M].北京:人民邮电出版社,2017.

[8] 赵罘,杨晓晋,赵楠.SolidWorks 2016机械设计从入门到精通[M].北京:人民邮电出版社,2016.

[9] 江洪,于文浩,蒋侃,等.SolidWorks 2015基础教程[M].5版.北京:机械工业出版社,2016.

[10] 肖斌,胡仁喜,刘昌丽,等.SolidWorks 2014中文版从入门到精通[M].北京:机械工业出版社,2014.

[11] 詹迪维.SOLIDWORKS2014机械设计教程[M].北京:机械工业出版社,2014.

[12] 潘春祥,任秀华,李香.SOLIDWORKS 2014中文版基础教程[M].北京:人民邮电出版社,2014.

[13] 刘海涛,胡仁喜.SOLIDWORKS 2012中文版标准教程[M].北京:科学出版社,2013.

[14] 赵罘.SOLIDWORKS 2013中文版标准教程[M].北京:清华大学出版社,2013.

[15] 袁锋.计算机辅助设计与制造实训图库[M].北京:机械工业出版社,2013.

[16] 詹友刚,詹迪维.SOLIDWORKS高级应用教程(2012中文版)[M].北京:机械工业出版社,2012.

[17] 詹迪维.SOLIDWORKS钣金件与焊件教程(2012中文版)[M].北京:机械工业出版社,2012.

[18] 北京华夏树人数码科技有限公司.SOLIDWORKS 2011—2012精典实例视频教程(中文版)[M].北京:北京中电电子出版社,2012.

［19］DS SOLIDWORKS 公司.SOLIDWORKS 钣金件与焊件教程(2011 版)［M］.北京：机械工业出版社,2011.

［20］曹茹.SOLIDWORKS 2009 三维设计及应用教程［M］.2 版.北京：机械工业出版社,2010.

［21］魏峥.三维计算机辅助设计：SOLIDWORKS 实用教程［M］.北京：高等教育出版社,2007.

［22］SOLIDWORKS 公司.SOLIDWORKS 基础教程：零件与装配体(2007 版)［M］.北京：机械工业出版社,2007.

［23］黄晓燕.SOLIDWORKS 2007 产品造型及模具设计实训［M］.北京：清华大学出版社,2007.

［24］徐延雪.实体建模的若干问题研究［D］.西安：西安电子科技大学,2014.

附　学生作品欣赏

　　这部分是本教材编写组多年来指导学生参加的省内外大学生科技竞赛和课程大作业的优秀作品,包括有作品介绍视频、PPT 以及 Solidworks 源文件等,供各位读者下载学习。

　　作品列表:

　　1. 电子元件编带包装机

电子元件编带
包装机

　　2. 全自动果冻灌装机

全自动果冻灌
装机

3."霸地虎"云梯消防车

"霸地虎"云梯
消防车

4.禽蛋自动清洗机

禽蛋自动清
洗机

5.新型自动竹根挖掘机

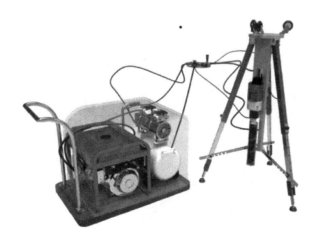

新型自动竹根
挖掘机

6. 小型高效经济型数控铣床

小型高效经济
型数控铣床

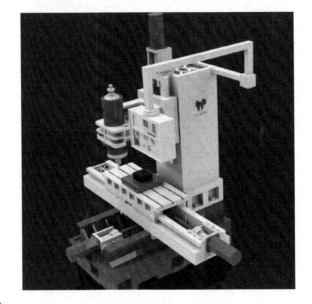

7. 仿生飞行器

仿生飞行器

8. 扒渣机

扒渣机